"十二五"职业教育国家规划教材

经全国职业教育教材审定委员会审定

计算机应用基础

主　编◎李　雪　李京文　袁春雨
副主编◎胡玲丽　陈丽菊　黄如兵　韩从梅
　　　　赵　勋　裴明丽　宁肖丽

中国铁道出版社有限公司
CHINA RAILWAY PUBLISHING HOUSE CO., LTD.

内 容 简 介

本书依据教育部《高等职业教育专科信息技术课程标准（2021版）》、全国计算机等级考试新大纲要求，结合编者多年教学和实践应用体会编写而成。本教材涉及的软件为 Windows 10、Microsoft Office 2016 和 WPS Office。

全书分为计算机基础知识、办公软件的应用和信息技术的应用三篇。第 1 篇共 4 个单元，第 2 篇共 3 个单元，第 3 篇共 3 个单元。本书介绍了 Microsoft Office 和 WPS Office，第 2 篇 3 个单元主要讲解 Microsoft Office 2016 的应用，每个单元用一个综合案例讲解了 WPS Office 的应用，为办公软件国产化提供良好的支撑。

本书可作为高职高专院校信息技术基础模块教材，也可作为全国计算机等级考试的培训教材，并适合作为有关社会人员提升信息技术技能水平的自学参考用书。

图书在版编目（CIP）数据

计算机应用基础/李雪，李京文，袁春雨主编. —5 版. —北京：中国铁道出版社有限公司，2022.9（2025.1重印）
"十二五"职业教育国家规划教材；经全国职业教育教材审定委员会审定
ISBN 978-7-113-29617-9

Ⅰ.①计… Ⅱ.①李…②李…③袁… Ⅲ.①电子计算机-教材 Ⅳ.①TP3

中国版本图书馆 CIP 数据核字（2022）第 162365 号

书　　名：	计算机应用基础
作　　者：	李　雪　李京文　袁春雨

策　　划：	翟玉峰	编辑部电话：	（010）51873135
责任编辑：	翟玉峰　李学敏		
封面设计：	刘　颖		
责任校对：	孙　玫		
责任印制：	赵星辰		

出版发行：中国铁道出版社有限公司（100054，北京市西城区右安门西街 8 号）
网　　址：https://www.tdpress.com/51eds
印　　刷：三河市航远印刷有限公司
版　　次：2008 年 7 月第 1 版　2022 年 9 月第 5 版　2025 年 1 月第 6 次印刷
开　　本：880 mm×1 230 mm　1/16　印张：21.75　字数：614 千
书　　号：ISBN 978-7-113-29617-9
定　　价：49.90 元

版权所有　侵权必究

凡购买铁道版图书，如有印制质量问题，请与本社教材图书营销部联系调换。电话：（010）63550836
打击盗版举报电话：（010）63549461

前 言

随着信息技术的高速发展，云计算、大数据、物联网、人工智能等新一代信息技术改变着人们的学习和生活方式，信息检索技术给学习和生活带来了便捷，信息技术发展为计算机基础教材编写和教学提出了新的挑战。本书以教育部《高等职业教育专科信息技术课程标准（2021 版）》为指导，全书共 3 篇：计算机基础知识、办公软件的应用和信息技术的应用。

第 1 篇计算机基础知识，共 4 个单元，分别是计算机的发展、计算机系统、计算机编码和 Windows 10 操作系统应用。本篇包含 6 个任务，主要介绍计算机的发展、分类、应用、数据存储及转换过程、计算机系统结构、Windows 10 操作系统的应用。

第 2 篇办公软件的应用，共 3 个单元，分别是文档处理、电子表格编辑与处理和演示文稿制作。本篇包含 21 个任务，主要介绍使用 Microsoft Office 2016 组件进行文档处理、数据处理、演示文稿制作，并对 WPS Office 功能做简要介绍。

第 3 篇信息技术的应用，共 3 个单元，分别是计算机网络应用与信息检索、新一代信息技术概念与应用和信息素养与社会责任，本篇包含 16 个任务，主要介绍了计算机网络的基础知识，Internet 应用，信息检索，精准检索数据，论文检索数据库使用，物联网、云计算、大数据、人工智能、虚拟现实、区块链、量子信息技术概念及其应用领域，信息安全概念，计算机信息安全防护，计算机安全和维护常识，职业道德与法律法规几方面的知识。

本书的特点如下：

（1）任务驱动，知识点融入任务中

本书以任务的形式编写，选择具有代表性、实用性的实例导入，在分析任务的基础上，展开具体内容，然后详细地介绍相关知识点和功能，使学生在操作过程中理解知识、掌握技能。

（2）注重实用性和应用能力的培养

本书内容简明，以实用性为目的，以应用性为出发点。不追求面面俱到，大胆舍去不实用的内容，结合教学学时，本着"新、实、特"的原则，注重应用能力的培养。

（3）由浅入深，循序渐进

本书内容由浅入深，循序渐进，条理清晰，通俗易懂，文字流畅，是一本讲授和自学相结合的计算机基础的教材。

（4）将 Microsoft Office 和 WPS Office 完美结合，为办公软件国产化提供支持

本书的第 2 篇主要讲解 Microsoft Office 2016 的应用，但每个单元用一个综合案例讲解了 WPS Office 的应用，为办公软件国产化提供良好的支撑。

（5）案例设计注重思想品德的培养

本书编写旨在培养学生的爱国情怀和严谨求实的学习精神，促进学生养成良好的品格，增强信息意识，促进数字化创新与发展能力，树立正确的信息社会价值观和责任感，为其职业发展、终身学习和服务社会奠定基础。

本书由安徽工商职业学院李雪、安徽职业技术学院李京文及袁春雨任主编，由安徽职业技术学院胡玲丽、陈丽菊、黄如兵、韩从梅、赵勋、裴明丽和宁肖丽任副主编。其中第1篇由韩从梅编写，第2篇第1单元由胡玲丽编写、第2单元由黄如兵编写、第3单元由赵勋编写，第3篇第1单元由陈丽菊编写、第2单元由裴明丽编写、第3单元由宁肖丽编写。全书由李京文负责统稿，宁肖丽校对，李雪和袁春雨对全书进行了审核。

由于编者水平有限，书中难免有疏漏和不足之处，敬请广大读者批评指正。

编　者

2022年5月

目 录

第 1 篇　计算机基础知识

单元 1　计算机的发展 2
　任务　计算机基础知识解析 2
　单元小结 5
　单元练习 5
单元 2　计算机系统 7
　任务　计算机的系统结构 7
　单元小结 14
　单元练习 14
单元 3　计算机编码 17

　任务　计算机信息编码 17
　单元小结 23
　单元练习 23
单元 4　Windows 10 操作系统应用 25
　任务 1　Windows 10 操作系统概述 ... 25
　任务 2　Windows 10 文件的管理 30
　任务 3　Windows 10 的个性化设置 ... 43
　单元小结 53
　单元练习 53

第 2 篇　办公软件的应用

单元 1　文档处理 58
　任务 1　制作校园歌唱比赛通知 58
　任务 2　编辑歌曲大赛汇报表 69
　任务 3　制作歌曲大赛邀请函 85
　任务 4　批量制作大赛邀请函 96
　任务 5　排版员工手册 100
　任务 6　多人协同制作公司宣传册 ... 117
　任务 7　使用 WPS 编辑"编程案例"文档 130
　单元小结 138
　单元练习 138
单元 2　电子表格编辑与处理 148
　任务 1　创建成绩登记表 148
　任务 2　编辑成绩表 156
　任务 3　排版成绩表 163
　任务 4　计算成绩表中数据 171
　任务 5　处理成绩表中数据 180

　任务 6　创建成绩表图表 191
　任务 7　打印成绩表 198
　任务 8　使用 WPS 表格编辑处理超市销售
　　　　　情况表 207
　单元小结 217
　单元练习 217
单元 3　演示文稿制作 223
　任务 1　制作简单的演示文稿 223
　任务 2　插入和格式化文本、形状和图片 229
　任务 3　演示文稿的动画及切换设计 236
　任务 4　幻灯片母版设计 244
　任务 5　审阅和放映演示文稿 250
　任务 6　使用 WPS 编辑"开学第一课"
　　　　　演示文稿 253
　单元小结 260
　单元练习 260

第3篇 信息技术的应用

单元1　计算机网络应用与信息检索................270
 任务1　认识计算机网络............................270
 任务2　Internet 基础知识..........................277
 任务3　信息检索..280
 任务4　使用搜索引擎精准检索数据.........282
 任务5　使用知网、万方检索学术论文.........286
 单元小结..291
 单元练习..291

单元2　新一代信息技术概念与应用................294
 任务1　物联网概念及其应用领域.............294
 任务2　云计算概念及其应用领域.............298
 任务3　大数据概念及其应用领域.............302
 任务4　人工智能概念及其应用领域.........305

 任务5　虚拟现实概念及其应用领域.............309
 任务6　区块链概念及其应用领域.............312
 任务7　量子信息技术概念及其应用领域.........315
 单元小结..317
 单元练习..318

单元3　信息素养与社会责任............................320
 任务1　信息安全的概念............................320
 任务2　计算机信息安全防范....................322
 任务3　计算机安全和维护常识................326
 任务4　职业道德与法律法规....................338
 单元小结..341
 单元练习..342

第 1 篇

计算机基础知识

本篇导读：

　　计算机是一种能自动、高速地进行数据信息处理的机器，是 20 世纪人类最伟大、最卓越的科学技术发明之一。随着计算机技术的发展，计算机已广泛应用于现代科学技术、国防、工业、农业、企事业单位以及人们日常生活中的各个领域。在互联网时代，学习计算机相关知识，是为未来的发展奠定基础，可为自己打开更多的发展渠道。

　　本篇主要介绍计算机的发展、分类、应用、数据存储及转换过程、计算机系统结构、Windows 10 操作系统的应用。

单元 1 计算机的发展

【单元导读】

计算机应用已经渗透到了人类社会的各个领域，并不断推动着科技进步和社会发展，故计算机知识的普及尤为重要。

本单元主要介绍计算机的发展历程、特点、分类及应用领域。

【知识要点】

- ➢ 计算机的发展历程
- ➢ 计算机的特点与分类
- ➢ 计算机应用的相关领域

任务　计算机基础知识解析

任务描述

计算机的发展和应用对人类的生产活动和社会活动产生了重要的影响。本任务要求读者了解和掌握计算机的发展历程、分类及应用领域。

任务分析

本任务通过相关知识的介绍，使读者了解计算机的发展历程、计算机的特点和分类，并了解计算机的应用领域，其知识结构如图 1-1-1 所示。

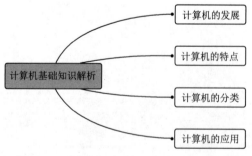

图 1-1-1　"计算机基础知识解析"知识结构

本任务包含的主要内容：

（1）第一台全自动电子数字计算机的相关知识；

（2）计算机发展史中不同时期的计算机的特点；
（3）计算机的应用范围。

相关知识

1. 计算机的发展

1946 年，由美国生产了第一台全自动电子数字计算机 ENIAC（Electronic Numerical Integrator and Calculator），它是美国奥伯丁武器试验场为了满足计算弹道的需要而研制的，主要发明人是电气工程师普雷斯波·埃克特（J. Presper Eckert）和物理学家约翰·莫奇利博士（John W. Mauchly）。ENIAC 的问世具有划时代的意义，标志着电子计算机时代的到来。

自第一台电子计算机问世至今，虽然只有短短的几十年，但随着计算机技术日新月异的发展，计算机从只能简单计算且体积庞大的机器，转变成为功能强大的数字化信息处理机。根据计算机所采用的物理器件，一般把电子计算机的发展分成四代。

（1）第一代计算机

第一代计算机是电子管计算机（1946—1957 年），主要由电子管逻辑元件组成，软件采用机器语言、汇编语言，主要特点有：体积大、耗电量高、运算速度慢、稳定性差、存储容量小。

（2）第二代计算机

第二代计算机是晶体管计算机（1958—1964 年），采用的主要元件是晶体管，主要特点有：运算速度提高、体积大大缩小、存储容量大大提高，主要应用于工程设计、数据处理等。

（3）第三代计算机

第三代计算机是中小规模集成电路计算机（1965—1970 年），采用的主要元件是中、小规模集成电路，主要特点有：集成度提高、存储容量进一步增大、体积更小、运算速度更快，价格更低。计算机开始广泛应用于各个领域。

（4）第四代计算机

第四代计算机是大规模和超大规模集成电路数字计算机（1971 年至今），采用的主要元件是大规模或超大规模集成电路，主要特点有：体积与第三代相比进一步缩小、耗电降低；计算速度进一步加快，可达每秒几千万次到几十亿次运算；能将信息采集存储处理、通信和人工智能结合在一起，具有形式化推理、联想、学习和解释的能力；主要应用领域为工业、生活等方面。

2. 计算机的特点

（1）运算速度快

计算机的运算速度通常用每秒执行定点加法的次数或者平均每秒执行指令的条数来衡量。运算速度是计算机的一个重要性能指标，运算速度快是计算机的一个突出特点。目前大多数家用计算机的运算速度可以达到每秒 50 亿次。

（2）计算精度高

计算机具有很高的计算精度，它是随计算机字长位数的增加而增加，一般可达几十位到几百位。因而广泛应用于高要求的工业自动化、航空航天领域、武器研制方面的数值计算。

（3）自动化程度高

计算机是由内部控制和操作的，只要将事先编制好的应用程序输入计算机，计算机就能自动按照程序规定的步骤完成预定的处理任务。

（4）存储容量大

计算机的存储数据容量非常大，目前硬盘的容量已达 TB 级别。它不仅可以长久性地存储海量的文字、图形、图像、声音等信息资料，还可以存储控制计算机工作的各种各样的应用程序。

（5）具有逻辑判断能力

计算机除了可以进行算术运算外，还可以进行各种逻辑运算。计算机正是通过其可靠的判断能力，以实现计算机工作的自动化和智能化等。

3．计算机的分类

依据 IEEE（电气电子工程师学会）的划分标准，计算机分为：巨型计算机、大型计算机、小型计算机、工作站、微型计算机。

（1）巨型计算机

巨型计算机也称超级计算机。它的主要特点是运算速度很高，每秒可执行万亿条指令；数据存储容量很大，规模大且结构复杂，功能强；价格昂贵，通常要几千万元。巨型计算机主要用于大型科学计算、破译密码、建立全球气候模型系统等大规模运算。

（2）大型计算机

大型计算机（简称为大型机）是一种体积庞大、价格昂贵的计算机。它能够同时为成千上万的用户处理数据。大型机常被企业或政府机构用于数据的集中存储、处理和大量数据的管理。

（3）小型计算机

小型计算机处理能力强，可靠性好，体积较小，价格适中，适合大中型企业、科研部门和学校等单位作为主机使用。例如，联想公司的万全 T 系列计算机等是小型机，主要用于大中型企业。

（4）工作站

工作站是一种高端的通用微型计算机，提供了比个人计算机更强大的性能，尤其是在图形处理能力、任务并行方面的能力。它具有多用户、多任务的能力又兼具个人计算机良好的人机界面，能够完成一些高速处理的工作，如医学成像和计算机辅助设计，某些工作站还有专为创建和显示三维动画而设计的电路系统。

（5）微型计算机

微型计算机也称个人计算机（PC），其体积小、功能强，是目前发展最快、应用最广泛的一种计算机，被广泛应用于机关单位、学校、企事业单位和家庭中。

4．计算机的应用

随着科学技术的迅速发展、计算机的不断普及，计算机的应用已经渗透到社会的各行各业，快速地改变着我们的工作、学习和生活，推动着社会的发展。归纳起来，计算机的应用主要有以下几个方面。

（1）科学计算

科学计算也称数值计算，是计算机最早、最重要的应用领域，也是计算机最基本的应用之一，是指用计算机来解决科学研究和工程技术中所提出的复杂数值计算问题。例如，气象预报、火箭发射、仿真模拟中一些繁重复杂的计算任务。

（2）数据处理

数据处理也称信息处理，是计算机应用最广泛的功能，人们利用计算机对所获取的信息进行记录、整理、加工、存储和传输等。

（3）人工智能

人工智能是指利用计算机来模仿人类的智力活动，能像人那样可以感应、判断、推理、学习等，如专家系统、机器人、手写识别系统、声音识别系统等。人工智能是计算机应用的一个崭新领域，这方面的研究与应用正处于发展阶段，如在人机对弈、自动驾驶、智能机器人等领域都取得了很好的应用成果。

（4）自动控制

计算机所具有的自动控制能力是依靠存储在内存中的"程序"实现的。只要将事先编制好的应用程序输入计算机，计算机就能自动按照程序规定的步骤完成预定的处理任务。

（5）计算机辅助系统

计算机辅助系统是利用计算机辅助完成不同类任务的系统的总称。常见的辅助系统有：计算机辅助设计（CAD）、计算机辅助制造（CAM）、计算机辅助教学（CAI）、计算机辅助工程（CAE）、计算机辅助测试（CAT）。

（6）计算机网络

计算机网络是计算机技术与通信技术相结合的产物。网络的出现为人们提供了很大的便利，也在不断地改变人们的工作、学习和生活方式。

单 元 小 结

本单元对计算机的基础知识进行了介绍，主要包括：计算机的发展历程、特点以及分类，并总结了计算机的应用等内容。读者通过学习后，可以在了解计算机相关知识的基础上，在体会计算机功能强大的同时提升对计算机的使用兴趣。

单 元 练 习

一、单选题

1. 最先实现存储程序的计算机是（　　）。
   A. ENIAC　　　　　　B. EDSAC　　　　　　C. EDVAC　　　　　　D. VNIVA
2. 目前，制造计算机所用的电子器件主要是（　　）。
   A. 电子管
   B. 晶体管
   C. 集成电路
   D. 大规模集成电路和超大规模集成电路
3. 一般家用计算机属于（　　）。
   A. 工作站　　　　　　B. 小型机　　　　　　C. 微型计算机　　　　D. 大型主机
4. "新冠疫情统计系统"属于计算机在（　　）方面的应用。
   A. 辅助设计　　　　　B. 信息管理　　　　　C. 自动检测　　　　　D. 科学计算
5. 以下（　　）不是计算机的特点。
   A. 运算速度快
   B. 具有逻辑判断能力
   C. 具有记忆能力
   D. 执行必须要有人工干预
6. 早期的计算机是用来进行（　　）。
   A. 科学计算　　　　　B. 系统仿真　　　　　C. 自动控制　　　　　D. 动画设计
7. 以下（　　）表示计算机辅助制造。
   A. CAD　　　　　　　B. CAI　　　　　　　C. CAT　　　　　　　D. CAM
8. 下列不属于第二代计算机特点的一项是（　　）。
   A. 采用电子管作为主要逻辑元件
   B. 运算速度提高
   C. 体积大大缩小
   D. 存储容量大大提高
9. 现代微型计算机采用的电子器件是（　　）。
   A. 电子管
   B. 晶体管
   C. 小规模集成电路
   D. 大规模和超大规模集成电路
10. 按计算机应用的分类来看，用计算机进行语言翻译和语音识别时属于（　　）。
    A. 科学计算
    B. 辅助设计
    C. 实时控制
    D. 人工智能

二、多选题

1. 现代计算机具有的主要特征有（　　）。
   A. 计算精度高 B. 存储容量大
   C. 处理速度快 D. 以上三种说法都不对
2. 以下（　　）属于计算机的应用。
   A. 科学计算 B. 数据处理 C. 人工智能 D. 自动控制
3. 第一代计算机采用的逻辑元件不包括（　　）。
   A. 晶体管 B. 电子管 C. 中小规模集成电路 D. 大规模集成电路
4. 常见的计算机辅助系统有（　　）。
   A. 计算机辅助设计 B. 计算机助制造
   C. 计算机辅助教学 D. 计算机辅助考试
5. "神舟八号"飞船利用计算机进行飞行状态调整不属于（　　）。
   A. 科学计算 B. 数据处理 C. 计算机辅助设计 D. 实时控制

三、简答题

1. 请写出计算机的应用领域。
2. 请简述计算机的特点。

单元 2 计算机系统

【单元导读】

　　计算机是一种能够按照指令对各种数据和信息进行自动加工和处理的电子设备，而一台计算机正常工作需要硬件系统和软件系统协调工作。

　　本单元主要介绍计算机系统的相关知识：硬件系统、软件系统。

【知识要点】

> 计算机系统的组成
> 计算机硬件系统的各个器件
> 计算机软件的类型及应用

任务　计算机的系统结构

任务描述

　　计算机已经发展成为由巨型机、大型机、中型机、小型机、微型机组成的一个庞大的计算机家族。尽管在规模、性能、结构和应用等方面存在着差别，但计算机系统的基本结构是类似的，一个完整的计算机系统包含计算机的硬件系统和软件系统。

　　任务要求：了解和掌握计算机的结构、计算机的硬件系统和软件系统。

任务分析

　　了解计算机系统组成以及各组成部分的相关定义、功能等。通过任务实现，进一步加深对计算机系统中各个部件的认识与了解，其知识结构如图 1-2-1 所示。

　　本任务包含的主要内容：

① 启动计算机后，通过"系统属性"查看计算机的操作系统。
② 打开"控制面板"窗口，查看计算机中安装的应用软件。
③ 打开计算机主机箱，查看计算机硬件系统中的主板，并仔细观察内存条。
④ 认识计算机的其他硬件：输入设备和输出设备。

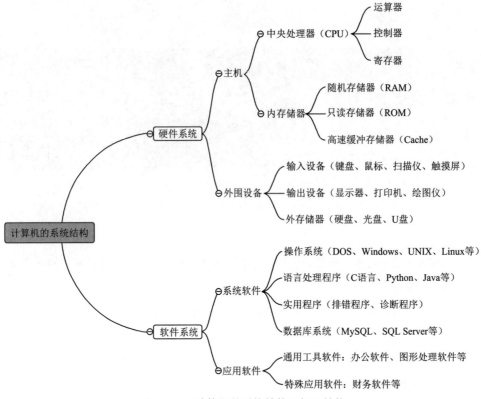

图 1-2-1 "计算机的系统结构"知识结构

相关知识

1. 计算机系统的组成

计算机系统由硬件系统和软件系统两大部分组成。计算机硬件是构成计算机系统各功能部件的集合，是由电子、机械和光电元件组成的各种计算机部件和设备的总称，是计算机完成各项工作的物质基础。计算机硬件是看得见、摸得着的，实实在在存在的物理实体。计算机软件是指与计算机系统操作有关的各种程序以及任何与之相关的文档和数据的集合。其中程序是用程序设计语言描述的适合计算机执行的语句指令序列。

没有安装任何软件的计算机通常称为"裸机"，裸机是无法工作的。如果计算机硬件脱离了计算机软件，那么它就成为一台不能正常运行的机器；如果计算机软件脱离了计算机的硬件就失去了它运行的物质基础；所以说二者相互依存，缺一不可，共同构成一个完整的计算机系统。

2. 硬件系统

硬件系统由运算器、控制器、存储器、输入设备和输出设备五大功能部件组成，这五大功能部件采用总线结构相连构成一个整体，相互配合，协同工作，结构如图 1-2-2 所示。

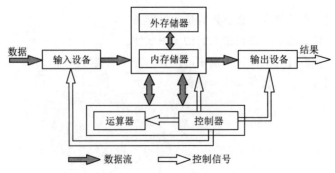

图 1-2-2 计算机硬件系统基本结构

计算机执行的程序和计算中需要的原始数据在控制命令的作用下通过输入设备送入计算机的存储器。当计算开始的时候，在取指令的作用下把程序指令逐条送入控制器。控制器向存储器和运算器发出取数命令和运算命令，运算器进行计算，然后控制器发出存数命令，计算结果存放到存储器，最后在输出命令的作用下通过输出设备输出结果。

以下具体介绍计算机硬件系统的五大功能部件。

（1）运算器

运算器又称算术逻辑单元（Arithmetic Logic Unit，ALU），是计算机处理数据形成信息的加工厂，它的主要功能是对二进制数码进行算术或逻辑运算。运算器主要由一个加法器、若干个寄存器和一些控制线路组成，其性能指标的优劣是衡量整个计算机性能指标的重要因素之一。

（2）控制器

控制器是计算机的神经中枢，负责从存储器中取指令，并对指令进行译码，根据指令的要求，按时间的先后顺序，负责向其他各部件发出控制信号，保证各部件协调一致地工作，逐步有序地完成各项任务。控制器主要由指令寄存器、译码器、程序计数器、操作控制器和时序节拍发生器组成。

运算器和控制器构成计算机的核心部件——中央处理器（Central Processing Unit，CPU），是任何计算机系统都必备的核心部件。

CPU是计算机的核心部件，其品质的高低直接决定了一个计算机系统的档次。CPU在微型计算机系统中称为微处理器，是计算机的"大脑"。CPU从最初发展至今已经有50多年的历史了，这期间，按照其处理信息的字长，CPU可以分为：4位微处理器、8位微处理器、16位微处理器、32位微处理器，以及现在主导市场的64位微处理器，可以说微型计算机的发展是随着CPU的发展而前进的。

CPU是IT行业硬件中的核心部件，近年来国产CPU不断实现技术突破，正逐步打破相关产业的国外技术垄断，目前我国自主研发的CPU有：龙芯、澎湃S1、海思麒麟、银河飞腾等。

（3）寄存器

寄存器也是CPU的一个重要组成部分，是CPU内部的临时存储单元。寄存器既可以暂存程序执行时的常用数据、地址和中间结果，以便减少处理器与外部的数据交换，提高CPU的运行速度，又可以存放控制信息或CPU工作的状态信息。

（4）存储器

存储器是计算机记忆或暂存数据的部件，是计算机的记忆装置。存储器分为内存储器（简称内存）和外存储器（简称外存）。CPU只能直接访问在内存中的数据，外存中的数据只有先调入内存后，才能被CPU访问和处理。

① 内存储器，又称为主存储器，用来存储正在运行的程序和数据，它又可以分为随机存储器（RAM）、只读存储器（ROM）和高速缓冲存储器（Cache）。

随机存储器，表示可以从中读取数据，也可以写入数据。主要特点是当计算机电源关闭时，存于其中的数据会丢失，且不可恢复。通常人们所讲的计算机内存条就是RAM。

只读存储器，表示只能读取数据，不能写入数据。其主要特点是信息只能读出，不能写入，即使机器关闭，这些数据也不会丢失。

高速缓存，位于CPU与内存之间，是一个读/写速度比内存更快的存储器。当CPU向内存中写入或读出数据时，这个数据也被存储进高速缓冲存储器中。当CPU再次需要这些数据时，CPU就从高速缓冲存储器读取数据，而不是访问较慢的内存。

② 外存储器是指除计算机内存以外的存储器，用于存放当前暂时不需要使用的程序和数据。常见的外存储器有硬盘、光盘、U盘等。

（5）输入/输出设备

输入/输出设备又称外围设备，简称外设或I/O设备，这些设备提供了外部环境与计算机交换数据的一种手段，是实现人机通信的工具。

① 输入设备。输入设备的功能是将外部的数字、文字、符号、语言、图形和图像等信息，以及处理这些信息所需的程序，转换为计算机所能识别和处理的二进制形式并输送到计算机中进行运算处理。常见的输入设备及其分类如图 1-2-3 所示。

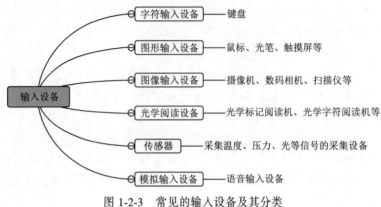

图 1-2-3　常见的输入设备及其分类

② 输出设备。输出设备的功能是把计算机处理的结果（或中间结果）转换为人所能识别的数字、符号、文字、语音、图形和图像等信息形式，或转换为其他系统所能接收的信息形式输送出来。常用的输出设备有显示器、打印机、绘图仪等。

输入/输出设备是用户操作计算机并与计算机进行交互的主要设备。输入/输出设备中，有的设备既可作为输入设备又可作为输出设备，如外存储器。

3．软件系统

软件系统是计算机系统的一个重要组成部分，它是计算机的"灵魂"，是用户和硬件之间进行交流的接口。计算机软件系统由系统软件和应用软件组成。

（1）系统软件

系统软件是指控制和协调计算机硬件及外围设备、支持应用软件开发和运行的软件，是无须用户干预的各种程序的集合。

① 操作系统：简称 OS，是管理计算机硬件与软件资源的计算机程序。它提供用户与系统交互的操作界面。操作系统是所有计算机都必须配置的软件，要负责 CPU 管理、存储管理、设备管理、文件管理和进程管理，一般分为批处理操作系统、分时操作系统、实时操作系统和通用操作系统。目前微型计算机常用的操作系统有 Windows、UNIX、Linux 等。

② 语言处理程序：它是用户与计算机交流信息使用的计算机语言。通常分为机器语言、汇编语言和高级语言 3 类。

机器语言（Machine Language），机器能直接识别，用二进制指令代码描述的程序语言称为机器语言。用机器语言编写的程序，计算机可直接识别并执行，不需要任何解释，效率高。不过人们很难编写、阅读、记忆、调试和修改。早期的计算机程序就是用机器语言直接编写的。

汇编语言（Assemble Language），是用能反映指令功能的助记符描述的计算机语言。它实际上是由一组与机器语言指令一一对应的符号指令和简单语法组成符号化的机器语言。

高级语言（High Level Language），是一种比较接近自然语言和数学表达式的计算机程序设计语言，是"面向用户的语言"，如 BASIC、Pascal、C、C++、Visual Basic、Delphi、Java、Python 等。一般用高级语言编写的程序称为"源程序"，同汇编语言程序一样，计算机无法直接执行用高级语言编写的程序，必须翻译成机器指令才能执行。

③ 数据库管理系统（Database Management System，DBMS）。它的作用是管理数据库，是有效地进行数据存储、共享和处理的工具。目前微型机系统常用的单机数据库管理系统有 Visual FoxPro、Access 等，适合于网络环境的

大型数据库管理系统有 Sybase、Oracle、DB2、SQL Server 等。

④ 系统服务程序。系统服务程序是指为了帮助用户使用和维护计算机，提供服务性工具而编制的计算机程序，包括机器的监控管理程序、调试程序、故障检查和诊断程序、各种驱动程序及作为软件研制开发工具的编辑程序、调试程序、装配和连接程序等。

（2）应用软件

应用软件是用户使用程序设计语言编制的应用程序的集合。它可以拓宽计算机系统的应用领域，放大硬件的功能。常见的应用软件见表 1-2-1。

表 1-2-1　常见的应用软件

软件种类	举　例
办公软件	Microsoft Office、WPS Office 等
图形处理与设计	Photoshop、AutoCAD、Illustrator 等
程序设计	Visual C++、Visual Studio、Eclipse 等
磁盘分区	Fdisk、Partition Magic 等
翻译与学习	金山词霸等
多媒体播放与处理	Windows Media Player、会声会影等
上传与下载	CuteFTP、迅雷等
计算机病毒与防护	金山毒霸、360 杀毒等
图文浏览	Adobe Reader、超星图书浏览器等
数据备份与恢复	Norton Ghost、Final Data 等

步骤 1：查看计算机的软件系统

① 双击计算机桌面上的"此电脑"图标，在打开的窗口菜单中单击 系统属性 按钮，打开计算机系统属性，如图 1-2-4 所示，可以看到该计算机的操作系统是 Windows 10。

图 1-2-4　计算机系统属性

② 单击"开始"菜单旁边的"搜索"按钮 🔍，在出现的搜索框中输入"控制面板"，结果如图 1-2-5 所示，然后单击图中"控制面板"按钮，打开"控制面板"窗口，如图 1-2-6 所示。

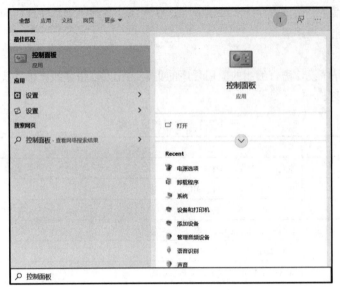

图 1-2-5　打开控制面板

图 1-2-6　"控制面板"窗口

③ 在"控制面板"窗口中单击"程序"选项，打开"程序"窗口，如图 1-2-7 所示。

图 1-2-7　"程序"窗口

④ 在"程序"窗口中单击"程序和功能"图标，打开"程序和功能"窗口，可以看到该计算机安装了 55 个程序，如图 1-2-8 所示。

图 1-2-8 "程序和功能"窗口

步骤 2：查看计算机的硬件系统

① 打开主机箱，可以看到一块矩形电路板：主板，其外观如图 1-2-9 所示。主板上通常有微处理器插槽、内存插槽、输入/输出控制电路、扩展槽、键盘接口、面板控制开关和与指示灯相连的接插件等，还有一些扩展插槽或 I/O 通道，不同的主板所含的扩展槽个数不同。扩展槽可以根据需要插入相应的扩展卡，如显卡、声卡、网卡和视频解压卡等。拔出内存条，注意金手指的防插反缺口（见图 1-2-10）仔细观察再插入。

图 1-2-9 主板外观

图 1-2-10 内存条

② 输入设备，键盘和鼠标如图 1-2-11 所示。

图 1-2-11 键盘和鼠标

③ 输出设备，显示器和打印机如图 1-2-12 所示。

图 1-2-12　显示器和打印机

单 元 小 结

本单元通过一个任务对计算机的系统进行介绍，主要包括：计算机系统的组成；计算机硬件系统的功能部件；计算机软件系统中各类软件等内容。读者经过学习后，可以了解计算机的工作原理、计算机硬件的组成部分及特点、计算机的软件分类及特点。

单 元 练 习

一、单选题

1. 构成计算机的电子和机械的物理实体称为（　　）。
   A. 主机　　　　　　B. 外围设备　　　　C. 计算机系统　　　D. 计算机硬件系统
2. CPU 是计算机硬件系统的核心，它是由（　　）组成的。
   A. 运算器和存储器　B. 控制器和乘法器　C. 运算器和控制器　D. 加法器和乘法器
3. PC 上通过键盘输入一段文字时，该段文字首先存放在主机的（　　）中，如果希望将这段文字长期保存，应以文件形式存储于（　　）中。
   A. 内存、内存　　　B. 外存、内存　　　C. 内存、外存　　　D. 键盘、打印机
4. 个人计算机必不可少的输入/输出设备是（　　）。
   A. 键盘和显示器　　B. 键盘和鼠标　　　C. 显示器和打印机　D. 鼠标和打印机
5. 以下（　　）属于计算机的内存器。
   A. 硬盘　　　　　　B. U 盘　　　　　　C. SDRAM　　　　　D. 光盘
6. 计算机的运算器是对二进制数码进行（　　）的部件。
   A. 算术运算和逻辑运算　B. 协调工作　　　C. 记忆　　　　　　D. 操作控制
7. 在计算机系统中，指挥、协调计算机工作的是（　　）。
   A. 显示器　　　　　B. CPU　　　　　　C. 内存　　　　　　D. 打印机
8. 控制器的主要功能是（　　）。
   A. 进行算术运算　　　　　　　　　　　B. 进行逻辑运算
   C. 指挥计算机中各个部件自动协调工作　D. 实现算术运算和逻辑运算
9. 下列存储器中，能够直接和 CPU 交换信息的是（　　）。
   A. U 盘　　　　　　B. 硬盘存储器　　　C. 内存储器　　　　D. CD-ROM
10. 计算机在使用中如果断电，（　　）中的数据会丢失。
    A. ROM　　　　　　B. RAM　　　　　　C. 硬盘　　　　　　D. 光盘
11. 计算机中内存的容量通常是指（　　）。
    A. RAM 的容量　　　　　　　　　　　 B. ROM 的容量

  C. RAM 和 ROM 的容量之和　　　　　　D. CD-ROM 的容量

12. 计算机中的外存储器，可以与（　　）直接进行数据传输。

  A. 运算器　　　B. 控制器　　　C. 内存储器　　　D. 微处理器

13. 在计算机中，高速缓冲存储器（Cache）的作用是（　　）。

  A. 提高 CPU 访问内存的速度　　　　B. 提高外存与内存的读/写速度

  C. 提高 CPU 内部的读/写速度　　　　D. 提高计算机对外设的读/写速度

14. 计算机程序必须在（　　）中才能运行。

  A. 内存　　　B. 软盘　　　C. 硬盘　　　D. 网络

15. 显示器的显示效果主要与（　　）性能有关。

  A. 显示卡　　　B. 中央处理器　　　C. 内存　　　D. 主板插槽

16. 下面两个都属于系统软件的是（　　）。

  A. Windows 和 Excel　　　　B. Windows 和 Word

  C. Windows 和 IOS　　　　D. Linux 和 Excel

17. 计算机启动时，首先同用户打交道的软件是（　　），在它的帮助下才得以方便、有效地调用系统各种资源。

  A. 操作系统　　　B. Word 字处理软件　　　C. 语言处理程序　　　D. 实用程序

18. 下列 4 种软件中属于应用软件的是（　　）。

  A. BASIC 解释程序　　　B. Windows　　　C. 财务管理系统　　　D. Pascal 编译程序

19. 操作系统为用户提供了操作界面，其主要功能是（　　）。

  A. 用户可以直接进行网络通信

  B. 用户可以进行各种多媒体对象的欣赏

  C. 用户可以直接进行程序设计、调试和运行

  D. 用户可以用某种方式和命令启动、控制和操作计算机

20. 通常所说的共享软件是指（　　）。

  A. 盗版软件

  B. 一个人购买的商业软件，大家都可以借来使用

  C. 是以"先使用后付费"的方式销售的享有版权的软件

  D. 不受版权保护的公用软件

二、多选题

1. 以下（　　）不属于计算机的输入设备。

  A. 显示器　　　B. 打印机　　　C. 键盘　　　D. 投影仪

2. 关于计算机核心部件 CPU，下面说法正确的是（　　）。

  A. CPU 是中央处理器的简称　　　　B. CPU 可以替代存储器

  C. 计算机的 CPU 也称为微处理器　　　　D. CPU 是计算机的核心部件

3. 计算机中，外存储器比内存储器（　　）。

  A. 读/写速度快　　　B. 存储容量大　　　C. 单位价格低　　　D. 单价比较高

4. 关于随机存储器（RAM）功能的叙述，（　　）是不正确的。

  A. 只能读，不能写　　　　B. 断电后信息不消失

  C. 读/写速度比硬盘慢　　　　D. 作为内存能直接与 CPU 交换信息

5. 下列有关存储器读/写速度排列不正确的是（　　）。

  A. RAM>Cache>硬盘　　　　B. Cache>RAM>硬盘

  C. Cache>硬盘>RAM　　　　D. RAM>硬盘>Cache

6. 下面关于计算机外围设备的叙述中，正确的是（　　）。
   A. 视频摄像头只能是输入设备　　　B. 扫描仪是输入设备
   C. 打印机是输出设备　　　　　　　D. 激光打印机属于击打式打印机
7. 下列系统软件与应用软件的安装与运行说法中，不正确的是（　　）。
   A. 首先安装哪一个无所谓
   B. 两者同时安装
   C. 必须先安装应用软件，后安装并运行系统软件
   D. 必须先安装系统软件，后安装应用软件
8. 下列属于多媒体播放工具的是（　　）。
   A. 暴风影音　　　　　　　　　　　B. WinRAR
   C. RealPlayer 实时播放器　　　　　D. Windows Media Player
9. 计算机不能直接执行的程序是（　　）。
   A. 源程序　　　　B. 语言程序　　　C. 机器语言程序　　　D. 汇编语言程序

三、简答题

1. 计算机的内存与外存有什么区别和联系？列举生活中常用的外存储器。
2. 计算机硬件一般包括哪几部分？
3. 简述存储器的类型。
4. 计算机控制器由哪些主要部件组成？
5. 简述计算机软件的分类。

单元 3 计算机编码

【单元导读】

计算机主要的任务是对数据进行运算和加工处理并把结果提供给用户。计算机需要处理的信息分为数值信息和非数值信息,所有这些数据在计算机内部都是以二进制数据的形式表示的("0"和"1"的有序组合)。

本单元主要介绍数制的基本概念、数值信息及非数值信息的表示与处理。

【知识要点】

- 数制的基本概念
- 进制之间的互相转换
- 计算机信息编码

任务 计算机信息编码

任务描述

计算机内部处理的都是二进制数据,而我们日常所面对的数据往往是十进制数据,计算机语言中通常使用八进制或十六进制数据,这些不同进制数据之间的关系是怎样的?

任务要求:学习和掌握数制的基本概念:数制、基数、位权、常用的计数制,掌握计算机中数的表示和几种进制之间的互相转换。

任务分析

了解计算机数制的相关定义、表示方法、几种进制之间的互相转换等。通过任务实现,进一步巩固计算机中数的表示方法,其知识结构如图 1-3-1 所示。

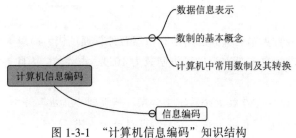

图 1-3-1 "计算机信息编码"知识结构

本任务包含的主要内容:

① 计算机中数据信息表示。

② 数制的基本概念、常用数制及其转换。
③ 数值型数据编码：数据的原码、反码、补码。
④ 字符型数据编码：西文字符编码（ASCII 码）、中文字符编码（汉字输入码、国标码、机内码、地址码、字形码）。

相关知识

1. 数据信息表示

信息包括文字、数字、图片、图表、图像、音频、视频等。信息的表示有两种形态：一类是数值数据；另一类是非数值数据，如符号、图形、声音等。由于计算机硬件是由电子元器件组成的，而电子元器件大多都有两种稳定的工作状态，可以很方便地用"0"和"1"来表示，因此，所有这些数据在计算机内部都是以二进制数据的形式表示的（"0"和"1"的有序组合）。

2. 数制的基本概念

生活中数制是人们利用符号来计数的科学方法，又称为计数制。数制有很多种，例如，数学使用的是十进制，钟表是六十进制，年是十二进制等。无论是哪种数制，都包含基数和位权两个基本要素。

（1）基数

在一个计数制中，表示每个数位上可用字符的个数称为该数制的"基数"，通常用 R 表示。

例如，十进制数，每一位可使用的数字为 0~9 共 10 个，则十进制的基数 R 是 10。

（2）位权

对于多位数，处在某一位上的"1"所表示的数值的大小，称为该位的位权。例如，十进制第 2 位的位权为 10，第 3 位的位权为 100；而二进制第 2 位的位权为 2，第 3 位的位权为 4，对于 N 进制数，整数部分第 i 位的位权为 N 的 $(i-1)$ 次幂，而小数部分第 j 位的位权为 N 的 $-j$ 次幂。

3. 计算机中的常用数制

计算机中常用的数制有十进制，也有二进制、八进制或十六进制。在计算机内部均用二进制数来表示各种信息，但计算机与外部的交互仍采用人们熟悉和便于阅读的形式，它们的转换则由计算机系统的软硬件来实现。

（1）二进制

二进制（通常用字母 B 表示）：它的基数为 2（0、1），位权为 2 的整数次幂，计数规则为"逢二进一，借一当二"，如二进制数 1010 可以表示为 $(1010)_2$。对于一个二进制数，也可以表示成按权展开的多项式。例如，$1010=1×2^3+0×2^2+1×2^1+0×2^0$。

（2）十进制

十进制（通常用字母 D 表示）：它的基数为 10，使用 0，1，2，…，9 共 10 个数字来表示，位权为 10 的整数次幂，计数规则为"逢十进一，借一当十"。如十进制 1340.895 中的 3 就表示 $3×10^2=300$，十进制数也可以表示成按权展开的多项式，如 $1340.895=1×10^3+3×10^2+4×10^1+0×10^0+8×10^{-1}+9×10^{-2}+5×10^{-3}$。

（3）八进制和十六进制

计算机使用二进制数进行各种算术运算和逻辑运算虽然有计算速度快、简单等优点，但使用二进制数表示信息需要占用更多的位数，如十进制数 11，对应的二进制数为 1011，占 4 位。因此，为了方便读写，常采用八进制或十六进制。

八进制基数为 8，使用 0，1，…，7 共 8 个数字来表示，运算时逢八进一。十六进制基数为 16，使用数字 0，1，…，9，A，B，…，F 共 16 个数字和字母来表示，运算时逢十六进一。

为了区别这几种数制表示方法，通常会在数字后面加一个缩写的大写字母，或者将要表示的数用圆括号括起来，然后用进制下标来标识，见表 1-3-1。

表 1-3-1　数制表示方法

类　　别	基　　数	使用基本符号	字母标识
二进制数	2	0，1	B
八进制	8	0，1，…，7	O
十进制	10	0，1，…，9	D
十六进制	16	0，1，…，9，A，B，…，F	H

4．进制转换

计算机内部所有的数据都采用二进制表示，这就存在着各计数制之间的互相转换。各计数制之间的对照关系见表 1-3-2。

表 1-3-2　常用计数制对照表

十进制数	二进制数	八进制数	十六进制数	十进制数	二进制数	八进制数	十六进制数
0	0	0	0	8	1000	10	8
1	1	1	1	9	1001	11	9
2	10	2	2	10	1010	12	A
3	11	3	3	11	1011	13	B
4	100	4	4	12	1100	14	C
5	101	5	5	13	1101	15	D
6	110	6	6	14	1110	16	E
7	111	7	7	15	1111	17	F

5．计算机信息编码

（1）计算机中的存储单位

计算机中信息存储的单位有以下 3 种：

① 位（b）。位（bit）是计算机内部存储信息的最小单位，1 个二进制位只能表示 0 或 1，要想表示更大的数，就得把更多的位组合起来作为一个整体。

② 字节（B）。字节（Byte）是计算机内部存储信息的基本单位，1 字节由 8 个二进制位组成。在计算机中，常用的信息存储单位还有千字节（KB）、兆字节（MB）、吉字节（GB）和太字节（TB）等，其中：

1 TB=2^{10} GB=1 024 GB　　　　1 GB=2^{10} MB=1 024 MB

1 MB=2^{10} KB=1 024 KB　　　　1 KB=2^{10} B=1 024 B

③ 字（Word）。1 个字通常由 1 字节或多个字节组成，是计算机进行信息处理时 1 次存取、加工和传送的数据长度。字长是衡量计算机性能的重要指标，字长越长，计算机 1 次所能处理信息的实际位数就越多，计算机的处理速度越快，常用的字长有 8 位、16 位、32 位和 64 位等。

（2）数值型数据编码

数值在计算机中采用"二进制"方式存储。数值有正、负和大、小之分，为了解决数据的正、负问题，引入数据的原码、反码、补码表示。

原码是指在表示数的时候最高位为符号位，其余各位为数值本身的绝对值。

反码要分两种情况考虑，正数的反码与原码相同；负数的反码符号位为 1，其余位对原码取反。

补码也分两种情况考虑，正数的原码、反码、补码相同；负数的补码最高位为 1，其余位为原码取反，再对整个数加 1。

特别规定：−128 的补码为 10000000，所以有符号字节的补码表示范围为：−128～127，−128 不在表示范围之内，所以没有反码。

8 位二进制数的各种表示方法见表 1-3-3。

表 1-3-3 8 位二进制数的各种表示方法

二进制数	无符号二进制数	原 码	反 码	补 码	二进制数	无符号二进制数	原 码	反 码	补 码
00000000	0	+0	+0	+0	10000001	129	−1	−126	−127
00000001	1	+1	+1	+1	10000010	130	−2	−125	−126
00000010	2	+2	+2	+2	...	...	...	...	...
...	...	...	...	...	11111101	253	−125	−2	−3
01111110	126	+126	+126	+126	11111110	254	−126	−1	−2
01111111	127	+127	+127	+127	11111111	255	−127	−0	−1
10000000	128	−0	127	−128					

（3）计算机中字符的编码

在计算机中除了数值信息还有非数值信息，如字符、图像、音频、视频等，其中字符是计算机中使用最多的信息形式之一。

① 西文字符编码。

在西文领域，目前普遍采用的是 ASCII 码（American Standard Code for Information Interchange，美国信息交换标准代码），见表 1-3-4。有 7 位码和 8 位码两个版本。国际上通用的是 7 位码，能表示 128（2^7）个不同编码值。

表 1-3-4 ASCII 码表

高 4 位	高 3 位							
	000	001	010	011	100	101	110	111
0000	NUL	DLE	SP	0	@	P	、	p
0001	SOH	DC1	!	1	A	Q	a	q
0010	STX	DC2	"	2	B	R	b	r
0011	ETX	DC3	#	3	C	S	c	s
0100	EOT	DC4	$	4	D	T	d	t
0101	ENQ	NAK	%	5	E	U	e	u
0110	ACK	SYN	&	6	F	V	f	v
0111	BEL	ETB	'	7	G	W	g	w
1000	BS	CAN	(	8	H	X	h	x
1001	HT	EM	)	9	I	Y	i	y
1010	LF	SUB	*	:	J	Z	j	z
1011	VT	ESC	+	;	K	[	k	{
1100	FF	FS	,	<	L	\	l	|
1101	CR	GS	-	=	M	]	m	}
1110	SO	RS	.	>	N	↑	n	~
1111	ST	US	/	?	O	↓	o	DEL

② 中文字符编码。

为了使计算机能够处理汉字，必须对汉字进行编码。计算机对汉字进行处理的过程实际上是各种汉字编码进行转化的过程。这个过程包括：汉字输入码→国标码→机内码→地址码→字形码→汉字输出码。

汉字输入码：为了利用现有的计算机键盘，将形态各异的汉字输入计算机而编制的代码，可分为顺序码、音码、形码、音形码。顺序码为无重码的编码。音码常用的有智能 ABC、微软拼音、全拼、简拼、双拼。形码有五笔字型、五笔画等。音形码常用的有自然码。

国标码：我国国家标准汉字编码 GB 2312—1980 所规定的机器内部编码，代表中文简化字，在我国广泛使用。其用于汉字信息处理系统之间或者通信系统之间交换信息，因此又称汉字交换码。因一个字节只能表示 2^8 种编码，所以国标码也用 2 字节来表示，通过区位码来呈现，但国标码并不等于区位码，它是由区位码稍加转换得到的。

区位码：为了便于使用，GB 2312—1980 将其中的汉字和其他符号按照一定的规则排列成一个大的 94×94 的矩阵，每一行称为一个"区"，每一列称为一个"位"，编号为 01~94，这样得到 GB 2312—1980 的区位图，用区位图的位置来表示的汉字编码，称为区位码。区位码的范围为 0101~9494。

机内码：供计算机系统内部进行存储、加工处理、传输等统一使用的代码，又称为汉字内部码或汉字内码。不同的系统使用的机内码有所不同。使用最广泛的是一种 2B（2 字节）的机内码，俗称变形的国标码。

地址码：指汉字字库中存储汉字字形信息的逻辑地址码，需要向输出设备输出汉字时，必须通过地址码找到汉字字库中的对应汉字。

字形码：又称汉字字模，是汉字字库中存储的汉字字形的数字化信息，用于汉字的显示和打印。汉字字形的产生方式大多是数字式，即以点阵方式形成汉字。因此，汉字字形码主要是指汉字字形点阵的代码。

任务实现

步骤 1：R 进制数转换为十进制数

R 进制的数按权展开后求得结果即为十进制数。

【例 1-1】将二进制数 $(1001.01)_2$ 转换为等值的十进制数。

$(1001.01)_2$
$= 1 \times 2^3 + 0 \times 2^2 + 0 \times 2^1 + 1 \times 2^0 + 0 \times 2^{-1} + 1 \times 2^{-2}$
$= 8+0+0+1+0+1/4$
$= (9.25)_{10}$

【例 1-2】将 $(3257)_8$，$(DF.B)_{16}$ 分别转换为十进制数。

$(3257)_8$
$= 3 \times 8^3 + 2 \times 8^2 + 5 \times 8^1 + 7 \times 8^0$
$= (1711)_{10}$

$(DF.B)_{16}$
$= 13 \times 16^1 + 15 \times 16^0 + 11 \times 16^{-1}$
$= (226.6875)_{10}$

总结：任意 R 进制数可以按其位权方式进行展开。若 L 有 n 位整数 m 位小数，则其各位数为：$(K_{n-1}K_{n-2} \ldots K_0.K_{-1}K_{-2} \ldots K_{-m})$，$L$ 可以表示为：

$$L = \sum_{i=-m}^{n-1} K_i R^i$$
$$= K_{n-1}R^{n-1} + K_{n-2}R^{n-2} + \cdots + K_0R^0 + K_{-1}R^{-1} + \cdots + K_{-m}R^{-m}$$

步骤 2：十进制数转换为 R 进制数

应该把十进制数分为整数部分和小数部分。整数部分的转换法则是除以 R 取余法，小数部分的转换法则是乘以 R 取整法。

对于整数 L，可以表示为：

$L = K_{n-1}R^{n-1} + K_{n-2}R^{n-2} + \cdots + K_0R^0$，其中 K_i 表示除以 R 得到的各位余数。

对于小数 L，可以表示为：

$$L = K_{-1}R^{-1} + K_{-2}R^{-2} + \cdots + K_{-m}R^{-m}$$

其中 K_{-i} 表示乘以 R 得到的各位整数。

【例 1-3】 将十进制数 135.125 转换为二进制数。

整数部分转换：135 除以 2 取各位余数。

除以 2	取余	对应二进制位数	
135÷2=67	1	K_0	最低位
67÷2=33	1	K_1	↑
33÷2=16	1	K_2	
16÷2=8	0	K_3	
8÷2=4	0	K_4	
4÷2=2	0	K_5	
2÷2=1	0	K_6	
1÷2=0	1	K_7	最高位

所以 $(135)_{10}=(10000111)_2$。

小数部分转换：0.125 乘以 2 取各位上的整数。

乘以 2	取整数	对应二进制位数	
0.125 × 2=0.250	0	K_{-1}	小数点后最高位
0.250 × 2=0.500	0	K_{-2}	
0.500 × 2=1.000	1	K_{-3}	小数点后最低位

所以 $(0.125)_{10}=(0.001)_2$。

最后将整数部分和小数部分的转换结果相加，得到 $(135.125)_{10}=(10000111.001)_2$。

步骤 3：二进制数、八进制数和十六进制数的相互转换

① 二进制数转换为八进制数、十六进制数。

二进制数转换为八进制数、十六进制数的方法是：将二进制数从小数点开始分别向左（整数部分）和向右（小数部分）每 3 位或 4 位分成一组，转换成八进制数码或十六进制中的一个数字，连接起来。不足 3 位或 4 位时，对原数值用 0 补足。

【例 1-4】 将二进制数 101011010.10011 转换为八进制数、十六进制数。

$(101011010.10011)_2=(532.46)_8$　　　$(101011010.10011)_2=(15A.98)_{16}$

101	011	010.	100	110		0001	0101	1010.	1001	1000
↓	↓	↓	↓	↓		↓	↓	↓	↓	↓
5	3	2	4	6		1	5	A	9	8

② 八进制数、十六进制数转换为二进制数。

八进制数、十六进制数转换为二进制数方法是：将每 1 位八进制数或十六进制数写成相应的 3 位或 4 位二进制数，再按顺序排列好。

【例 1-5】 将八进制数 445.23 和十六进制数 4A.5D 转换为二进制数。

$(445.23)_8=(100100101.010011)_2$　　　$(4A.5D)_{16}=(1001010.01011101)_2$

4	4	5.	2	3		4	A.	5	D
↓	↓	↓	↓	↓		↓	↓	↓	↓
100	100	101	010	011		0100	1010	0101	1101

③ 八进制数与十六进制数的互相转换。

先将八（十六）进制数转换为二进制数，然后再转换为十六（八）进制数。

【例 1-6】将八进制数 123.57 转换为十六进制数。

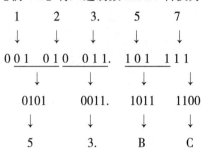

$(123.57)_8 = (53.BC)_{16}$。

【例 1-7】将十六进制数 D1.6C 转换成八进制数。

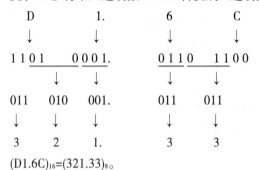

$(D1.6C)_{16} = (321.33)_8$。

单 元 小 结

本单元介绍了计算机编码的相关知识，主要包括：计算机中数据信息表示；数制的基本概念；计算机中常用数制以及数制转换；计算机中信息存储的相关知识以及信息编码等内容。

读者经过学习，并通过任务练习了几种进制之间的相互转换，加深了其对计算机编码的理解。

单 元 练 习

一、单选题

1. 计算机存储器容量的最小单位是（　　）。
   A. 吉字节（GB）　　B. 千字节（KB）　　C. 字节（B）　　D. 兆字节（MB）
2. 下列 4 个不同进制的数中，其值最大的是（　　）。
   A. $(CA)_{16}$　　B. $(310)_8$　　C. $(201)_{10}$　　D. $(11001011)_2$
3. 计算机能处理的最小数据单位是（　　）。
   A. ASCII 码字符　　B. 字节　　C. 字符串　　D. 二进制位
4. 在计算机中，一字节是由（　　）个二进制位组成的。
   A. 4　　B. 8　　C. 16　　D. 24
5. 五笔字型码输入法属于（　　）。
   A. 音码输入法　　B. 形码输入法　　C. 音形结合的输入法　　D. 联想输入法
6. 在屏幕上显示一个汉字时，计算机系统使用的输出码为汉字的（　　）。
   A. 机内码　　B. 国标码　　C. 字形码　　D. 输入码

7. 与二进制数 101.01011 等值的十六进制数为（　　）。
   A. A.B　　　　　　　B. 5.51　　　　　　C. A.51　　　　　　D. 5.58
8. 与十进制数 2006 等值的十六制数为（　　）。
   A. 7D6　　　　　　　B. 6D7　　　　　　C. 3726　　　　　　D. 6273
9. 与十进制数 2003 等值的二进制数为（　　）。
   A. 11111010011　　B. 10000011　　　C. 110000111　　　D. 1111010011
10. 用语言、文字、符号、场景、图像、声音等方式表达的内容统称为（　　）。
    A. 信息技术　　　　B. 信息社会　　　C. 信息　　　　　　D. 信息处理

二、多选题

1. 计算机中信息存储的单位有（　　）。
   A. 位　　　　　　　　B. 字节　　　　　　C. 字　　　　　　　D. 双字节
2. 下列信息存储单位之间换算正确的是（　　）。
   A. 1 TB=2^{10} GB=1 024 GB　　　　　　B. 1 GB=2^{10} MB=1 024 MB
   C. 1 MB=2^{10} KB=1 024 KB　　　　　　D. 1 KB=2^{10} B=1 024 B
3. 计算机中的信息以二进制方式表示的原因，以下说法错误的是（　　）。
   A. 所需的物理元件最简单　　　　　　　　B. 节约元件
   C. 运算速度快　　　　　　　　　　　　　D. 信息处理方便
4. 下列四组数依次为二进制、八进制和十六进制，不符合要求的是（　　）。
   A. 11，78，19　　　B. 12，77，10　　　C. 11，77，1E　　　D. 12，80，10
5. 以下说法中正确的是（　　）。
   A. 英文字符 ASCII 编码唯一　　　　　　　B. 汉字编码唯一
   C. 汉字机内码唯一　　　　　　　　　　　D. 汉字的输入码唯一

三、简答题

简述数据在计算机内部都是以二进制数据的形式表示的原因。

单元 4
Windows 10 操作系统应用

【单元导读】

微软公司真正意义上的图形界面操作系统是从 Windows 95 开始的，后续又发展了 Windows XP、Windows 7、Windows 8 等操作系统。Windows 10 的到来更符合大多数用户的使用习惯。

本单元主要介绍 Windows 10 操作系统的基础知识、基本操作和文件管理。

【知识要点】
- Windows 10 操作系统的基础知识
- Windows 10 文件及文件夹管理
- Windows 10 操作系统的基本操作

任务 1 Windows 10 操作系统概述

任务描述

Windows 10 操作系统是由微软公司开发的应用于计算机和平板电脑的操作系统，于 2015 年 7 月发布正式版，是目前使用较为广泛的一套操作系统，主要包括家庭版、专业版、企业版、教育版、移动版、移动企业版和物联网核心版七个版本。本任务将重点介绍中文版 Windows 10 专业版操作系统。

任务要求：通过学习 Windows 10 操作系统的基础知识，掌握 Windows 10 桌面和窗口组成。

任务分析

了解 Windows 10 操作系统的基础知识、Windows 10 桌面和窗口组成。通过任务实现，进一步巩固 Windows 10 窗口知识，其知识结构如图 1-4-1 所示。

本任务包含的主要内容：
① Windows 10 启动、登录、退出。
② Windows 10 桌面各部分的操作。
③ 打开 Windows 10 窗口，掌握窗口的组成。

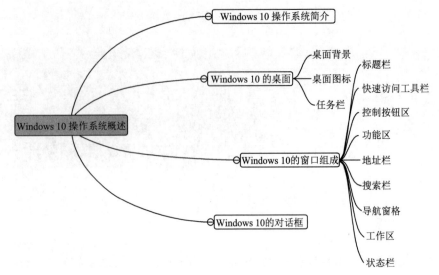

图 1-4-1 "Windows 10 操作系统概述"知识结构

1. Windows 10 操作系统简介

Windows 10 操作系统是美国微软公司研发的新一代跨平台及设备的操作系统，它凭借简单的图形用户界面、良好的兼容性和强大的功能深受用户的青睐。具有适用于服务器、计算机和手机等不同机型的系统版本，功能强大且简单易用。目前，在微型计算机中安装的操作系统大多是 Windows 10 操作系统。

2. Windows 10 的桌面

（1）Windows 10 的启动和退出

① 启动及登录。通常系统启动是需要在确保电源供电正常，各电源线、数据线及外围设备等硬件连接无误的基础上，按开机按钮，即可进入系统启动界面。系统进入登录界面后，用户输入账号和登录密码，密码验证通过后，Windows 10 即进入系统桌面。

② 退出。在"开始"菜单中的"电源"选项中有睡眠、关机与重启等操作选项，选择"关机"命令即退出。

（2）Windows 10 桌面

Windows 10 操作系统提供了一个友好的图形用户界面，主要有桌面图标、任务栏、窗口、菜单、对话框等。

3. Windows 10 的窗口组成

在 Windows 10 中，虽然各个窗口的内容各不相同，但所有的窗口都有一些共同点。一方面，窗口始终显示在桌面上；另一方面，大多数窗口都具有相同的基本组成部分。窗口一般由控制按钮区、搜索栏、地址栏、菜单栏、导航窗格、状态栏和工作区等部分组成。

4. Windows 10 的对话框

可以将对话框看作一种人机交互的媒介，当用户进行一些操作时，系统会自动弹出一个对话框，以给出进一步的说明和提示。对话框由标题栏、选项卡、复选框、选项组等组成，如图 1-4-2 所示。

（1）标题栏

标题栏在对话框的顶部，左端显示对话框名称，右端为"关闭"按钮。

（2）选项卡

选项卡在标题栏下面，选择不同的选项卡，可以改变该对话框的内容。

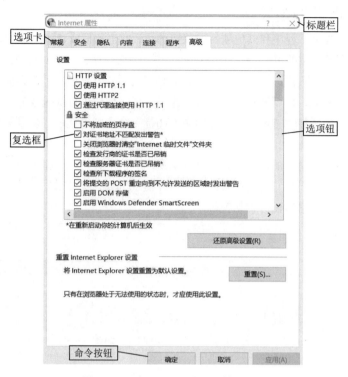

图 1-4-2 Windows 10 的对话框

（3）单选按钮

带单选按钮的选项一般成组出现，每次只能选择一项，被选中的项带有"·"标志。

（4）复选框

带复选框的选项每次可以选择多项，被选中的项带有"√"标志。

（5）命令按钮

单击命令按钮，可直接执行命令按钮上显示的命令。

任务实现

步骤 1：Windows 10 桌面

启动 Windows 10 后，最先接触的就是"桌面"，主要由桌面背景、桌面图标、任务栏等部分组成，如图 1-4-3 所示。

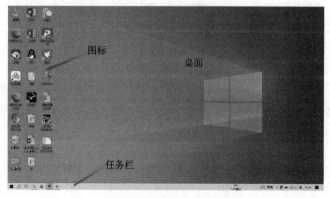

图 1-4-3 Windows 10 的桌面

（1）桌面图标

图标是代表文件、文件夹、程序和其他项目的快捷图标，双击图标或选中图标后按【Enter】键，即可启动或打开它所代表的项目。在新安装的 Windows 10 系统桌面中，往往仅存在一个回收站图标，用户可以根据需要将常用的系统图标添加到桌面上。桌面图标的排列顺序并非是一成不变的，用户可在桌面空白处右击，在弹出的快捷菜单中选择"排序方式"命令，即可调整桌面图标的排序方式。用户也可隐藏或显示桌面图标，在桌面的空白处右击，在弹出的快捷菜单中选择"查看"→"显示桌面图标"命令则可显示或隐藏桌面图标。

（2）任务栏

默认情况下，任务栏位于桌面的底端，如图 1-4-4 所示，由"开始"按钮、应用程序、通知区域、操作中心等部分组成。通过拖动任务栏可使它置于屏幕的上方、左侧或右侧，也可通过拖动栏边调节栏高。任务栏的主要作用是显示当前运行的任务、进行任务的切换等。

图 1-4-4　任务栏

用户可根据自己的操作习惯对任务栏的位置、外观、显示的图标等进行设置。右击任务栏空白处，在弹出的快捷菜单中选择"任务栏设置"命令，将打开任务栏设置窗口，如图 1-4-5 所示。

图 1-4-5　任务栏设置窗口

Windows 10 允许用户把程序图标固定在任务栏上。启动应用程序，右击位于任务栏的该程序图标，然后在弹出的如图 1-4-6 所示的菜单中选择"固定到任务栏"命令，完成上述操作之后，即使关闭该程序，任务栏上仍显示该程序图标。另外，也可以直接从桌面上拖动快捷方式到任务栏上进行固定。

图 1-4-6　将程序固定到任务栏

任务栏右侧的"操作中心"按钮■可以为用户提供一些信息及操作，起到指引的作用。操作中心分为 2 个部分：上部分显示的是通知，操作系统根据内容会智能地进行分类通知用户。操作中心的底部是系统相应的设置分类按钮。单击某个分类，就可以对相应的分类进行设置操作。

步骤 2：Windows 10 的窗口组成

双击桌面上的"此电脑"图标按钮，打开"此电脑"窗口，可以看到窗口由控制按钮区、搜索栏、地址栏、菜单栏、导航窗格、状态栏和工作区等部分组成，如图 1-4-7 所示。

（1）标题栏

标题栏用于显示窗口的标题，即程序名或文档名。

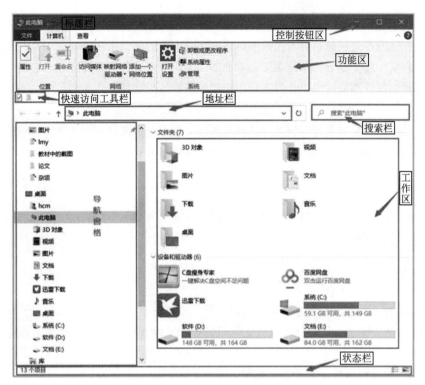

图 1-4-7 "此电脑"窗口

（2）快速访问工具栏

快速访问工具栏的作用是可以快速访问频繁使用的工具。用户如需添加其他快速访问工具，可单击快速访问工具栏最右边的"自定义快速访问工具栏"按钮"⁼"，如图 1-4-8 所示。

（3）控制按钮区

在控制按钮区有 3 个窗口控制按钮："最小化"按钮、"最大化/还原"按钮和"关闭"按钮。

单击"最小化"按钮可以将窗口变为最小状态，即转入后台工作，为非活动窗口。

单击"最大化"按钮可以将窗口变为最大状态，当窗口最大化后，该按钮就被替换成窗口的"还原"按钮，单击"还原"按钮，可以将窗口恢复到最大化前的状态。

单击"关闭"按钮，可以关闭窗口，即退出当前应用程序的运行。

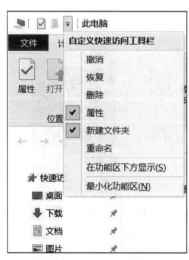

图 1-4-8 添加快速访问工具

（4）功能区

功能区是以选项卡的方式显示的，单击选项卡名称可在不同选项卡之间切换。要执行功能区中的操作命令，单击对应的操作名称即可。

（5）地址栏

地址栏显示文件和文件夹所在的路径，通过它还可以访问因特网中的资源。

（6）搜索栏

将要查找的目标名称输入"搜索栏"文本框中，然后按【Enter】键或者单击"搜索"按钮即可。窗口"搜索栏"的功能和"开始"菜单中"搜索"框的功能相似，只不过在此处只能搜索当前窗口范围内的目标，可以添加搜索筛选器，以便能更精确、快捷地搜索到所需的内容。

（7）导航窗格

导航窗格位于工作区的左边区域，与以往的 Windows 版本不同的是，在 Windows 10 中，导航区一般包括"快速访问""此电脑""网络"几个部分。单击每个选项前的"箭头"按钮，可以打开相应的列表，选择某项时既可以打开下拉列表，还可以打开相应的窗口，以方便用户随时准确地查找相应的内容。

（8）工作区

工作区位于窗口的右侧，是整个窗口中最大的矩形区域，用于显示窗口中的操作对象和操作结果。当窗口中显示的内容太多而无法在一个屏幕内显示出来时，可以单击窗口右侧垂直滚动条两端的上箭头按钮和下箭头按钮或者拖动滚动条，都可以使窗口中的内容垂直滚动。

（9）状态栏

状态栏位于窗口的最下方，显示当前窗口的相关信息和被选中对象的状态信息。

步骤 3：退出 Windows 10

在"开始"菜单中的"电源"选项中有睡眠、关机与重启等操作选项，如图 1-4-9 所示，选择"关机"命令就可以退出。

"睡眠"命令自动将打开的文档和程序保存在内存中并关闭所有不必要的功能。对于处于睡眠状态的计算机，可通过按键盘上的任意键、单击、打开笔记本式计算机的盖子来唤醒计算机或通过按计算机电源按钮恢复工作状态。

"关机"命令是指关闭操作系统并断开主机电源。

"重启"命令是指计算机在不断电的情况下重新启动操作系统。

在桌面中按下【Alt+F4】组合键，弹出如图 1-4-10 所示的"关闭 Windows"提示框，有"切换用户""注销""睡眠""关机""重启"操作选项。

图 1-4-9 Windows 10"电源"选项

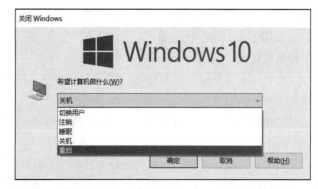

图 1-4-10 "关闭 Windows"提示框

"注销"命令将退出当前账户，关闭打开的所有程序。其他用户可以登录计算机而无须重新启动计算机。

若计算机上有多个用户账户，用户可使用"切换用户"命令在各用户之间进行切换而不影响每个账户正在使用的程序。

任务 2 Windows 10 文件的管理

任务描述

文件是计算机存储和管理信息的基本形式，是相关数据的有序集合。本任务将重点学习 Windows 10 专业版操作系统中文件及文件夹的相关知识。

任务要求：掌握文件及文件夹的基本概念，学习新建、复制、移动、删除、重命名等文件和文件夹的基本操作方法。

任务分析

学习文件的相关概念，掌握文件及文件夹的基本操作。通过任务实现，进一步巩固对文件及文件夹的管理，其知识结构如图 1-4-11 所示。

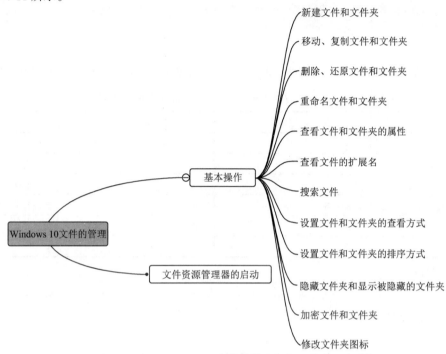

图 1-4-11 "Windows 10 文件的管理"知识结构

本任务包含的主要内容：
① 文件、文件夹的新建、移动、复制、删除、还原、重命名。
② 文件、文件夹的属性及扩展名查看。
③ 文件、文件夹的查看方式和排序方式的设置。
④ 隐藏文件（文件夹）和显示被隐藏的文件（文件夹）。
⑤ 加密文件、文件夹。
⑥ 修改文件图标。

相关知识

1. 文件的基本概念

（1）文件及文件名

文件是记录在存储介质上的一组相关信息的集合。为了标识不同的文件，计算机中的文件使用文件主名与扩展名的组合来进行命名。例如，在"学生档案.docx"文件名中，"学生档案"是文件主名，".docx"是扩展名。不同的操作系统其文件名命名规则有所不同，Windows 10 操作系统的文件命名规则见表 1-4-1。

表 1-4-1 Windows 10 操作系统的文件命名规则

命名规则	规则描述
文件名长度	包括扩展名在内最多 255 字符的长度，不区分大小写
不允许包含的字符	\、/、?、:、"、<、>、|、*

续表

命名规则	规则描述
不允许命名的文件名	由系统保留的设备文件名、系统文件名等，如 Aux、Com1、Com2、Com3、Com4、Con、Lpt1、Lpt2、Lpt3、Prn、Nul
其他限制	必须要有基本名，同一文件夹下不允许同名的文件存在

另外，文件命名时，除了要符合规定外，还要考虑使用方便。文件主名应体现文件的特点，并做到便于识别、易记易用。

（2）文件类型

文件的扩展名用来区别不同类型的文件，表 1-4-2 所示为 Windows 10 操作系统的常用文件扩展名。

表 1-4-2　Windows 10 操作系统的常用文件扩展名

扩展名	文件类型	扩展名	文件类型
.txt、.rtf、.doc、.docx	文本	.ppt、.pptx	演示文稿
.mp3、.mp4、.ra、.mid、.wav、.au	声音	.rar、.zip	压缩文件
.bmp、.pcx、.tif、.gif、.jpg、.png	图形	.bak	备份文件
.flc、.fli、.avi、.mpg、.mov、.wmv	动画/视频	.bat	可执行批处理文件
.htm、.html、.asp、.php、.vrml、.rm	网页	.bas、.c、.cpp、.asm	源程序文件
.xls、.xlsx	电子表格		

（3）文件通配符

文件通配符是指"*"和"?"符号，"*"代表任意一串字符，"?"代表任意一个字符，利用通配符"?"和"*"可使一个文件名对应多个文件，见表 1-4-3。

表 1-4-3　文件通配符

文件名	含义
*.pptx	表示以.pptx 为扩展名的所有文件
.	表示所有文件
s*.txt	表示文件名以 s 开头，以.txt 为扩展名的文件
t*.*	以 t 开头的所有文件
??a*.*	第三个字符为 a 的所有文件

（4）文件属性

在 Windows 10 操作系统中，文件有其自身特有的信息，包括文件的类型、在存储器中的位置、所占空间的大小、修改时间和创建时间，以及文件在存储器中存在的方式等，这些信息统称为文件的属性。一般，文件在存储器中存在的方式有只读、隐藏，对应的文件属性有只读属性、隐藏属性。

隐藏属性（H）：在查看磁盘文件的名称时，系统一般不会显示具有隐藏属性的文件名。具有隐藏属性的文件不能被删除、复制或更名。

只读属性（R）：对于具有只读属性的文件，可以查看它的名称，它能被应用，也能被复制，但不能被修改或删除。将一些重要的文件设置成只读属性，可以避免意外删除或修改。

（5）文件夹的树状结构

计算机系统中文件夹也称为目录，在文件夹中除了可以包含文件，还可以包含文件夹，其包含的文件夹被称为"子文件夹"，这样文件夹就构成了层次的树状结构，如图 1-4-12 所示。

2．管理文件和文件夹

（1）打开文件

在"此电脑"中找到要打开的文件或文件夹，双击即可打开。

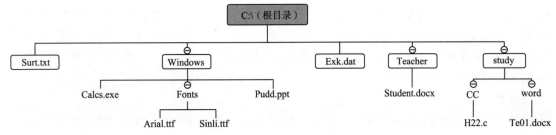

图 1-4-12 文件夹树状结构

（2）选择文件或文件夹

选定单个文件：将鼠标指向要选定的文件图标，单击时可以看见该文件图标的颜色与其他图标不同，就表示该文件已经被选定了。

选定多个文件：如果要选定的文件是不相邻的，可按住【Ctrl】键，然后单击每个要选定的文件；如果要选定的文件是相邻的，可首先单击第 1 个要选定的文件，接着按住【Shift】键，再单击最后一个要选定的文件；如果要选定一组文件，而这些文件是相邻的，只要用鼠标指针将它们"围住"就可以了。

选定全部文件或文件夹：选择"编辑"菜单中的"全部选定"命令，将选定文件夹区中的所有文件或文件夹（或按【Ctrl+A】组合键）。

（3）查看、复制或移动文件或文件夹

① 查看文件或文件夹。

在窗口中，可以选择"查看"选项卡中的"布局"分组，来更改文件和文件夹图标的大小、外观和查看方式，如图 1-4-13 所示。

图 1-4-13 文件窗口中"布局"分组

② 复制、移动文件或文件夹。

复制、移动文件或文件夹常用两种方法：一种是利用右键菜单、工具按钮和快捷键操作；另一种是直接用鼠标拖动文件或文件夹来完成。

（4）修改文件或文件夹属性

打开窗口中的"主页"选项卡，单击"属性"分组中的"属性"命令，弹出"文件属性"对话框，在"常规"

选项卡中可以进行文件或文件夹属性设置。

（5）搜索文件或文件夹

选择要进行搜索的路径，在搜索框中输入要搜索的文件名或者文件夹名，或输入通配符以查找一类文件。

（6）设置文件夹选项

打开"此电脑"或"资源管理器"窗口，选择"文件"→"选项"命令，弹出"文件夹选项"对话框，如图1-4-14所示。

（7）回收站

Windows 10操作系统桌面上有"回收站"图标，用于存放临时删除的文件或文件夹。

（8）删除和还原文件或文件夹

删除文件或文件夹可以有两种方式：彻底删除和临时删除。

彻底删除通过【Shift】键加右键菜单或工具按钮中的"删除"按钮等实现。

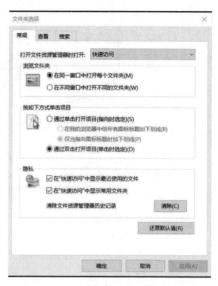

图1-4-14　"文件夹选项"对话框

临时删除直接通过右键菜单、工具按钮中的"删除"按钮等实现，也可以直接拖动选定的文件或文件夹到"回收站"。临时删除的文件或文件夹进入回收站暂存。

临时删除的文件或文件夹可以通过回收站还原。

（9）资源管理器

Windows 10操作系统提供的资源管理器窗口是管理文件和文件夹的重要工具，可以查看计算机中的所有资源，它可以实现对文档的大部分管理操作和所有的编辑操作。掌握了Windows资源管理器的使用，就能方便快捷地掌握文档管理功能。

（10）剪贴板的使用

剪贴板是Windows 10操作系统中一个非常实用的工具，它是在Windows文件之间传递信息的临时存储区。剪贴板不仅可以存储文字，还可以存储图像、声音等信息。

剪贴板的使用步骤：先将对象复制或剪切到剪贴板这个临时存储区中，然后将插入点定位到需要放置对象的目标位置，再执行"粘贴"命令将剪贴板中的信息传递到目标位置。

在Windows 10操作系统中，可以把整个屏幕或工作窗口作为图像复制到剪贴板中。

① 复制整个屏幕：按【Print Screen】键。

② 复制窗口、对话框：选择需要复制的窗口或对话框，然后按【Alt + Print Screen】组合键。

任务实现

步骤1：新建文件和文件夹

在E盘下新建名为"学党史"的文件夹，并在此文件夹中新建名为"第一课.docx"文件；在D盘下新建名为"党建工作"的文件夹。

① 双击计算机桌面上的"此电脑"图标，打开"此电脑"窗口，再双击E盘，打开如图1-4-15所示窗口。

② 在E盘窗口的右侧空白处右击，在弹出的快捷菜单中选择"新建"→"文件夹"命令，或者在E盘窗口单击"新建文件夹"按钮。

③ 新建文件夹的名称呈蓝色选中状态，直接输入"学党史"，然后按【Enter】键或在任意空白处单击。

④ 双击"学党史"文件夹，在打开的文件夹窗口的空白处右击，在弹出的快捷菜单中选择"新建"→"Microsoft Word文档"命令，如图1-4-16所示，新建文件的名称呈蓝色选中状态，直接输入"第一课"，然后按【Enter】键或在任意空白处单击。

图 1-4-15　E 盘窗口

图 1-4-16　新建文件窗口

⑤ 在新建文件窗口的左侧导航窗格中单击 D 盘图标,在右侧空白处右击,在弹出的快捷菜单中执行"新建"→"文件夹"命令,或者在 D 盘窗口单击"新建文件夹"按钮,并命名为"党建工作"。

步骤 2:复制文件和文件夹

将 E 盘中的"学党史"文件夹复制到 D 盘中。

在"此电脑"窗口中,双击 E 盘,打开如图 1-4-17 所示的窗口,有三种方法完成任务。

方法一：在图 1-4-17 中单击"学党史"文件夹，按【Ctrl+C】组合键复制，在 E 盘窗口的左侧导航窗格中单击 D 盘图标，按【Ctrl+V】组合键粘贴。

方法二：在"学党史"文件夹上右击，在弹出的快捷菜单中选择"复制"命令，然后在 E 盘窗口的左侧导航窗格中单击 D 盘图标，打开后在右侧空白处右击，从弹出快捷菜单中选择"粘贴"命令。

方法三：选中"学党史"文件夹，在"主页"选项卡中单击"复制到"按钮，如图 1-4-17 所示。在下拉菜单中单击"选择位置"命令，在弹出的"复制项目"对话框中选择 D 盘，如图 1-4-18 所示。

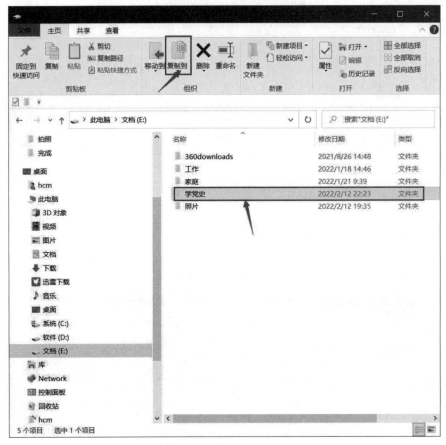

图 1-4-17 "主页"选项卡

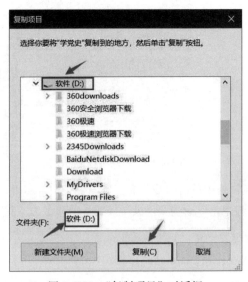

图 1-4-18 "复制项目"对话框

步骤 3：移动文件和文件夹

将 D 盘 "学党史" 文件夹中的 "第一课.docx" 文件移动到 D 盘中 "党建工作" 文件夹中。

首先双击图 1-4-17 窗口中的 D 盘，打开 D 盘，再双击 "学党史" 文件夹，"学党史" 文件夹窗口如图 1-4-19 所示，有三种方法完成任务。

方法一：单击图 1-4-19 中 "第一课.docx" 文件，按下【Ctrl+X】组合键剪切，再双击 "党建工作" 文件夹使之打开，按下【Ctrl+V】组合键粘贴。

方法二：右击 "第一课.docx" 文件，从弹出的快捷菜单中选择 "剪切" 命令，再双击 "党建工作" 文件夹使之打开，在空白处右击，在弹出的快捷菜单中选择 "粘贴" 命令。

方法三：选中文件 "第一课.docx"，在其窗口的 "主页" 选项卡中，单击图 1-4-19 中 "移动到" 按钮，在下拉菜单中选择 "选择位置" 命令，在弹出的对话框中选择目标位置 "D 盘 "党建工作" 文件夹。

图 1-4-19　文件 "主页" 选项卡

> **注意**
> 移动文件夹操作和移动文件的方法相同。

步骤 4：删除文件和文件夹

将 D 盘中的 "党建工作" 文件夹删除。

双击 D 盘打开，选择 "党建工作" 文件夹并右击，在弹出的快捷菜单中选择 "删除" 命令，或选定 D 盘 "党建工作" 文件夹后按下【Delete】键。

> **注意**
> 删除文件的操作同上。

步骤 5：还原被删除的 "党建工作" 文件夹

在桌面上双击 "回收站" 图标，选中 "回收站" 中 "党建工作" 文件夹后右击，在弹出的快捷菜单中选择 "还原" 命令，即可将该文件夹还原至原来的位置。

步骤 6：重命名文件和文件夹

方法一：右击要重命名的文件或文件夹，在弹出的快捷菜单中选中 "重命名" 命令，输入新的名称，按【Enter】键或在空白处单击即可。

方法二：单击两次（非双击）要重命名的文件或文件夹，输入新的名称，按【Enter】键或在空白处单击即可。

方法三：单击需要重命名的文件或文件夹，按下【F2】键，输入新的名称，按【Enter】键或在空白处单击即可。

步骤 7：查看文件和文件夹的属性

① 查看文件夹的属性。在"党建工作"文件夹上右击，在弹出的快捷菜单中选择"属性"命令，如图 1-4-20 所示，即可查看该文件夹的属性。

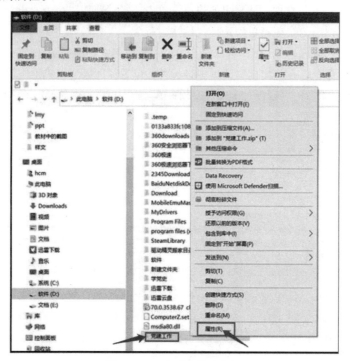

图 1-4-20　查看文件夹属性

② 查看文件的属性。在"第一课"文件上右击，在弹出的快捷菜单中选择"属性"命令，即可查看该文件的属性。

步骤 8：查看文件的扩展名

在窗口的菜单栏选择"查看"选项卡，在"显示/隐藏"功能组中勾选"文件扩展名"复选框，将显示文件的扩展名，如图 1-4-21 所示。

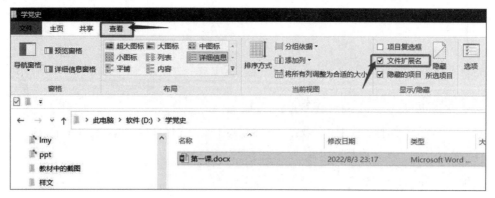

图 1-4-21　查看文件扩展名

步骤9：搜索文件

先打开"此电脑"窗口，在窗口右上角的搜索框中输入"第一课.docx"，系统会自动搜索出所有名为"第一课.docx"的文件。在窗口的右侧窗格中找到需要的文件，双击文件图标就可以打开文件。

步骤10：设置文件和文件夹的查看方式

选择并打开"党建工作"文件夹，在空白处右击，在弹出的快捷菜单中选择"查看"命令，其中有8种显示方式，如图1-4-22所示，可以根据自己的需要进行选择和设置。

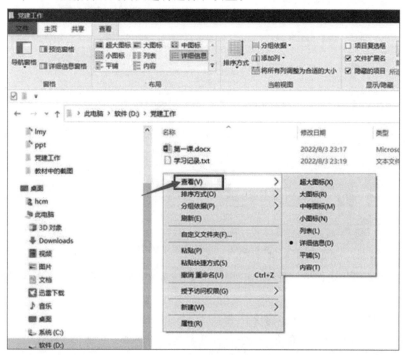

图1-4-22　文件的查看方式

步骤11：设置文件和文件夹的排序方式

双击打开"党建工作"文件夹，右击空白处，在弹出的快捷菜单中选择"排序方式"命令，如图1-4-23所示。

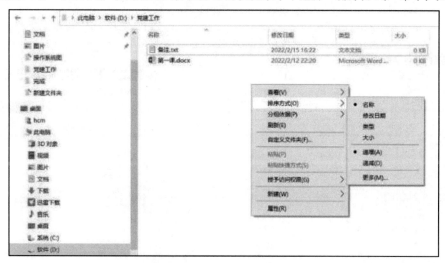

图1-4-23　文件的排序方式

步骤12：隐藏文件夹和显示被隐藏的文件夹

（1）隐藏文件夹

方法一：单击"党建工作"文件夹，在"本地磁盘（D：）"窗口菜单栏中选择"查看"选项卡，在"显示/隐藏"功能组中单击"隐藏所选项目"按钮，如图1-4-24所示。

图1-4-24　设置隐藏文件夹

方法二：右击"党建工作"文件夹，在弹出的快捷菜单中选择"属性"命令，勾选"隐藏"左侧的复选框，如图1-4-25所示。

（2）显示被隐藏的文件夹，并设置为正常文件夹

在D盘窗口中，选择"查看"→"选项"命令，打开"文件夹选项"对话框，单击"查看"选项卡，在列表中选择"显示隐藏的文件、文件夹和驱动器"单选按钮，如图1-4-26所示。被隐藏的文件夹的图标呈半透明状态。选中"党建工作"文件夹，选中"查看"选项卡，在"显示/隐藏"功能组单击"隐藏所选项目"按钮，则弹出如图1-4-27所示对话框，单击"确定"按钮。

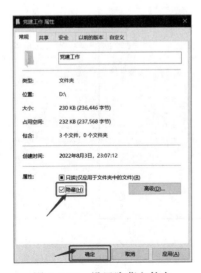

图1-4-25　设置隐藏文件夹

图1-4-26　显示被隐藏的文件夹

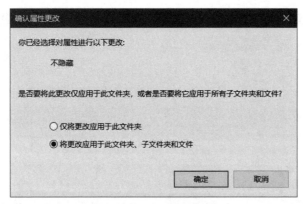

图 1-4-27　确认属性更改

步骤13：加密文件和文件夹

对文件或文件夹加密可以起到有效地保护作用。加密是 Windows 10 提供的用于保护信息安全的最强保护措施。

① 选中要加密的文件或文件夹右击，从弹出的快捷菜单中选择"属性"命令，弹出其属性对话框，选择"常规"选项卡，如图 1-4-28 所示。

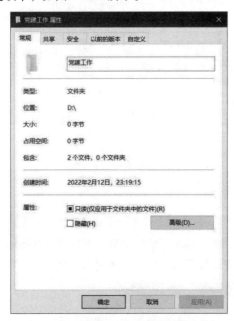

图 1-4-28　文件属性对话框

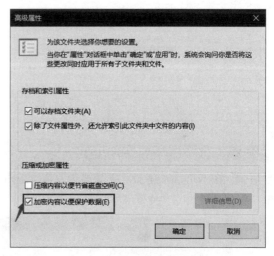

图 1-4-29　"高级属性"对话框

② 单击"高级"按钮，弹出"高级属性"对话框，选择"加密内容以便保护数据"复选框，如图 1-4-29 所示。

③ 单击"确定"按钮，返回属性对话框，再单击"确定"按钮，弹出"加密警告"对话框（加密文件时），如图 1-4-30 所示，或者弹出"确认属性更改"对话框（加密文件夹时），如图 1-4-31 所示。分别选择"加密文件及其父文件夹"（或"只加密文件"）和"将更改应用于此文件夹、子文件夹和文件"（或仅将更改应用于此文件夹）单选按钮。

④ 单击"确定"按钮，加密成功。

步骤14：修改文件夹图标

右击选中的"党建工作"文件夹，在弹出的快捷菜单中选择"属性"命令，在属性对话框中，选择"自定义"选项卡，单击"更改图标"按钮，在弹出的列表框中选择合适的图标，单击"确定"按钮，如图 1-4-32 所示。

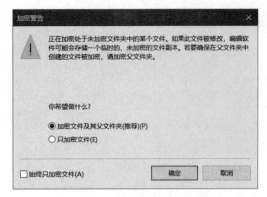
图 1-4-30 "加密警告"对话框

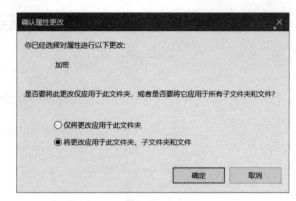
图 1-4-31 "确认属性更改"对话框

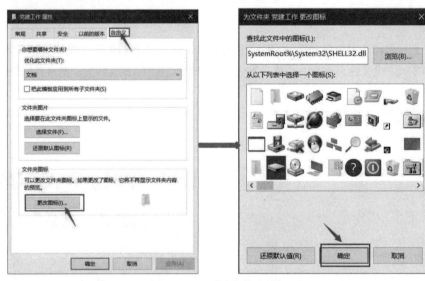
图 1-4-32 更改文件夹图标

步骤 15：文件资源管理器的启动

方法一：在 Windows 10 操作系统桌面，依次单击"开始"→"Windows 系统"菜单，在展开的 Windows 系统菜单中，找到并单击"文件资源管理器"命令即可，弹出"文件资源管理器"窗口，如图 1-4-33 所示。

图 1-4-33 文件管理器窗口

方法二：右击"开始"图标，在弹出的快捷菜单中选择"文件资源管理器"命令。
方法三：按【Win+E】组合键。

任务3　Windows 10 的个性化设置

任务描述

用户可以按照自己的习惯来配置 Windows 10 的系统环境，这些操作都集中在"控制面板"中。通过本任务的学习可以掌握计算机的个性化设置。

任务要求：掌握 Windows 10 的"控制面板"的操作，学习对计算机进行个性化设置。

任务分析

掌握控制面板的操作，通过本任务，进一步对系统进行个性化设置，其知识结构如图 1-4-34 所示。

本任务主要包含的内容：
① 设置"开始"菜单。
② 美化桌面：桌面图标、桌面背景、锁屏界面、主题颜色。
③ 设置鼠标、键盘和日期与时间。

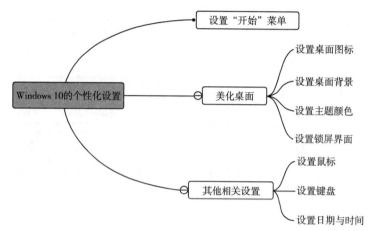

图 1-4-34 "个性化操作系统"知识结构

相关知识

控制面板

Windows 10 对计算机的管理主要指使用控制面板对系统的应用软件的管理。控制面板是计算机的控制中心，在控制面板中用户可以访问资源和使用工具控制系统，从而决定 Windows 10 的外观和功能。

选择"开始"→"Windows 系统"→"控制面板"命令，打开经典视图下的"控制面板"窗口，如图 1-4-35 所示。

图 1-4-35 "控制面板"窗口

任务实现

步骤1：设置"开始"菜单

"开始"菜单上显示的项目并不是固定的，用户可以通过设置来让"开始"菜单显示需要的项目，具体操作方法如下：

① 单击"开始"按钮，选择"设置"命令或直接按【Win+I】组合键打开"设置"窗口，在其中单击"个性化"按钮，如图1-4-36所示。

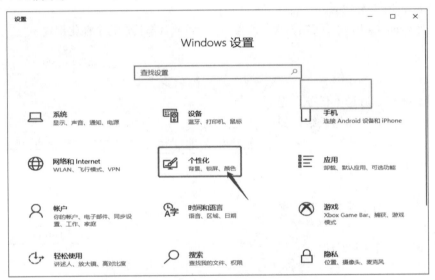

图1-4-36 设置窗口

② 在左侧"个性化"栏下选择"开始"选项，在右侧单击"选择哪些文件夹显示在'开始'菜单上"超链接，如图1-4-37所示。

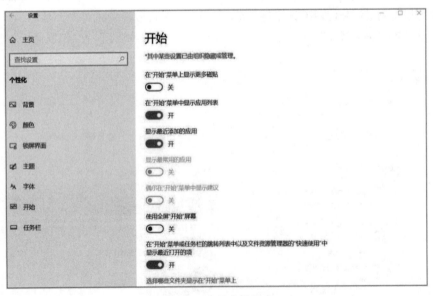

图1-4-37 个性化设置窗口

③ 在打开的窗口中可设置在"开始"菜单中要显示的文件夹，在默认情况下显示"文件资源管理器"和"设置"两个选项，这里将"文档"和"下载"两个文件夹设置为"开"，如图1-4-38所示。

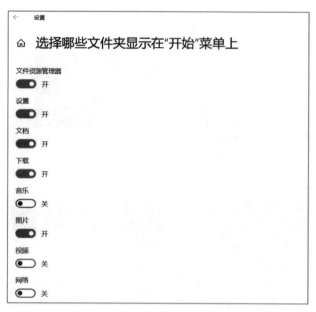

图 1-4-38 "开始"菜单设置窗口

④ 单击右上角的"关闭"按钮,然后打开"开始"菜单即可看到在菜单中显示"文档"和"下载"文件夹,如图 1-4-39 所示。

⑤ 在"开始"菜单中右击"画图 3D"应用,在弹出的快捷菜单中选择"固定到开始屏幕"命令,如图 1-4-40 所示。

图 1-4-39 查看设置后的效果

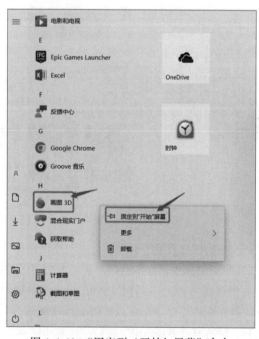

图 1-4-40 "固定到'开始'屏幕"命令

步骤 2:美化桌面

为了使桌面更适合自己使用,用户还可以个性化设置桌面,如图 1-4-41 所示。

(1)设置桌面图标

① 在桌面上右击,在弹出的快捷菜单中选择"个性化"命令。打开"设置"窗口,选择"主题"选项,打开"主题"界面,单击"桌面图标设置"链接,如图 1-4-42 所示。

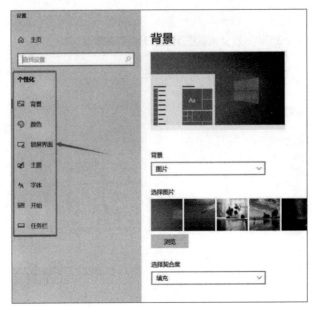

图 1-4-41 个性化设置

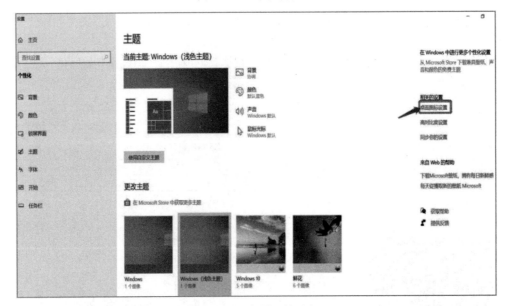

图 1-4-42 "主题"界面窗口

② 打开"桌面图标设置"对话框,在"桌面图标"栏中选中"控制面板"复选框,然后单击"确定"按钮,如图 1-4-43 所示。关闭对话框,此时,在桌面将显示"控制面板"图标。

③ 单击"开始"菜单,在打开的程序列表中找到"腾讯 QQ"选项,在其上右击,在弹出的快捷菜单中选择"更多"→"打开文件位置"命令,如图 1-4-44 所示。

④ 此时,将打开"腾讯 QQ"窗口,在其中找到"腾讯 QQ"程序,在其上右击,在弹出的快捷菜单中选择"发送到"命令,在弹出的子菜单中选择"桌面快捷方式"命令,如图 1-4-45 所示,即可在桌面上创建该程序的快捷方式。

(2) 设置桌面背景

① 在桌面空白处右击,在弹出的快捷菜单中选择"个性化"命令,打开"设置"窗口,在左侧窗格中选择"背景"选项,如图 1-4-46 所示,在右侧的"选择图片"栏中选择需要的图片即可更改桌面背景。

图 1-4-43 "桌面图标设置"对话框

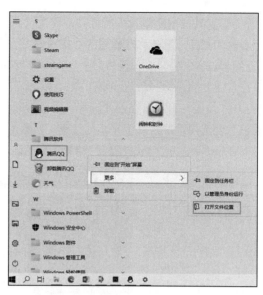
图 1-4-44 打开"文件位置"命令

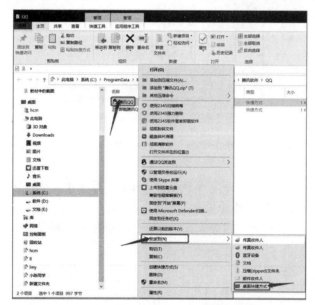
图 1-4-45 设置"腾讯QQ"快捷方式窗口

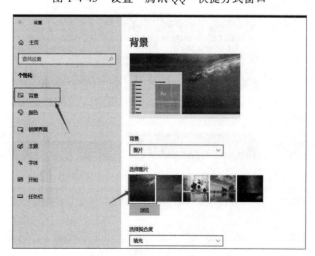
图 1-4-46 设置"背景"窗口

② 若要设置其他图片作为桌面背景,可在"选择图片"栏中单击"浏览"按钮,弹出"打开"对话框,在其中选择喜欢的图片,单击"选择图片"按钮即可。

③ 返回"设置"窗口,关闭窗口后,即可看到更改桌面背景后的效果。

(3) 设置主题颜色

① 打开"设置"窗口,在左侧选择"颜色"选项,在右侧的"选择颜色"栏中选中"从我的背景自动选取一种主题色"复选框,使其处于"开"状态,如图1-4-47所示。

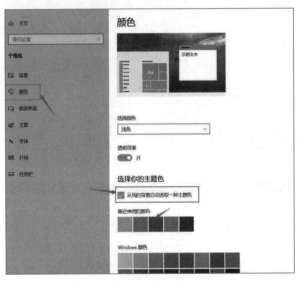

图1-4-47 设置"颜色"窗口

② 在下方选中"开始菜单、任务栏和操作中心"和"标题栏"复选框。设置完成后关闭对话框即可。

(4) 设置锁屏界面

当计算机处于锁定状态时,计算机显示的屏幕就是锁屏界面,锁屏界面可以是自己喜欢的一张照片,也可以是由多张图片组成的幻灯片。设置锁屏界面的步骤如下:

① 打开"设置"窗口,在左侧选择"锁屏界面"选项,在右侧的"选择图片"栏中单击"浏览"按钮,如图1-4-48所示。

图1-4-48 设置"锁屏"界面

② 打开"打开"对话框，在其中选择准备好的图片，单击"选择图片"按钮即可，如图1-4-49所示。

图 1-4-49 "打开"对话框

③ 返回"设置"窗口，稍等片刻后，在右侧的"预览"栏中将显示预览效果。

步骤3：控制面板中其他相关设置

（1）设置鼠标

设置鼠标主要包括调整双击的速度、更换指针样式及设置鼠标指针选项等。其操作如下：

① 单击"开始"按钮，在弹出的"开始"菜单中选择"设置"命令，打开"Windows 设置"窗口，单击"设备"图标，弹出设备"设置"窗口。

② 在窗口左侧选择"鼠标"选项，切换到"鼠标"设置窗口，用户可在此窗口中对鼠标进行简单的设置，如图1-4-50所示。

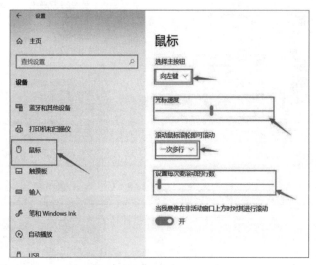

图 1-4-50 "鼠标"设置窗口

③ 如需对鼠标进行高级设置，单击"其他鼠标选项"按钮，弹出"鼠标 属性"对话框（见图1-4-51），选择"指针"选项卡，在"方案"下拉列表框中选择鼠标样式方图案，如选择"Windows 黑色（系统方案）"选项，单击"应用"按钮，此时鼠标指针的样式变为设置后的样式。

④ 在"自定义"列表框（见图 1-4-52）中选择需单独更改样式的鼠标指针状态选项，如选择"精确选择"选项，然后单击"浏览"按钮。

图 1-4-51 "鼠标 属性"对话框

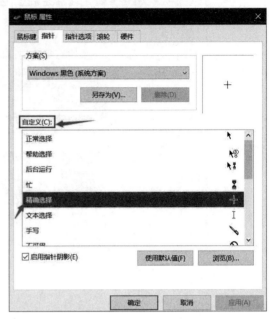
图 1-4-52 "鼠标指针"自定义设置

⑤ 打开"浏览"对话框，系统自动定位到可选择指针样式的文件夹，在列表框中选择一种样式，比如"cross_rl"选项（见图 1-4-53），单击"打开"按钮。

图 1-4-53 选择指针样式

（2）设置键盘

在 Windows 10 中，设置键盘主要包括调整键盘的响应速度和光标的闪烁速度，其操作步骤如下：

① 打开"控制面板"窗口，选择该窗口右上角"查看方式"下拉列表框中的"小图标"选项，将该窗口切换至"所有控制面板项"窗口（见图 1-4-54），选择"键盘"选项，打开"键盘 属性"对话框。

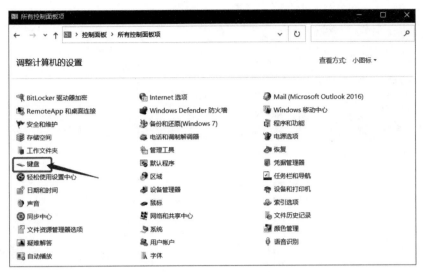

图 1-4-54 "所有控制面板项"窗口

② 选择"速度"选项卡（见图 1-4-55），通过拖动"字符重复"选项组中的"重复延迟"滑块，改变键盘重复输入一个字符的延迟时间，如果向左拖动该滑块，则可使重复输入速度降低。

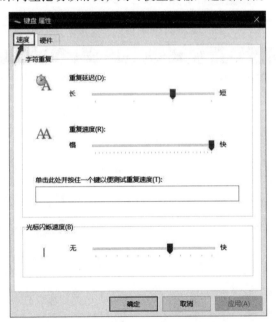

图 1-4-55 "键盘 属性"对话框

③ 拖动"光标闪烁速度"选项组中的滑块，以改变文本编辑软件中的文本插入点在编辑位置的闪烁速度，设定好后，单击"确定"按钮。

（3）设置日期与时间

Windows 10 在任务栏的通知区域里显示了系统日期和时间，为了使系统日期和时间与工作和生活中的日期和时间一致，有时需要对系统日期和时间进行调整。系统日期和时间的设置步骤如下：

① 将鼠标指针移到任务栏的"日期和时间"按钮上右击，在弹出的快捷菜单中选择"调整日期/时间"命令，弹出"日期和时间"窗口。

② 在"日期和时间"窗口中，单击"日期、时间和区域格式设置"链接，打开"区域"格式设置窗口，再单击"其他日期、时间和区域格式设置"链接，如图 1-4-56 所示，打开"时钟和区域"窗口，如图 1-4-57 所示。

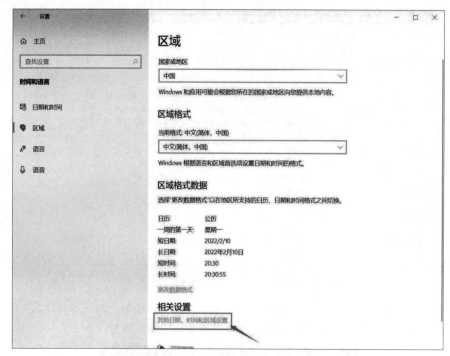

图 1-4-56 "区域格式"设置窗口

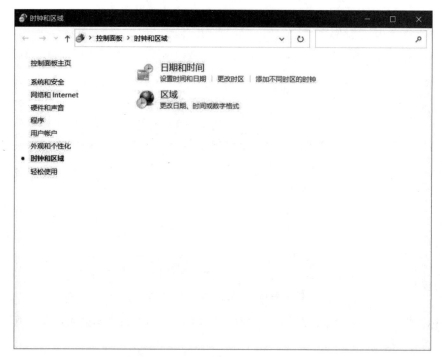

图 1-4-57 "时钟和区域"窗口

③ 选择"设置时间和日期"选项,弹出"日期和时间"对话框,如图 1-4-58 所示。

④ 单击"更改日期和时间"按钮,弹出"日期和时间设置"对话框,如图 1-4-59 所示。

⑤ 在"时间"微调框中调整时间,然后在"日期"列表框中选择日期,单击"确定"按钮。

⑥ 返回到"日期和时间"对话框,选择"Internet 时间"选项卡,单击"更改设置"按钮,打开"Internet 时间设置"对话框,单击"立即更新"按钮,将当前时间与 Internet 时间同步,单击"确定"按钮。

⑦ 返回到"日期和时间"对话框,单击"确定"按钮完成设置。

图 1-4-58 "日期和时间"对话框

图 1-4-59 "日期和时间设置"对话框

单 元 小 结

本单元通过 3 个任务对 Windows 10 操作系统基本操作进行介绍，主要包括：Windows 10 操作系统的启动、登录和退出；Windows 10 桌面组成；Windows 10 窗口的组成；文件的基本概念；文件和文件夹的管理；Windows 10 的个性化设置等内容。

读者经过学习和练习后，不仅能够熟练使用控制面板，设置桌面、系统语言、日期和时间等，还能够熟练掌握文件和文件夹的操作，以达到管理好自己的文件、方便学习和工作的目的。

单 元 练 习

一、单选题

1. 下列文件类型中，可以做 Windows 10 墙纸的是（　　）。

   A. *.doc B. *.exe
   C. *.jpg D. *.txt

2. 在 Windows 10 安装完成后，桌面上一定会有的图标是（　　）。

   A. Word B. 回收站
   C. 控制面板 D. 资源管理器

3. 在 Windows 10 中，用户可以同时打开多个窗口，此时（　　）。

   A. 所有窗口的程序都处于后台运行状态
   B. 所有窗口的程序都处于前台运行状态
   C. 只能有一个窗口处于激活状态
   D. 只有一个窗口处于前台运行状态，其余的程序则处于停止运行状态

4. 在 Windows 10 中，有些文件的内容比较多，即使窗口最大化，也无法在屏幕上完全显示出来，此时可利用窗口（　　）来阅读文件内容。

   A. 边框 B. 控制菜单
   C. 滚动条 D. 最大化按钮

5. 在 Windows 10 中，命令菜单呈灰色显示意味着（　　）。
   A. 该菜单有下级子菜单 B. 选中该菜单命令后将弹出对话框
   C. 该菜单命令当前不能使用 D. 该菜单命令正在使用
6. 以下（　　）为合法的文件名。
   A. A3.com B. *3A.exe
   C. A:B.com D. A|B.exe
7. 在 Window 10 中，"写字板"是一种（　　）。
   A. 网页制作软件 B. 画图工具
   C. 字处理软件 D. 数据库软件
8. 在 Windows 10 中，关于文件夹的描述错误的是（　　）。
   A. 文件夹是用来组织和管理文件的 B. 文件夹中可以存放两个同名的文件
   C. 文件夹中可以存放驱动程序文件 D. "此电脑"是一个文件夹
9. Windows 10 中可以更改用户账户和密码的应用程序是（　　）。
   A. 任务管理器 B. 控制面板
   C. 资源管理器 D. 任务栏
10. 登录到 Windows 10 后首先看到的屏幕显示界面是（　　）。
    A. 窗口　　　　B. 图标　　　　C. 菜单　　　　D. 桌面
11. 在 Windows 10 中，窗口的类型有文件夹窗口、应用程序窗口和（　　）。
    A. 我的电脑窗口 B. 资源管理器窗口
    C. 桌面 D. 文档窗口
12. 在菜单中，前面有"√"标记的项目表示（　　）。
    A. 复选选中 B. 单选选中
    C. 有级联菜单 D. 有对话框
13. 在菜单中，前面有"●"标记的项目表示（　　）。
    A. 复选选中 B. 单选选中
    C. 有级联菜单 D. 有对话框
14. 在菜单中，后面有"▶"标记的命令表示（　　）。
    A. 复选选中 B. 单选选中
    C. 有级联菜单 D. 有对话框
15. 在菜单中，后面有"…"标记的命令表示（　　）。
    A. 复选选中 B. 单选选中
    C. 有级联菜单 D. 有对话框
16. "控制面板"窗口（　　）。
    A. 是硬盘系统区的一个文件 B. 是硬盘上的一个文件夹
    C. 是内存中的一个存储区域 D. 包含一组系统管理程序
17. 快捷方式确切的含义是（　　）。
    A. 特殊文件夹 B. 特殊磁盘文件
    C. 各类可执行文件 D. 指向某对象的指针
18. 剪贴板是在（　　）中开辟的一个特殊存储区域。
    A. 硬盘　　　　B. 外存　　　　C. 内存　　　　D. 窗口
19. 回收站是（　　）。
    A. 硬盘上的一个文件 B. 内存中的一个特殊存储区域

C. 软盘上的一个文件夹　　　　　　　　D. 硬盘上的一个文件夹

20. Windows 10 的回收站空间使用完毕，会自动删除（　　）。

　　A. 最早进入回收站的文件　　　　　　　B. 回收站中的任意文件

　　C. 最后进入回收站的文件　　　　　　　D. 所有回收站文件

二、多选题

1. 下面关于 Windows 10 的窗口描述中，正确的是（　　）。

　　A. 窗口是 Windows 10 应用程序的用户界面

　　B. Windows 的桌面也是 Windows 窗口

　　C. 用户可以改变窗口的大小

　　D. 窗口由边框、标题栏、菜单栏、工作区、状态栏、滚动条等组成

2. 在 Windows 10 中，"开始"菜单里"运行"项的功能包括（　　）。

　　A. 通过命令形式运行一个程序

　　B. 通过输入"cmd"命令进入虚拟 DOS 状态

　　C. 通过运行注册表程序可以编辑系统注册表

　　D. 设置鼠标操作

3. Windows 10 搜索文件合法操作的是（　　）。

　　A. 单击"开始"按钮，然后在"开始"菜单中搜索框中 [搜索框图] 输入关键字搜索

　　B. 在"Windows 资源管理器"窗口右上角的搜索框输入关键字搜索

　　C. 在"开始"菜单中选定"搜索"命令，打开"搜索"对话框，在对话框输入搜索关键字搜索

　　D. 搜索可以添加搜索筛选器

4. 在 Windows 10 中，各应用程序之间的信息交换不可以通过（　　）进行。

　　A. 记事本　　　　　B. 画图　　　　　C. 剪贴板　　　　　D. 写字板

5. 以下（　　）是 Windows 10 "资源管理器"窗口中的窗格。

　　A. "导航窗格"　　　　　　　　　　　　B. "浏览窗格"

　　C. "细节窗格"　　　　　　　　　　　　D. "预览窗格"

6. "库"是 Windows 7 新增的文档管理组件，其管理方式不正确的是（　　）。

　　A. 将计算机中同类文件物理位置移到一起

　　B. 将计算机中同类文件的快捷方式整合在一起，方便访问

　　C. 删除库中的条目，该条目彻底删除

　　D. 库中不能新建子库

7. 关于 Windows 10 的操作，以下说法错误的是（　　）。

　　A. 先选择操作对象，再选择操作项　　　B. 先选择操作项，再选择操作对象

　　C. 同时选择操作项和操作对象　　　　　D. 需将操作项拖到操作对象上

8. 一个应用程序窗口被最小化后，以下说法错误的是（　　）。

　　A. 被终止执行　　　　　　　　　　　　B. 在前台执行

　　C. 暂停执行　　　　　　　　　　　　　D. 被转入后台执行

三、简答题

1. 简述 Windows 10 重命名文件或文件夹的几种方法。
2. 简述查看隐藏文件夹的方法。

四、操作题

1. 在 D 盘上分别建立 student 和 user 两个文件夹。

2. 在 student 文件夹中新建一个名为 student.txt 的文件。
3. 把 D 盘的 student1 文件夹中的 student1.docx 文件复制到 student 文件夹，并删除文件夹 student1。
4. 在桌面上为 D 盘 user 文件夹建立名为"user 的快捷方式"。
5. 搜索 D 盘中的 student.doc 文件，然后将其复制到 D 盘中的 user 文件夹中。
6. 将 D 盘中 student 文件夹中的 student.txt 复制到 D 盘中的 user 文件夹中并进行重新命名"user.txt"。
7. 将 D 盘中的 user 文件夹隐藏。

办公软件的应用

本篇导读：

随着计算机应用于我们工作、生活的各个方面，办公软件的使用成为了现代企业职员必备的基本技能之一。无论是起草文件、撰写报告，还是统计分析数据，办公软件已经成为我们工作必备的基础软件。

Microsoft Office 是一套由微软公司开发的基于 Windows 操作系统的办公软件套装，其常用组件有 Word、Excel、PowerPoint 等，可以轻松实现文档处理、数据处理、演示文稿制作，是目前应用较为广泛的办公软件之一。

WPS Office 是一款国产办公软件，具有内存占用低、运行速度快、强大插件平台支持以及海量在线存储空间、丰富素材和模板等优点，近年来在办公软件市场也占据了重要份额，使用群体逐年壮大。

本篇主要介绍使用 Microsoft Office 组件进行文档处理、数据处理、演示文稿制作，并对 WPS Office、腾讯文档部分功能做简要介绍。

单元 1 文档处理

【单元导读】

Word 作为一款非常普及的文字处理软件，具有强大的文字处理能力。本单元通过制作校园歌唱比赛通知、编辑歌曲大赛汇报表、批量制作大赛邀请函、排版员工手册、多人协同制作公司宣传册等 7 个任务，帮助读者掌握 Word 的基本操作、Word 表格制作与统计、邮件合并、Word 排版技术、多人协同以及 WPS 文字基本使用等知识。

【知识要点】

- 设置字符格式和段落格式
- 插入和编辑表格
- 编辑图形、图片、艺术字
- 邮件合并
- 应用样式和多级列表
- 设置分节/分页、页眉页脚
- 多人协同编辑文档

任务 1　制作校园歌唱比赛通知

视频
制作校园歌唱比赛通知

任务描述

企事业单位在日常工作中，经常需要发布通知公告文件。这种文件常常是红头标记，俗称红头文件，一般包含单位名称、公告标题、公告内容、发布部门、发布日期、线条以及电子印章等内容。

任务要求：某学院相关部门决定举办以"冬奥"为主题的校园歌唱比赛，联合发布了比赛通知，如图 2-1-1 所示。本任务是要编辑制作这样一份通知。

任务分析

要使用 Word 2016 完成"校园歌唱比赛通知"的编辑工作，首先需要打开该应用程序，创建一个新的文档，然后在文档中录入文字内容，并编辑字体、段落等样式，再插入线条、图片等内容并编辑。本任务实现思路如图 2-1-2 所示。

图 2-1-1 "校园歌唱比赛通知"的效果

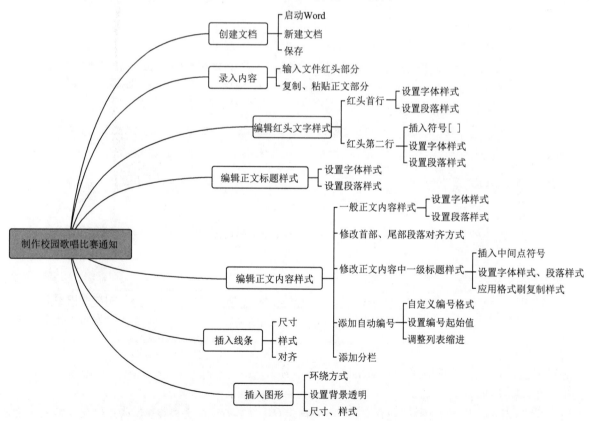

图 2-1-2 "制作校园歌唱比赛通知"任务实现思路

本任务包含的主要内容：
① 文档的创建、保存。
② 字体样式设置、段落样式设置、用格式刷复制样式。

③ 插入特殊符号、自动编号、分栏。
④ 图形、图片添加与编辑。

相关知识

1. Word 2016 的启动与退出

（1）Word 2016 常用的启动方法

① 从"开始"菜单启动。单击"开始"菜单中" Word"命令，即可启动 Word 2016。

② 通过快捷图标启动。用户可以在桌面上为 Word 2016 创建快捷图标，双击该快捷图标即可启动 Word 2016。

③ 通过任务栏应用图标启动。用户可以将 Word 2016 应用设置为固定到任务栏上，单击任务栏图标即可启动 Word 2016。

④ 通过已存在文档启动。双击已经存在的 Word 文档，即可启动 Word 2016，并在 Word 中打开该文档。

（2）Word 2016 常用的退出方法

① 直接单击 Word 窗口右上角的"关闭"按钮 ×。

② 单击"文件"→"关闭"命令。

③ 按【Alt+F4】组合键。

2. Word 2016 的界面组成

Word 2016 窗口主要由标题栏、快速访问工具栏、"文件"按钮、选项卡、功能区、文档编辑区、状态栏等几个部分组成，如图 2-1-3 所示。

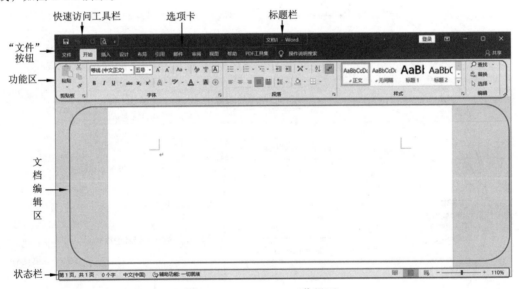

图 2-1-3　Word 2016 工作界面

（1）标题栏

标题栏用于显示当前文档的名称，未保存时，文档名称默认为"文档1""文档2"……的形式。

（2）"文件"按钮

"文件"按钮用于打开文件菜单，包含文档的创建与保存、文档打印、文档共享、账户信息、Word 选项设置等操作。

（3）快速访问工具栏

快速访问工具栏用于快速执行一些操作，默认情况下包含四个按钮：保存、撤销、重复、打印预览和打印。实际使用中，可以根据需要添加或删除其他命令。

（4）功能区

功能区位于标题栏下方，默认情况下由 10 个主选项卡组成，分别为"开始""插入""设计""布局""引用""邮件""审阅""视图""帮助""PDF 工具集"。每个主选项卡都对应一个功能区，功能区由若干组构成，每个组由若干功能相似的命令组成。

（5）文档编辑区

文档编辑区位于窗口中央，在此区域内可以输入或编辑相关内容，是 Word 2016 的主要操作区域。

（6）状态栏

窗口的最下方是状态栏，显示当前命令执行过程中的有关提示信息及一些系统信息。

3．创建和保存文档

首次打开 Microsoft Word 程序时，会创建一个默认名称为"文档 1"的文档，可以把该文件重命名保存到需要的位置，之后再对文件内容进行编辑和保存。

4．录入文档内容

在录入文档内容之前，首先应掌握一款输入法的使用方法。

新建文档后，在文档的编辑区会出现一个闪动的粗竖线，竖线所在的位置代表着"插入点"，表示目前可以输入文字内容的位置，输入文字后，"插入点"自动向后移动到新的位置。如果需要改变插入点的位置，只需移动鼠标光标，在需要的位置单击即可。

当输入的内容到达一行末尾时，文档内容会自动换行；如果需要输入一个新的段落，按【Enter】键，系统会在前一段的段尾插入一个段落标记符"↵"，这种方式常被称作为"硬回车"；如果不需要输入一个新的段落，但是需要另起一行，可以同时按下【Shift】键和【Enter】键，系统会在前一段的段尾插入一个换行标记符"↓"，这种方式常被称作为"软回车"。

文档中除了可以插入和编辑文字外，还可以插入图片、表格、列表、特殊符号、自选图形、艺术字等内容，并对它们进行编辑。

5．设置字体格式

设置字体格式包括设置文字内容的字体、字号、颜色、下画线、着重号、加粗、倾斜、字符间距等各种字符效果。

6．设置段落格式

设置段落格式包括设置段落内容的对齐方式、左右缩进、特殊格式、段间距、行间距以及大纲级别等格式。

7．格式刷

格式刷按钮可以将一个对象的样式复制到另一个对象上。使用方式是，先选择已经设好样式的对象，再单击格式刷按钮复制样式，然后用单击需要应用样式的对象。

格式刷的对象可以是文本或段落，也可以是图形或图像。

8．插入特殊符号

在文档编辑中，经常需要录入一些特殊符号，如中间点、、带圈数字①、龟壳形括号〔〕等。选择功能区"插入"选项卡→"符号"组→"符号"命令，可以打开"符号"对话框，其中提供了很多符号，选择需要的符号并插入，即可将其插入到文档中。

9．页面分栏

页面分栏功能可以将页面中的内容分成多栏显示。通过"分栏"对话框，可以自定义分栏的数目、栏宽、间距、是否带分隔线等属性。

10．自动编号

Word 提供了自动编号功能。当手动输入序号一或 1 这样的数字以后，每次按【Enter】键，系统就会自动为以后的每个段落添加相应的序号;也可以利用编号命令给原本没有编号的许多段落一次性添加顺序编号。

11. 添加和编辑线条

线条是 Word 中包含的众多形状中的一种,常用于分割、美化界面。单击功能区"插入"选项卡→"插图"组→"形状"按钮,可以插入所需样式的线条;线条插入后,通过功能区"绘图工具"→"形状格式"选项卡,可以调整线条的样式、大小、位置等属性。

12. 添加和编辑图片

图片是文档编辑排版中经常出现的元素。单击功能区"插入"选项卡→"插图"组→"图片"按钮,可以插入图片,图片插入后,通过功能区"图片工具"→"图片格式"选项卡,可以对图片的尺寸、位置、环绕方式等属性进行编辑。

任务实现

步骤 1:创建文档

① 单击"开始"菜单中 Word 命令,启动 Word 软件,出现图 2-1-4 所示效果界面,单击"空白文档"命令即可出现前文中图 2-1-3 所示的新文档界面。

② 新文档默认名称为"文档1"。单击快速访问工具栏上的"保存"按钮,弹出"另存为"对话框,将文件目录设置到需要的位置,例如,保存到"D 盘"的"张三的文档"文件夹中,更改文件名为"关于举办'冬奥'主题校园歌唱比赛的通知",最后单击"保存"按钮,如图 2-1-5 所示。

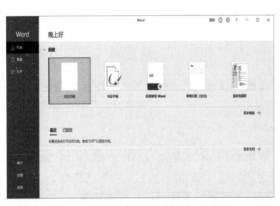

图 2-1-4　Word 2016 初始启动界面

图 2-1-5　"另存为"对话框

步骤 2:录入文档内容

① 启动一款中文输入法。

② 在插入点处输入文字"安徽职业学院"。

③ 按【Enter】键,另起一段,输入文字内容"皖职 2022 12 号";再次按【Enter】键,另起一段。

④ 在计算机磁盘中找到素材文件,双击打开,如图 2-1-6 所示。

⑤ 按【Ctrl+A】组合键选择全文,按【Ctrl+C】组合键复制所选内容,再打开之前新创建的文档,按【Ctrl+V】组合键粘贴文字内容。

步骤 3:编辑红头首行"安徽职业学院"的字符样式、段落样式

(1)设置首行文字为"华文行楷、56 号、红色、字符间距加宽 5 磅、居中"

① 将鼠标光标移动到首行文字处单击,选中首行文字,在功能区"开始"选项卡→"字体"组中,单击字

体框的下拉按钮▼，在打开的字体下拉列表中选择"华文行楷"；在字号框中输入 56 后按【Enter】键确认输入；在"字体颜色"按钮 A 的下拉列表中选择标准色红色，如图 2-1-7 所示。

图 2-1-6　素材效果

图 2-1-7　首行文字样式设置

> **注意**
>
> 在功能区选项卡中，有很多的功能按钮后都有下拉按钮"▼"，单击这个按钮"▼"就可以展开关于该功能的更多选项。

> **技巧与提示**
>
> 编辑任何内容之前，首先选中要编辑的内容。在 Word 中，如果在文档内容中双击，Word 会选中光标所在位置的一个词语。如果要选中一行，可以将鼠标光标移动到该行的左侧，当鼠标变成"◁"图标时，单击即可选中该行；如果在某个段落左侧双击，则会选中该段落；如果在某个段落左侧连续单击三次，则会选中整篇文档。
>
> 另一种较为常用的方法是框选法：在要选择的区域的开始处按下鼠标拖动，直至选中了整个区域后释放鼠标，但这个方法在选择较长的内容范围时候不方便。可以先在要选择的区域开始处单击，然后在要选择的区域末尾处，按下【Shift】键的同时单击，即可选中该区域。如果要选择的是几个不连续的内容区域，则应该在选中一个区域后，按住【Ctrl】键继续选择第二个区域，直至选中全部的区域为止。

② 单击"开始"选项卡→"字体"组右下角"对话框启动器"按钮，打开"字体"对话框，选择"高级"选项卡，在"字符间距"选项区域"间距"下拉列表中选择"加宽"；在磅值中输入"5 磅"，最后单击"确定"按钮，如图 2-1-8 所示。

> **注意**
>
> 功能面板中每个区域的功能，大部分都已经呈现于功能区，少数功能未呈现出来。如关于"字体"设置的功能，大部分都已经呈现于图 2-1-7 所示功能区的"字体"组中。对于少数未呈现出来的功能，可以单击相应组右下角的"对话框启动器"按钮来打开相应功能的对话框进行设置。

（2）设置首行文字的段落居中

保持标题行选中状态，单击功能区"开始"选项卡→"段落"组的"居中"按钮 ≡。

步骤 4：设置红头部分第二行"皖职 2022 12 号"的样式

（1）插入龟壳形中括号

① 将鼠标光标移动至 2022 之前单击，单击"插入"选项卡→"符号"组→"符号"按钮下拉列表中的"其他符号"命令，如图 2-1-9 所示。

② 在打开的"符号"对话框中，找到龟壳形左括号"〔"，单击"插入"按钮，如图 2-1-10 所示。同样方法在 2022 后面插入龟壳形右括号"〕"。

图 2-1-8　设置字符加宽

图 2-1-9　插入其他符号

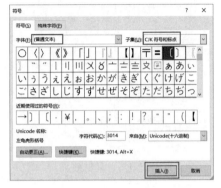
图 2-1-10　插入指定符号

（2）设置该段文字为"黑体、四号、行距 12 磅"

① 将鼠标光标移动至该行左侧双击，在功能区"开始"选项卡→"字体"组中设置字体为黑体，字号为四号。

② 保持该行选中状态，单击功能区"开始"选项卡→"段落"组右下角"对话框启动器"按钮，打开"段落"对话框，选择对齐方式为居中，设置行距为最小值、12 磅，如图 2-1-11 所示。

步骤 5：编辑正文标题"关于举办……通知"的样式

① 将鼠标光标移动至该行左侧单击选中该行，在功能区"开始"选项卡→"字体"组中设置字体为等线，字号为二号，加粗效果。

② 设置该段的对齐方式为居中，段前距为 1 行，段后距为 1 行，如图 2-1-12 所示。

图 2-1-11　设置第二段的段落样式

图 2-1-12　正文标题段落样式

步骤 6：设置其余正文内容文字样式

① 将鼠标移至"各二级学院"文字前，选中正文内容。

② 在功能区"开始"选项卡→"字体"组：设置字体为宋体，字号为四号。

③ 单击"段落"区域右下角的"⌐"按钮，打开"段落"对话框，在"缩进"组，设置"特殊"为"首行"，"缩进值"为"2 字符"。在"间距"组，设置"行距"为"1.5 倍行距"，如图 2-1-13 所示。设置完成后的文档效果如图 2-1-14 所示。

图 2-1-13　其余正文段落样式

图 2-1-14　目前文档效果

步骤 7：编辑正文首尾部分段落对齐效果

① 选中"各二级学院"段落，单击"开始"选项卡→"段落"组右下角"▼"按钮，打开"段落"对话框，重新设置"缩进"组"特殊"为"无"，取消原来首行缩进效果，如图 2-1-15 所示。

② 选中文档最后两行"安徽职业学院团委……2022 年 2 月 18 日"，单击"开始"选项卡→"段落"组→"右对齐"按钮"≡"。

步骤 8：为"魅力冬奥　逐梦冰雪"插入引号""和中间点号·

① 将光标定位于"魅力冬奥　逐梦冰雪"前面，切换输入法为中文状态，按住键盘上的【Shift+,】组合键，插入双引号，将"魅力冬奥　逐梦冰雪"文字选中，按【Ctrl+X】组合键剪切文字，再将光标定位于创建的双引号之间，按【Ctrl+V】组合键粘贴文字。

② 将光标定位于"魅力冬奥　逐梦冰雪"文字中间，单击"插入"选项卡→"符号"组→"符号"下拉按钮，在下拉列表中选择"其他符号"命令，在打开的"符号"对话框中，找到中间点号·，再单击"插入"按钮，如图 2-1-16 所示。

图 2-1-15　取消首行缩进效果

图 2-1-16　插入中间点

步骤 9：更改正文标题样式

① 选中"一、活动主题"段落，在功能区"开始"选项卡→"字体"组中设置字体为宋体，字号为四号、加粗。

② 单击"开始"选项卡→"段落"组右下角" "按钮,打开"段落"对话框,重新设置"缩进"组"特殊"为"无"。设置完成后的效果如图 2-1-17 所示。

③ 选中"一、活动主题"段落,单击功能区"开始"选项卡→"剪贴板"组→"格式刷"按钮,如图 2-1-18 所示,此时复制了该段落的所有格式,鼠标指针变成" ",使用鼠标依次选中其余几个标题,即可应用刚才复制的样式。刷完最后一个标题后,再次单击"开始"选项卡→"剪贴板"组→"格式刷"按钮,即可取消应用刚才复制的样式,鼠标指针恢复为默认样式"I"。

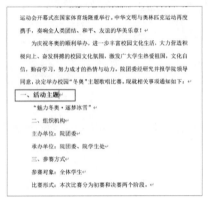

图 2-1-17　设置正文标题样式

图 2-1-18　用格式刷设置样式

步骤 10：添加自动编号

（1）为"参赛对象"、"比赛形式……"内容添加编号"（一）"、"（二）"

① 将鼠标光标定位于文字"参赛对象：全体学生"前,单击功能区"开始"选项卡→"段落"组→"编号"按钮" "的下拉按钮,选择以汉字"（一）、（二）、"进行编号的样式,如图 2-1-19 所示。

② 以同样方式设置"比赛形式……"段落前的编号。设置完成后的文档效果如图 2-1-20 所示。

图 2-1-19　设置编号样式

图 2-1-20　设置后的文档效果

③ 单击添加的标题（一）,该部分呈现灰色底纹,右击,在弹出的快捷菜单中选择"调整列表缩进"命令,如图 2-1-21 所示。打开"调整列表缩进"对话框,更改"编号之后"为"不特别标注",如图 2-1-22 所示。调整后的文档效果如图 2-1-23 所示。

（2）为"初赛阶段"、"决赛阶段"添加编号"1、""2、"

① 将鼠标光标定位于文字"初赛阶段"前,单击功能区"开始"选项卡→"段落"组→"编号"按钮" "的下拉按钮,单击"定义新编号格式"命令（见图 2-1-19）。

② 在打开的"定义新编号格式"对话框中,选择"编号样式"为"1, 2, 3, ...",修改"编号格式"为"1、",此处应注意灰色底纹标注的 1 不可以替换为手写的,如图 2-1-24 所示。

③ 同样方式设置"决赛时间"的编号。如果编号数字没有继续,可以右击该编号,在快捷菜单中选择"继

续编号"命令,如图 2-1-25 所示。

图 2-1-21　右键菜单

图 2-1-22　"调整列表缩进"对话框

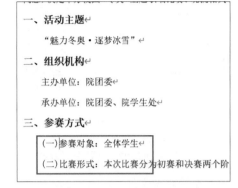
图 2-1-23　设置后效果

图 2-1-24　定义新编号格式

图 2-1-25　设置继续编号

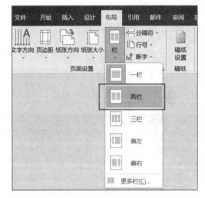
图 2-1-26　设置分栏

(3) 为"活动细则"下面的内容添加编号"1、""2、""3、""4、"

如果编号没有重新从 1 开始,则右击该编号,再选择快捷菜单中的"重新开始于 1"命令。

步骤 11:给参考曲目添加编号并分栏显示

① 选中参考曲目名称段落,设置字体为仿宋,字号为小四。

② 在每个曲目名称后按【Enter】键,插入分段。

③ 选中所有曲目名称段落,单击功能区"开始"选项卡→"段落"组→"编号"按钮,选择编号样式为(1)、(2)……;如果预定义格式中不包含此样式,则自己定义此编号格式。可参考"步骤 10(2)"的操作。

④ 保持选中所有曲目名称段落,在功能区"布局"选项卡→"页面设置"组→"栏"下拉按钮,选择"两栏"命令,如图 2-1-26 所示。此时曲目名称段落被分为两栏显示,如图 2-1-27 所示。

ⓘ 注意

添加分栏设置后,文档被分栏部分的前后会被自动插入分节符,如果删除该分节符,则不能实现该部分单独分栏效果。

如果分节符图标不可见,可以单击功能区"开始"选项卡→"段落"组→"显示/隐藏编辑标记"按钮"↵"。

步骤 12:插入红色线条并编辑

(1) 插入线条

① 在功能区"插入"选项卡→"插图"组→"形状"按钮下拉面板中,选择"线条"中的直线"\",如

图 2-1-28 所示。

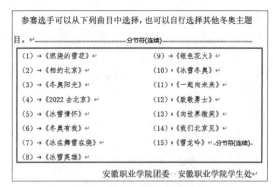

图 2-1-27 文档分栏效果

图 2-1-28 插入直线形状

② 将鼠标移至文件红头和正文标题之间需要画线的位置处，按下【Shift】键的同时，按住鼠标左键绘制一根水平直线。

（2）编辑线条样式

① 选择线条，此时在功能区会自动出现"绘图工具–形状格式"选项卡，如图 2-1-29 所示。

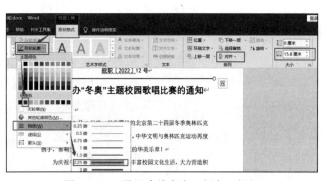

图 2-1-29 设置直线宽度、颜色、粗细

图 2-1-30 设置对齐方式

② 在"绘图工具–形状格式"选项卡→"大小"组中设置形状宽度为 15.8 厘米。

③ 在"绘图工具–形状格式"选项卡→"形状样式"组→"形状轮廓"按钮下拉面板中，选择标准色红色，再设置粗细为 2.25 磅。

④ 单击"绘图工具-形状格式"选项卡→"排列"组→"对齐"按钮，打开其下拉面板，选择"水平居中"命令，如图 2-1-30 所示。

步骤 13：插入印章

① 单击功能区"插入"选项卡→"插图"组→"图片"按钮→"此设备"命令，如图 2-1-31 所示。在打开的"插入图片"对话框中，找到素材文件夹，选择印章图片，单击"插入"按钮，如图 2-1-32 所示。

② 图片默认是"嵌入型"环绕方式。单击选择图片，在功能区"图片工具–图片格式"选项卡→"排列"组→"环绕文字"按钮下拉面板中，单击选择"浮于文字上方"命令，如图 2-1-33 所示。

③ 将两个印章图片都设置为"浮于文字上方"环绕方式，再拖动至文件底部右侧。

④ 选择图片，在功能区"图片工具–图片格式"选项卡→"调整"组→"颜色"下拉面板中，单击"设置透明色"命令，再单击图片中白色背景，即可去除图片白色背景，如图 2-1-34 所示。

图 2-1-31 插入图片命令

图 2-1-32 "插入图片"对话框

图 2-1-33 设置环绕方式

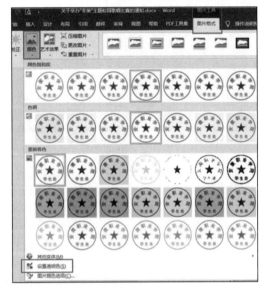

图 2-1-34 设置透明色

⑤ 在功能区"图片工具–图片格式"选项卡→"大小"组中，设置图片宽度为 4 cm。

⑥ 适当调整，美化页面。在倒数第二段"安徽职业学院团委"和"安徽职业学院学生处"之间添加一些空格；在最后一段日期文字后添加一些空格，使得日期相对上面一行居中；仿照图 2-1-1 所示效果，适当调整印章图片位置。

至此，图 2-1-1 所示效果的校园歌唱比赛的通知文件就编辑完成了。

任务 2 编辑歌曲大赛汇报表

任务描述

在当代企事业单位办公流程中，各式各样的表格文档充斥于各种办公情景，如人员报表、工资报表、设备清单、库存统计、成绩报表等。很多报表统计工作首选可能是使用电子表格处理软件，但也有很多情况下是文档中只有一部分内容是报表信息，此时使用 Word 中提供的表格功能就可轻松实现表格的创建、合并、拆分以及一些常见的统计工作。

任务要求：某二级学院按照学校要求，如期举办了学院内部"冬奥"主题歌曲大赛，同学们踊跃报名、大展身手，经过激烈的角逐，三组选手脱颖而出，成功晋级校级决赛。现需要将二级学院大赛结果情况以文档形式报送至校团委。本任务即编辑完成这样的歌曲大赛汇报文档，效果如图 2-1-35 所示。

视频

编辑歌曲
大赛汇报表

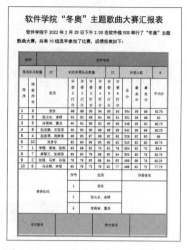

图 2-1-35 "歌曲大赛汇报表"效果

任务分析

要完成"歌曲大赛汇报表"的编辑工作，需要熟练使用 Word 中的表格工具。首先需要导入素材中的段落文字和表格文字，然后将相关部分文字转换成表格，在此基础上，逐一实现增加表格的行列、统计数值、单元格合并与拆分、调整表格样式等操作，最后按照需求将其打印出来，同时生成加密 PDF 文档。本任务实现思路如图 2-1-36 所示。

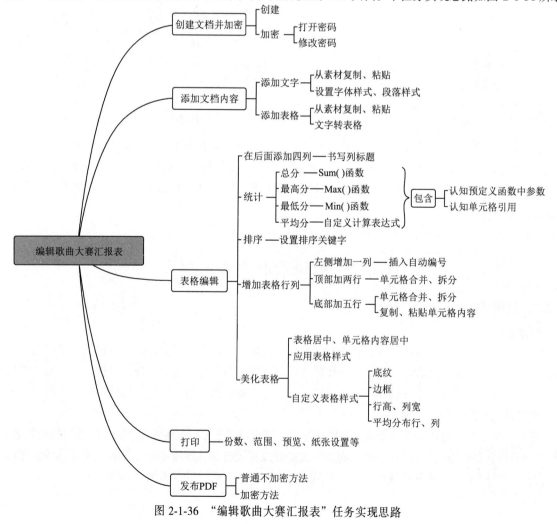

图 2-1-36 "编辑歌曲大赛汇报表"任务实现思路

本任务包含的主要内容：
① 文字与表格互转。
② 在表格中应用公式统计数据。
③ 表格增加行、列，单元格合并、拆分，表格和单元格样式设置。
④ 文档打印设置。
⑤ 发布加密 PDF。

相关知识

1．创建表格

在功能区"插入"选项卡→"表格"组中，提供了多种创建表格的方法，包括直接创建、由文字转换成表格等。表格一般由多个行和列组成，每一个行列交叉处，称作表格的一个单元格。

2．编辑表格

编辑表格是指以整个表格对象为整体，对表格进行移动、复制、剪切，指定表格的宽度、高度，设置表格在页面中的对齐方式，设置表格边框和底纹效果等。

3．编辑单元格

编辑单元格是指以表格中选定的单元格为编辑对象，对单元格进行内容的编辑以及格式的设置，包括：单元格的合并与拆分，调整单元格的高度、宽度、内容对齐方式、边框、底纹效果以及编辑单元格中文字效果等。

4．表格统计

在表格编辑中，经常需要对表格中的数据进行统计。通过在单元格中插入公式，就可以直接使用 Word 预设的函数来轻松实现求和（SUM）、求平均（AVERAGE）、求最大值（MAX）、求最小值（MIN）等常见的统计工作，还可以自己编辑计算表达式。

5．文档打印

很多情况下，编辑完成的文档是需要打印出来的。通过"文件"→"打印"命令，即可打开打印设置界面，在此界面中，可以设置打印的份数、打印的范围、打印的方式、纸张类型、是否多页打印、打印预览等属性。

6．发布 PDF

PDF 是由 Adobe 公司开发的一种电子文档格式，它能够完整地保留源文档中所有字体、格式、颜色和图形，并且具有跨平台、可以加密等众多优秀特性，是网络中的期刊、杂志、书籍、小说等电子书籍广泛采用的格式。通过 Word 2016，可以直接将文档发布为 PDF 格式，还可以为其加密。

任务实现

步骤1：创建文档并加密

（1）创建文档

启动 Word，默认生成的文档名称为"文档 1"，单击快速访问工具栏"保存"按钮或按【Ctrl+S】组合键，视图将切换至图 2-1-37 所示界面。单击窗口右边的"张三的文档"文件夹，弹出"另存为"对话框，如图 2-1-38 所示。

> **注意**
> 之前保存过文件的文件夹会显示于"另存为"界面的保存目录中，例如图 2-1-37 中"张三的文档"就是前一个任务文件保存的位置。
> 如果某个文件夹经常存放文件，则可以将该文件夹设定到"已固定"组中。例如，将"张三的文档"设为固定位置，方法是：在图 2-1-37 所示的"另存为"界面中，将鼠标移动至该文件夹目录上方悬停，此时该区域会呈现灰色底纹，且后面会出现图钉图标"⚲"，单击图钉图标即可。

图 2-1-37 "另存为"界面

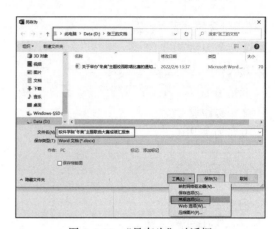

图 2-1-38 "另存为"对话框

（2）加密文档

为避免他人误操作修改了文档内容，需要加密该文件。

① 在图 2-1-38 所示的"另存为"对话框中，单击"工具"按钮旁的下拉按钮"▼"，在展开的下拉列表中选择"常规选项"命令，打开"常规选项"对话框，如图 2-1-39 所示。

② 设定"打开文件时的密码"为"123"，设定"修改文件时的密码"为"456"，单击"确定"按钮。

③ 此时将依次弹出两次"确认密码"对话框，第一次在"请再次键入打开文件时的密码"框中输入"123"，第二次在"请再次键入修改文件时的密码"框中输入"456"，如图 2-1-40 和图 2-1-41 所示。最后依次单击"确定"按钮，完成保存。此后文档再打开时，会依次弹出两次密码输入框，分别用于输入打开文件的密码和修改文件的密码。如果打开文件密码输错，则不能打开文档；如果打开文件密码输入正确，但修改文件密码输入错误，则只能选择以"只读"模式查看文档。

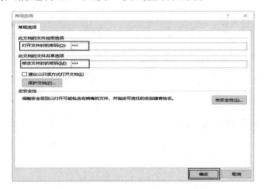

图 2-1-39 "常规选项"对话框

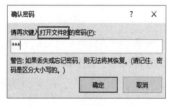

图 2-1-40 确认打开密码

图 2-1-41 确认修改密码

步骤 2：添加文档内容

（1）复制文字信息，并编辑样式

① 打开素材"软件学院歌唱比赛评分数据"文件，选中文字"软件学院……成绩报表如下："，按【Ctrl+C】组合键复制，再单击本任务文档，按【Ctrl+V】组合键粘贴文字。

② 选择"软件学院……汇报表"段落，在功能区"开始"选项卡→"字体"组：设置字体为黑体，字号为二号；在"开始"选项卡→"段落"组：设置段落对齐方式为"居中"，如图 2-1-42 所示。

图 2-1-42 设置标题样式

③ 选择"软件学院于 2022 年……报表如下："段落，在功能区"开始"选项卡→"字体"组：设置字体为黑体，字号为小四；单击功能区"开始"选项卡→"段落"组右下角"对话框启动器"按钮"⌐"，打开"段落"对话框，设置段落为"首行缩进""2 字符"，段前段后间距均为"0.5 行"，行距"1.5 倍"，如图 2-1-43 所示。

（2）复制评分数据，并转换为表格

① 在本任务文档正文之后，按【Enter】键插入一个新段落，选中素材文件中的评分数据信息，粘贴到本任务文档正文段落后面，如图 2-1-44 所示。

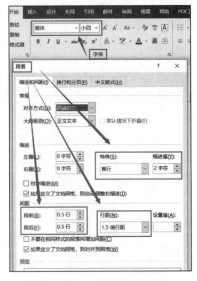

图 2-1-43　设置段落样式

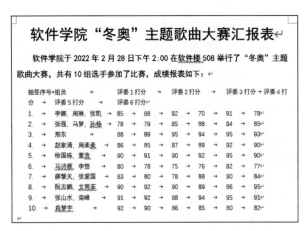

图 2-1-44　目前文档效果

② 在本任务文档中，选中评分数据信息，单击功能区"插入"选项卡→"表格"组→"表格"按钮→"文本转换成表格"命令，如图 2-1-45 所示；在打开的"将文字转换成表格"对话框中，设置"列数"为 8，文字分隔位置为"制表符"，如图 2-1-46 所示。

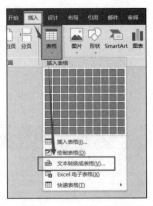

图 2-1-45　文本转换成表格

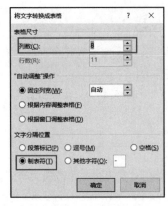

图 2-1-46　转换设置

③ 转换后的文档效果如图 2-1-47 所示。

步骤 3：添加总分、最高分、最低分、平均分列

① 将鼠标移动至表格顶部右侧，将出现"⊕"标记，如图 2-1-48 所示。单击四次出现的"⊕"标记，给表格右侧增加四列。在该四列的标题单元格中依次录入文字：总分、最高分、最低分、平均分。

② 将鼠标移动至列分隔线上，待鼠标指针变成"∯"形状后，拖动调整列宽，将第 1 列、第 2 列调整为宽度够容纳内容一行显示，以增加表格美观效果，如图 2-1-49 所示。

③ 将鼠标移动至第 3 列顶端，待指针变成"↓"形状，按下鼠标左键拖动至最后一列，选中表格右侧 10 列。

单击功能区"表格工具-布局"选项卡→"单元格大小"组→"分布列"命令，平均分布选中列，使表格更美观，如图2-1-50所示。

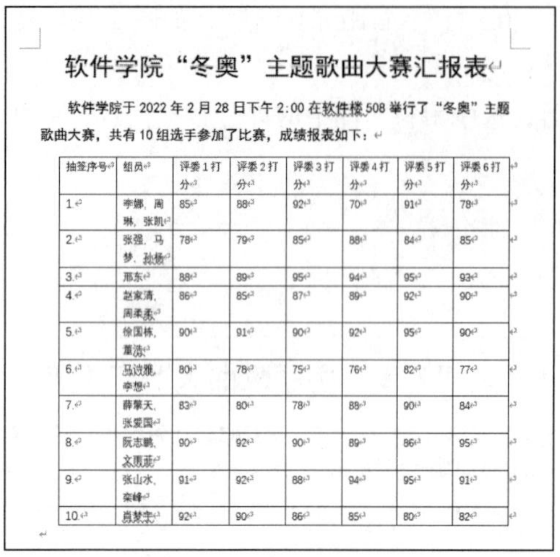

图2-1-47　表格转完后的文档效果

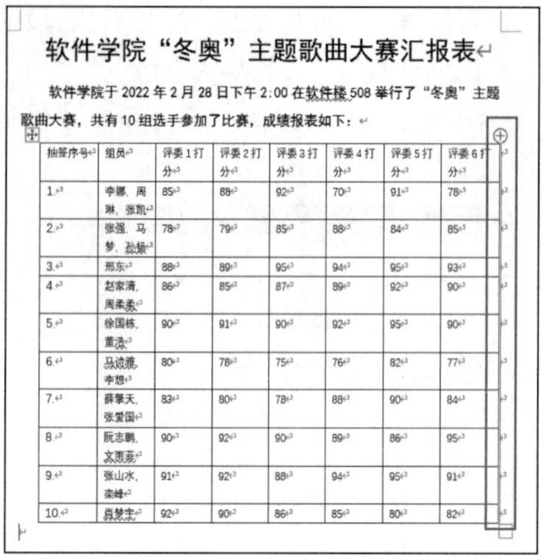

图2-1-48　增加列的提示

> **注意**
>
> 将鼠标置于表格的不同位置会呈现出不同的指针，代表不同的含义。
>
> 将鼠标置于列分隔线上，指针变成"╫"形状，按下左键拖动可以调整列宽。
>
> 将鼠标置于行分隔线上，指针变成"╪"形状，按下左键拖动可以调整行高。
>
> 将鼠标置于表格顶部框线上，指针变成"↓"形状，单击可以选择下方列，按下左键左右拖动可以选择相邻的多列。
>
> 将鼠标置于表格左侧外部靠近左框线处，指针变成"⇗"形状，单击可以选择一行，按下左键上下拖动可以选择相邻的多行。
>
> 将鼠标置于某个单元格左侧框线上，指针变成"↗"形状，单击可以选择一个单元格，按下左键上下左右拖动可以选择相邻的多个单元格。
>
> 将鼠标置于表格左侧框线任意行处或表格顶部框线任意列处，会出现"⊕"标记，单击该标记可以增加一行或一列。
>
> 将鼠标移动至表格上，在表格左上角外侧会出现"⊞"标记，单击该标记可以选择整个表格。

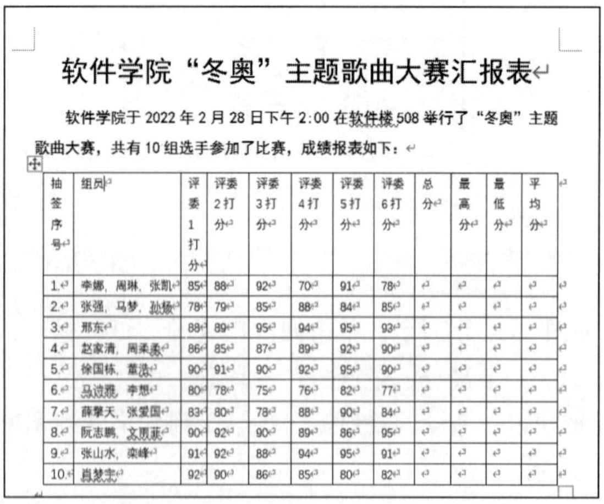

图2-1-49　调整第1、2列宽度

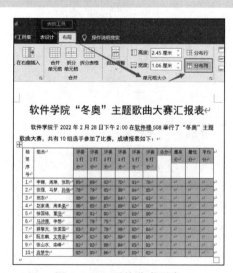

图2-1-50　平均分布列宽

步骤 4：统计总分、最高分、最低分、平均分

（1）认识 Word 表格中单元格的标记

Word 表格虽然没有 Excel 电子表格软件统计能力强大，但也能支持一些常见的统计，如自己书写一些运算式或是 Word 提供的求和（SUM）、求平均（AVERAGE）、求最值（MAX/MIN）、求乘积（PRODUCT）等函数。

	A	B	C	D	E	F	G	H	I	J	K	L
1	抽签序号	组员	评委1打分	评委2打分	评委3打分	评委4打分	评委5打分	评委6打分	总分	最高分	最低分	平均分
2	1.	李娜，周琳，张凯	85	88	92	70	91	78				
3	2.	张强，马梦，孙杨	78	79	85	88	84	85				
4	3.	邢东	88	89	95	94	95	93				
5	4.	赵家清，周柔柔	86	85	87	89	92	90				
6	5.	徐国栋，董浩	90	91	90	92	95	90				
7	6.	马诗雅，李想	80	78	75	76	82	77				
8	7.	薛肇天，张爱国	83	80	78	88	90	84				
9	8.	阮志鹏，文雨菲	90	92	90	89	86	95				
10	9.	张山水，栾峰	91	92	88	94	95	91				
11	10.	肖梦宇	92	90	86	85	80	82				

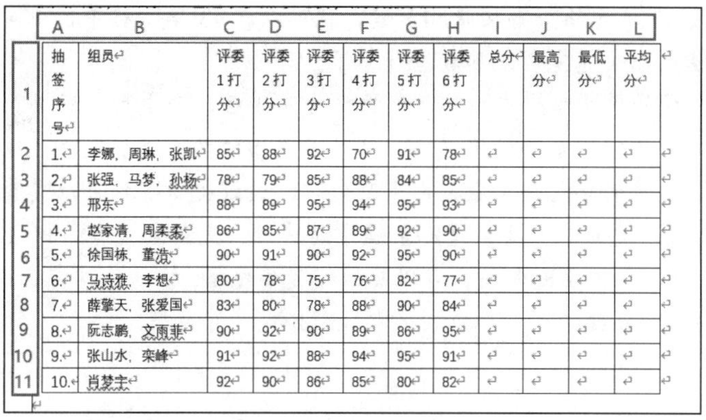

图 2-1-51　Word 中表格的行号、列号约定

在书写公式时，需要表达对单元格的引用，有如下两种引用方式：

① 用位置参数 LEFT、RIGHT、ABOVE、BELOW 表示一个范围，例如 LEFT 表示所有左侧可统计单元格，“=SUM(LEFT)”表示对所有左侧包含数字的单元格求和。

② 用单元格引用。Word 约定表格第一列为列 A，第一行为行 1，如图 2-1-51 所示。A2 表示第一列第二行中的单元格，依此类推。A1：B2 表示从 A1 单元格开始到 B2 单元格为止的区域。

（2）统计总分

① 将鼠标移动至 I2 单元格处并单击，单击功能区“表格工具–布局”选项卡→“数据”组→“公式”按钮，如图 2-1-52 所示。

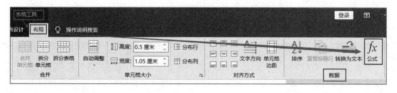

图 2-1-52　插入公式

② 此时弹出“公式”对话框，在“公式”文本框中输入“=SUM(LEFT)”，单击“确定”按钮，如图 2-1-53 所示。

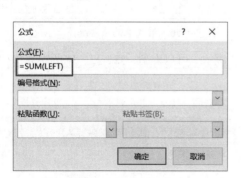

图 2-1-53　求和公式

抽签序号	组员	评委1打分	评委2打分	评委3打分	评委4打分	评委5打分	评委6打分	总分	最高分	最低分	平均分
1.	李娜，周琳，张凯	85	88	92	70	91	78	504			
2.	张强，马梦，孙杨	78	79	85	88	84	85	499			
3.	邢东	88	89	95	94	95	93	554			
4.	赵家清，周柔柔	86	85	87	89	92	90	529			
5.	徐国栋，董浩	90	91	90	92	95	90	548			
6.	马诗雅，李想	80	78	75	76	82	77	468			
7.	薛肇天，张爱国	83	80	78	88	90	84	503			
8.	阮志鹏，文雨菲	90	92	90	89	86	95	542			
9.	张山水，栾峰	91	92	88	94	95	91	551			
10.	肖梦宇	92	90	86	85	80	82	515			

图 2-1-54　求和结果

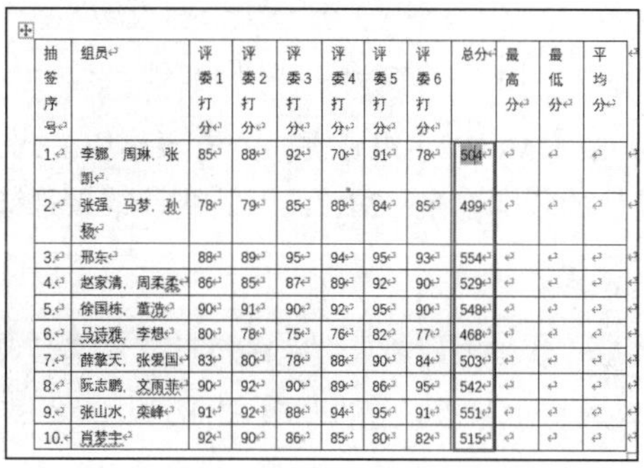

③ 按照步骤②，将鼠标光标定位到 I3 单元格，插入求和公式。依次类推，求出其他组选手的成绩总和。如果觉得烦琐，请看下方“技巧与提示”。完成后表格如图 2-1-54 所示。

技巧与提示

1. 在 Word 表格中，不能像在 Excel 中通过拖动单元格来复制公式。

本任务中，按照求 I2 的方式去计算其余组选手的总成绩会显得很烦琐。但是也有小技巧：在 I2 中使用公式统计完总和后，立刻单击 I3 单元格，再按【F4】键，就可以在 I3 单元格中使用同样的公式。按此方法，依次完成下方单元格统计，就可以快速完成求和数据计算了。

2. Word 表格中引用公式的单元格，在被统计数据发生变化后，会自动更新吗？

不会！单击上述表格中任意一个求和的单元格，可见单元格的数字呈现灰色底纹，这是因为该单元格存放的是公式，而非数值。当被统计的单元格中数据发生改变时，通过更新操作可以更新计算结果。

但是 Word 表格并不会自动更新，需要按【F9】键手动更新。更新方式有两种：

① 单击要更新的单元格，再按【F9】键，可以更新指定单元格；

② 选择整个表格后按【F9】键，可以更新表格中所有公式计算结果。

（3）统计最高分

① 将鼠标移动至 J2 单元格处并单击，单击功能区"表格工具–布局"选项卡→"数据"组→"公式"按钮，打开的"公式"对话框。

② 最大值函数为 MAX，参考图 2-1-51 对行列的标记，此处统计的范围应设为"C2:H2"，因此公式书写为"=MAX(C2:H2)"，如图 2-1-55 所示。注意，不可以将 MAX 参数写成 LEFT，因为 LEFT 范围包含了 I2 这个求和单元格了。

③ 按照前面学习的小技巧，在 J3 至 J11 单元格中快速求出其他组的成绩最大值。结果如图 2-1-56 所示。很显然，这是一个错误的结果。

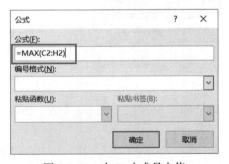

图 2-1-55 在 J2 中求最大值　　　　　图 2-1-56 最大值的错误统计

④ 按【Alt+F9】组合键，查看表格中公式，效果如图 2-1-57 所示。可以看到，J2、J3、J4 等单元格中 MAX 函数统计的范围都是 C2:H2，因此统计结果是错误的。

注意

Word 表格中的公式，默认情况下以其计算结果显示，如果要查看对应的公式，可以按【Alt+F9】组合键切换为公式显示状态。再次按【Alt+F9】组合键可以切换回计算结果显示状态。

⑤ 如果要正确统计，则前文所述的小技巧是不可取的，需要在"最高分"列分别插入公式，并修改参数范围。例如，在 J3 单元格中应书写公式"=MAX(C3:H3)"，依此类推。

（4）换个思路统计最高分

按照步骤（3）方式统计最高分显得十分烦琐，毕竟 Word 并不擅长多种方式灵活处理数据。下面换个思路统计各组成绩最高分。

① 选中 J3 至 J11 单元格，按【Delete】键删除单元格内容。将鼠标移动至"最高分"列上端，指针变成"↓"形状，单击选择该列并右击，在快捷菜单中选择"剪切"命令，如图 2-1-58 所示。

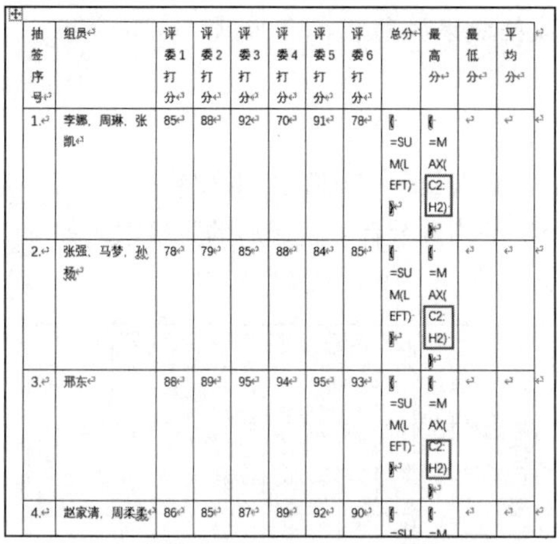

图 2-1-57　公式显示模式

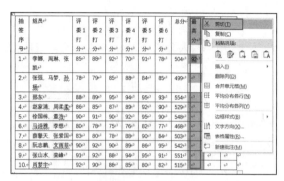

图 2-1-58　剪切列

② 将鼠标移动至"总分"列任意位置处并右击，选择"粘贴选项"下的"插入为新列"按钮" "，如图 2-1-59 所示。插入完成后的表格如图 2-1-60 所示。

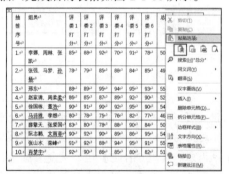

图 2-1-59　粘贴列

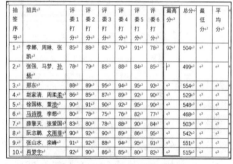

图 2-1-60　插入后的表格

③ 单击现在的 I2 单元格，单击功能区"公式"按钮，在"公式"对话框中修改公式为"=MAX(LEFT)"，如图 2-1-61 所示。使用小技巧，单击 I3 单元格，按【F4】键；再依次完成下方单元格统计。完成后的表格如图 2-1-62 所示。

图 2-1-61　修改公式

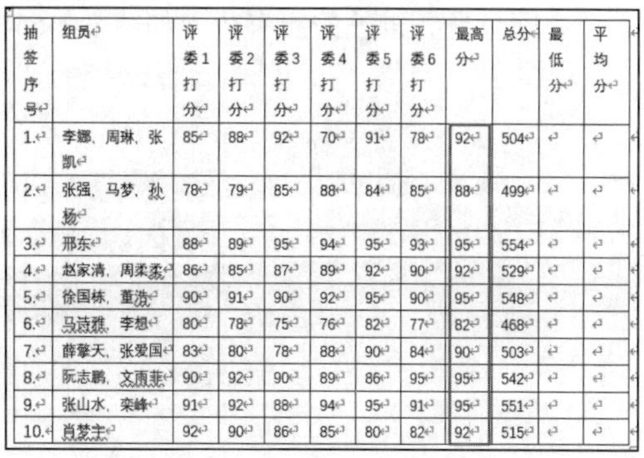

图 2-1-62　统计最高分

注意，在此过程中，不能按【F9】键更新表格中的公式，因为此处正是利用表格中公式不会自动更新的特点。

④ 统计完成后，再选择最高分列，将其剪切、粘贴到总分列后面。

（5）统计最低分

① 仿照步骤（4），先将“最低分”列剪切到“总分”列前面。

② 使用公式“=MIN(LEFT)”求出第一组成绩的最低分。

③ 通过单击下一个单元格和按【F4】键，快速完成下方其他组最低分统计。

④ 统计完成后将“最低分”列剪切、粘贴到原来位置。

⑤ 在此过程中，不能按【F9】键让表格公式更新结果。此时表格效果如图 2-1-63 所示。

（6）统计平均分

按照统分要求，去掉一个最高分，再去掉一个最低分，剩下的求取平均分作为成绩。

① 在 L2 中，单击功能区“公式”按钮，在“公式”对话框中，输入公式“=(I2–J2–K2)/4”。

② 在 L3 中，输入公式“=(I3–J3–K3)/4”。依此类推，完成其余组平均分统计。完成后的表格效果如图 2-1-64 所示。

抽签序号	组员	评委1打分	评委2打分	评委3打分	评委4打分	评委5打分	评委6打分	总分	最高分	最低分	平均分
1.	李娜、周琳、张凯	85	88	92	70	91	78	504	92	70	
2.	张强、马梦、孙杨	78	79	85	88	84	85	499	88	78	
3.	邢东	88	89	95	94	95	93	554	95	88	
4.	赵家清、周柔柔	86	85	87	89	92	90	529	92	85	
5.	徐国栋、董浩	90	91	90	92	95	90	548	95	90	
6.	马诗雅、李想	80	78	75	76	82	77	468	82	75	
7.	薛擎天、张爱国	83	80	78	88	90	84	503	90	78	
8.	阮志鹏、文雨菲	90	92	90	89	86	95	542	95	86	
9.	张山水、栾峰	91	92	88	94	95	91	551	95	88	
10.	肖梦宇	92	90	86	85	80	82	515	92	80	

图 2-1-63 此时表格效果

抽签序号	组员	评委1打分	评委2打分	评委3打分	评委4打分	评委5打分	评委6打分	总分	最高分	最低分	平均分
1.	李娜、周琳、张凯	85	88	92	70	91	78	504	92	70	85.5
2.	张强、马梦、孙杨	78	79	85	88	84	85	499	88	78	83.25
3.	邢东	88	89	95	94	95	93	554	95	88	92.75
4.	赵家清、周柔柔	86	85	87	89	92	90	529	92	85	88
5.	徐国栋、董浩	90	91	90	92	95	90	548	95	90	90.75
6.	马诗雅、李想	80	78	75	76	82	77	468	82	75	77.75
7.	薛擎天、张爱国	83	80	78	88	90	84	503	90	78	83.75
8.	阮志鹏、文雨菲	90	92	90	89	86	95	542	95	86	90.25
9.	张山水、栾峰	91	92	88	94	95	91	551	95	88	92
10.	肖梦宇	92	90	86	85	80	82	515	92	80	85.75

图 2-1-64 全部统计完效果

技巧与提示

本任务中如果担心不小心更新了表格中的公式而导致数据出错，可以选中表格后按【Ctrl+C】组合键复制表格；打开“开始”菜单中的记事本程序，按【Ctrl+V】组合键将表格粘贴进去，记事本会自动去除表格和公式，只留下文本和数值信息，再按【Ctrl+A】组合键全选记事本中内容，按【Ctrl+C】组合键复制选中内容；再回到 Word 文档中，按【Ctrl+V】组合键将数据信息粘贴回来；最后选择所有粘贴回来的数据，将文本转换为表格，此时的表格中全部是数值，没有公式。

步骤 5：对表格数据按照平均分进行排序

① 选中除标题行以外的所有行，如图 2-1-65 所示。

抽签序号	组员	评委1打分	评委2打分	评委3打分	评委4打分	评委5打分	评委6打分	总分	最高分	最低分	平均分
1.	李娜、周琳、张凯	85	88	92	70	91	78	504	92	70	85.5
2.	张强、马梦、孙杨	78	79	85	88	84	85	499	88	78	83.25
3.	邢东	88	89	95	94	95	93	554	95	88	92.75
4.	赵家清、周柔柔	86	85	87	89	92	90	529	92	85	88
5.	徐国栋、董浩	90	91	90	92	95	90	548	95	90	90.75
6.	马诗雅、李想	80	78	75	76	82	77	468	82	75	77.75
7.	薛擎天、张爱国	83	80	78	88	90	84	503	90	78	83.75
8.	阮志鹏、文雨菲	90	92	90	89	86	95	542	95	86	90.25
9.	张山水、栾峰	91	92	88	94	95	91	551	95	88	92
10.	肖梦宇	92	90	86	85	80	82	515	92	80	85.75

图 2-1-65 选中要排序的数据

② 单击功能区"表格工具–布局"选项卡→"数据"组→"排序"按钮，如图 2-1-66 所示。

图 2-1-66 "排序"按钮

③ 此时打开"排序"对话框，设置主要关键字为"平均分"所对应的"列 12"，按照数字方式降序排序，保持默认选择的"无标题行"，如图 2-1-67 所示。

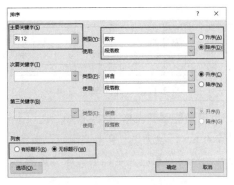

图 2-1-67 "排序"对话框

步骤 6：在表格左侧增加排序列并编辑

① 将鼠标移至第一列任意位置处单击，单击功能区"表格工具–布局"选项卡→"行和列"组→"在左侧插入"按钮，如图 2-1-68 所示。

② 将光标置于 A1 单元格，输入内容"排序"。

③ 选中第一列除 A1 以外的单元格，单击功能区"开始"选项卡→"段落"组→"编号"按钮，选择编号模式为"1,2,3……"，插入完成后的表格效果如图 2-1-69 所示。

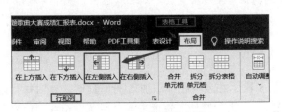

图 2-1-68 在左侧插入列

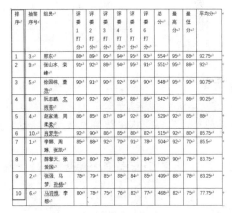

图 2-1-69 插入"排序"列

步骤 7：在表格头部增加两行并编辑

① 将鼠标移至首行左侧，指针变成"➚"形状，选中第一行，单击功能区"表格工具–布局"选项卡→"行和列"组→"在上方插入"按钮，如图 2-1-70 所示。单击两次，插入两个空行。

② 选中 A1、B1 两个单元格，单击功能区"表格工具–布局"选项卡→"合并"组→"合并单元格"按钮，如图 2-1-71 所示。

③ 按照同样方法，将第一行剩余部分再合并为一个单元格。

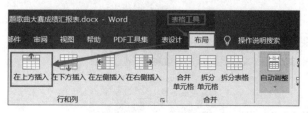

图 2-1-70 在上方插入行

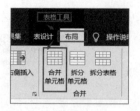

图 2-1-71 合并单元格命令

④ 将第二行所有单元格合并为一个单元格。此时表格头部效果如图 2-1-72 所示。

排序	抽签序号	组员	评委1打	评委2打	评委3打	评委4打	评委5打	评委6打	总分	最高分	最低分	平均分

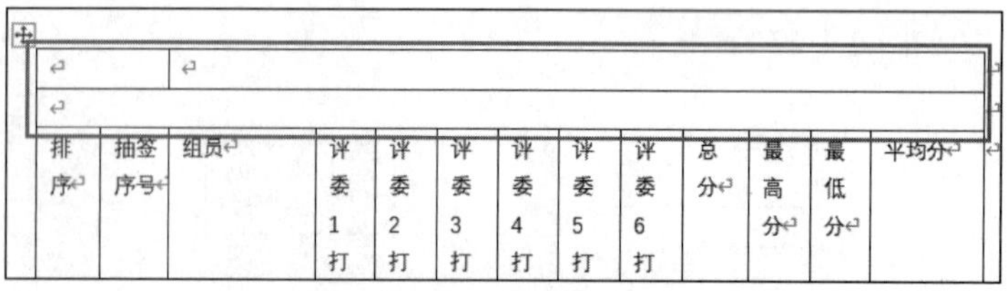

图 2-1-72 此时表格效果

⑤ 将光标置于第 2 行单元格内，单击功能区“表格工具–布局”选项卡→“合并”组→“拆分单元格”按钮，弹出“拆分单元格”对话框，设置列数为 6，行数为 1，单击“确定”按钮，如图 2-1-73 所示。

⑥ 参考图 2-1-74 效果，在对应单元格录入相应文字内容。录入内容后，再适当拖动第二行的列分隔线，使得文字内容可以一行显示。

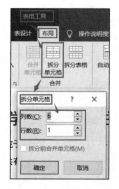

图 2-1-73 拆分单元格

学院	软件学院											
报名队伍数量	12	实际参赛队伍数量	12	评委人数	6							
排序	抽签序号	组员	评委1打分	评委2打分	评委3打分	评委4打分	评委5打分	评委6打分	总分	最高分	最低分	平均分

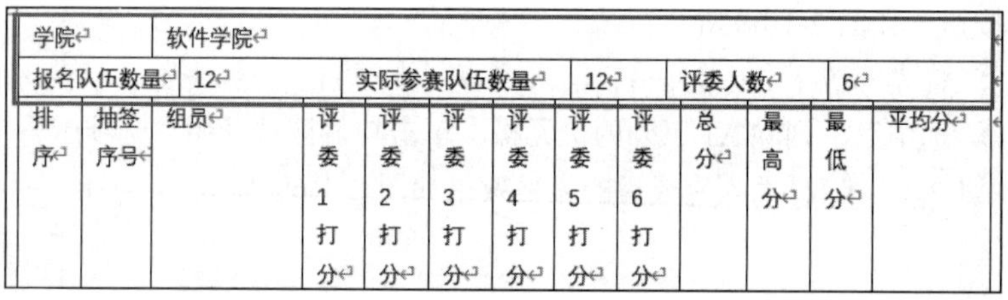

图 2-1-74 录入内容

注意

通过拖动列分隔线调整某个单元格宽度时，有时会影响到其他行单元格宽度，如果只想调整某个单元格而不影响其他行，可以先选中该单元格，再拖动这个单元格的列分隔线，此时就不会影响到其他行单元格的列宽了。

步骤 8：在表格底部添加推荐信息、签名信息行

① 将鼠标移至表格底部左侧，待出现“⊕”标记后单击 5 次，在表格底部添加 5 行。此时，此时每行第一个单元格沿用了之前的自动编号。选中这 5 行的第一个单元格，单击“开始”选项卡→“段落”组→“编号”按钮“☰˅”，即可取消单元格中的自动编号，如图 2-1-75 所示。

② 按照图 2-1-76 所示，选中图中❶标记的矩形框区域内的单元格，单击功能区“表格工具–布局”选项卡→“合并”组→“合并单元格”按钮，完成合并。再依次合并图中❷❸❹❺❻❼❽数字所标记的矩形框区域的单元格。

③ 选择表格最后一行，单击功能区“表格工具–布局”选项卡→“合并”组→“拆分单元格”命令，弹出“拆分单元格”对话框，设置列数为 4，行数为 1，单击“确定”按钮。

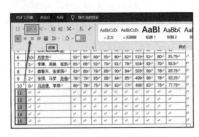

图 2-1-75　取消自动编号

图 2-1-76　合并单元格部分

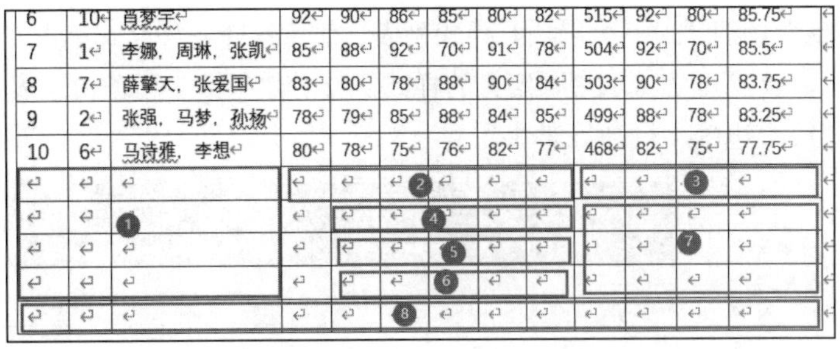

④ 选中排序在前三名的组员姓名单元格，按【Ctrl+C】组合键复制内容，再单击表格底部组员下方单元格，按【Ctrl+V】组合键粘贴。如图 2-1-77 所示，再参考该图录入其他文字内容。

学院	软件学院												
报名队伍数量		12	实际参赛队伍数量			12			评委人数		6		
排序	抽签序号	组员	评委1打分	评委2打分	评委3打分	评委4打分	评委5打分	评委6打分	总分	最高分	最低分	平均分	
1	3	邢东	88	89	95	94	95	93	554	95	88	92.75	
2	9	张山水，栾峰	91	92	88	94	95	91	551	95	88	92	
3	5	徐国栋，董浩	90	91	90	92	95	90	548	95	90	90.75	
4	8	阮志鹏，文雨菲	90	92	90	89	86	95	542	95	86	90.25	
5	4	赵家清，周柔柔	86	85	87	89	92	90	529	92	85	88	
6	10	肖梦宇	92	90	86	85	80	82	515	92	80	85.75	
7	1	李娜，周琳，张凯	85	88	92	70	91	78	504	92	70	85.5	
8	7	薛擎天，张爱国	83	80	78	88	90	84	503	90	78	83.75	
9	2	张强，马梦，孙杨	78	79	85	88	84	85	499	88	78	83.25	
10	6	马诗雅，李想	80	78	75	76	82	77	468	82	75	77.75	
推荐队伍			序号	组员					评委签名				
			1	邢东									
			2	张山水，栾峰									
			3	徐国栋，董浩									
书记签名						院长签名							

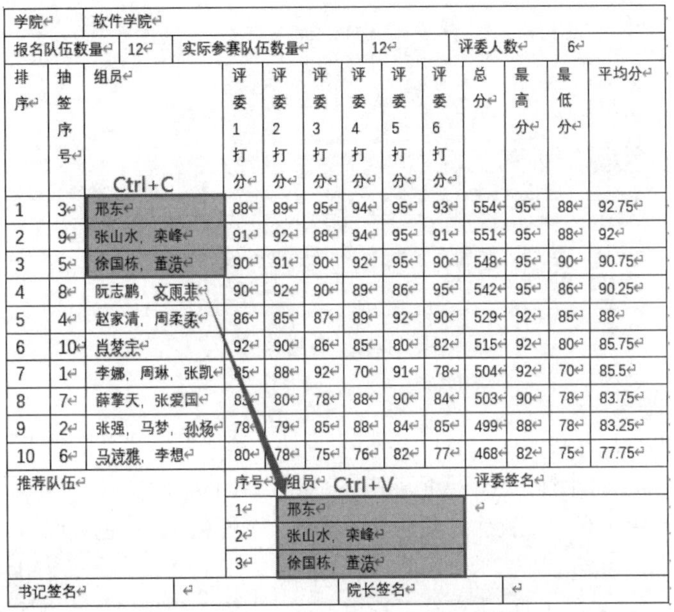

图 2-1-77　录入底部单元格文字

步骤 9：美化表格

（1）设置表格在页面中居中

鼠标移至表格左上角，待出现“⊞”标记后，单击选择整个表格。单击功能区“开始”选项卡→“段落”组→“居中”按钮“≡”。

（2）设置表格中所有单元格内容居中

保持选择整个表格，单击功能区“表格工具–布局”选项卡→“对齐方式”组→“水平居中”按钮“▤”，如图 2-1-78 所示。

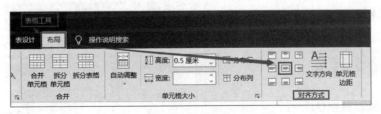

图 2-1-78　单元格内容水平居中

（3）应用表格样式

Word 内部提供了多种表格样式，选择表格后，单击功能区“表格工具–表设计”选项卡→“表格样式”组→

"其他"按钮"▽",可以展开样式列表,任意选择一种样式单击,即可将该样式应用到自己的表格上,如图 2-1-79 所示。读者可尝试引用预定义的样式并查看效果。本任务由于表格头部信息复杂,故未引用,将在后续步骤自定义底纹、边框、行高等属性。

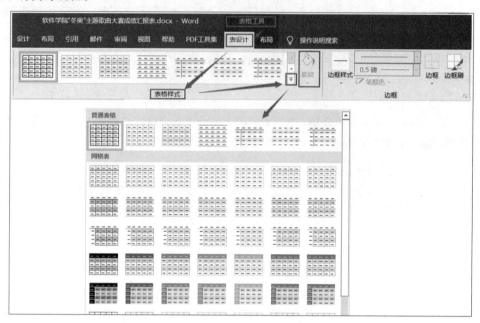

图 2-1-79　表格样式

（4）添加底纹

① 选定表格第一行,单击打开功能区"表格工具–表设计"选项卡→"表格样式"组→"底纹"下拉按钮,展开底纹颜色列表,单击"蓝色,个性色 1,淡色 40%",如图 2-1-80 所示。

② 选定表格第二行和最后一行,设置底纹颜色为"蓝色,个性色 1,淡色 80%"。

（5）设置表格外框线

选择整个表格,在功能区"表格工具–表设计"选项卡→"边框"组中,依次单击"笔样式"、"笔画粗细"、"笔颜色"后面的下拉按钮"▽",设定笔样式为"双实线"、笔画粗细为"1.5 磅",笔颜色为"深蓝色";再单击"边框"的下拉按钮"▽",在展开的列表中选择"外侧框线"命令,如图 2-1-81 所示。

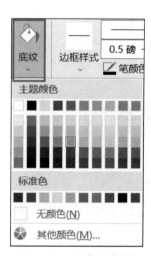

图 2-1-80　底纹下拉框

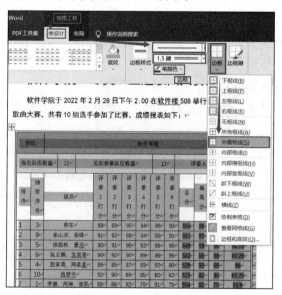

图 2-1-81　设定表格外框线

（6）调整指定区域行高

① 使用鼠标选中图 2-1-82 所示的单元格区域，在功能区"表格工具–布局"选项卡→"单元格大小"组的"高度"微调框中输入"1 厘米"。

② 选择表格最后一行，设置该行高度为 2 厘米。

（7）其他美化工作

最后，整体观察表格，通过拖动调整部分区域行高、列宽，或平均分布行、平局分布列等命令，使页面更美观。

步骤 10：打印汇报表

制作完成的汇报表，最终需要打印、签名、盖章后提交给院团委。

① 单击 Word 左上角快速访问工具栏的"打印预览和打印"按钮"🔍"，或者"文件"按钮→"打印"命令，进入打印界面，如图 2-1-83 所示。

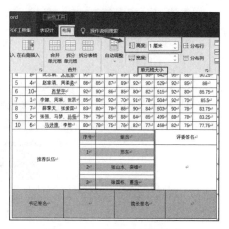

图 2-1-82　设置单元格高度

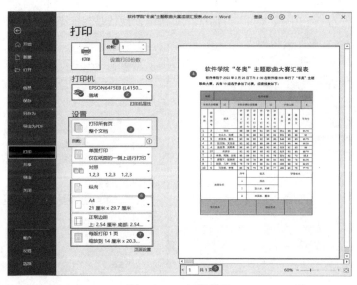

图 2-1-83　打印界面

② 在❶标记的区域设定打印的份数为"1"。

③ 在❷标记的区域连接好打印机，保持❸标记的区域的默认值为"打印所有页"，在❹标记的区域预览打印效果，最后单击窗口上部的"打印"按钮即可。

> **技巧与提示**
>
> 对照图 2-1-83，打印设置有：
>
> 在❶标记的区域设定打印的份数。
>
> 在❷标记的区域选定要连接的打印机，此处选择的打印机就是计算机已经安装好驱动、连接成功的打印机。
>
> 在❸标记的区域设定打印的范围。默认是"打印所有页"；也可以选择"打印当前页"，表示打印文档中插入点所处的页；也可以选择"自定义打印范围"，选定后需要在"页数"文本框中输入范围，如"3-5"表示打印第 3 至 5 页，如"3,7,9"表示打印第 3、7、9 页。
>
> 在❹标记的区域可以预览打印效果。
>
> 在❺标记的区域可以查看共打印几页、当前预览的是第几页。
>
> 在❻标记的区域可以更改纸张的方向、尺寸、边距等信息。
>
> 在❼标记的区域可以设定缩放打印，如每版打印 4 页，表示在一张纸上打印出文档中的 4 页。

步骤 11：加密发布 PDF 格式

除了提交签名的纸质汇报表外，院团委还要求提交一份电子的加密 PDF 文档存档。

（1）发布 PDF 格式

发布 PDF 格式有两种方法。

① 单击功能区"PDF 工具集"选项卡→"导出为 PDF"组→"导出为 PDF"按钮，即可实现发布 PDF 格式文档，默认保存到当前文档所在位置，与当前文档主名相同，后缀名为"pdf"，如图 2-1-84 所示。

图 2-1-84　PDF 工具集

② 单击"文件"按钮→"导出"命令，再在右侧界面中单击"创建 PDF/XPS"按钮，如图 2-1-85 所示；此时弹出图 2-1-86 所示的"发布为 PDF 或 XPS"对话框，文档位置默认是当前 Word 文档所在文件夹，文件主名与当前 Word 文档相同，单击"发布"按钮即可。

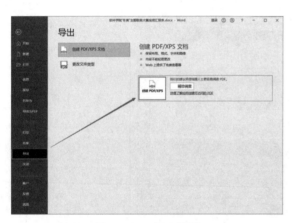

图 2-1-85　导出界面

图 2-1-86　发布为 PDF 对话框

> **注意**
>
> 按照②的方式，单击图 2-1-86 中的"发布"按钮后，将弹出图 2-1-87 所示对话框。该对话框提醒我们：虽然之前给 Word 文档设置了打开密码为"123"、修改密码为"456"，但是在发布为 PDF 后，即对话框中所述的"保存为'Word 文档'以外的格式"了，密码保护就失效了。单击"是"按钮将生成不带密码的 PDF 文档，效果与步骤①相同；单击"否"按钮将取消发布 PDF 文档。

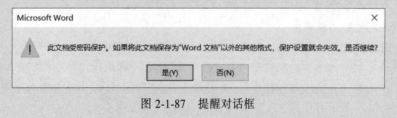

图 2-1-87　提醒对话框

（2）发布加密的 PDF 文档

① 如果要发布加密的 PDF 文档，应该单击"文件"按钮→"导出"命令→"创建 PDF/XPS"按钮，在弹出的"发布为 PDF 或 XPS"对话框中，单击"选项"按钮。

② 弹出"选项"对话框,选中底部"使用密码加密文档"复选框,单击"确定"按钮。
③ 弹出"加密 PDF 文档"对话框,输入两次相同的密码,如"123456",单击"确定"按钮。
④ 最后单击"发布"按钮,如图 2-1-88 所示。

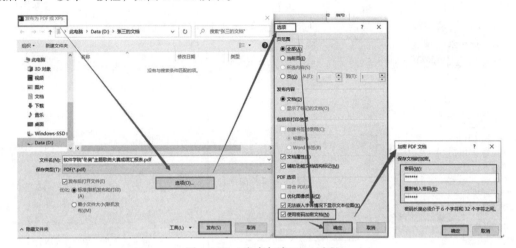

图 2-1-88　发布加密 PDF 过程

此时,发布的 PDF 文件在打开时,需要输入密码才能查阅内容。
至此,图 2-1-35 所示效果的歌曲大赛汇报表任务就制作完成了。

任务 3　制作歌曲大赛邀请函

视频

制作歌曲
大赛邀请函

任务描述

日常生活工作中,人们也时常需要处理一些包含较多图形图像信息的文档,如大学社团发布的宣传海报、节假日给老师发的电子贺卡、各种商务活动邀请函等。这些工作,利用 Word 2016 提供的图形、图像、艺术字等功能,都可以轻松完成。

任务要求:某校相关部门制作了以"冬奥"为主题的活动邀请函,以发送给该校"冬奥"主题歌曲大赛提供支持的企业负责人,效果如图 2-1-89 所示。本任务即是要完成这样一份邀请函的制作。

图 2-1-89　"歌曲大赛邀请函"效果

86 计算机应用基础

任务分析

要使用 Word 2016 完成"歌曲大赛邀请函"的编辑工作，首先要创建一个新文档，然后在文档中添加相应的文字、图形、图片、艺术字等内容，最后对它们进行样式编辑。本任务实现思路如图 2-1-90 所示。

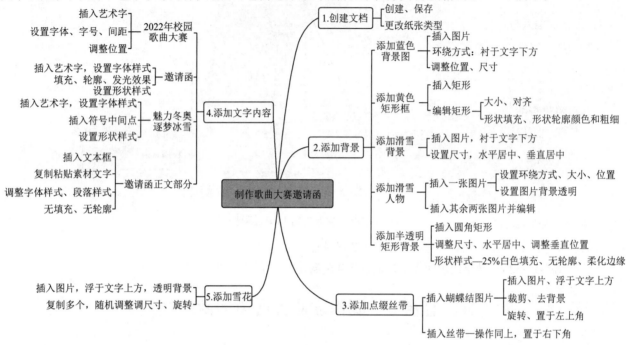

图 2-1-90 "歌曲大赛邀请函"任务实现思路

本任务包含的主要内容：
① 图片插入与编辑，包括多种环绕方式灵活应用、裁剪、去背景等。
② 形状插入与编辑，包括填充半透明色、柔化边缘等。
③ 艺术字插入与编辑，包括艺术字类型、发光效果等。

相关知识

1. 图片插入与编辑

通过功能区"插入"选项卡→"插图"组→"图片"按钮，可以插入图片。

（1）环绕方式

图片的环绕方式默认是嵌入型。实际使用中，图片经常和文字在一起编排。如果希望图片在文字上面，可设其环绕方式为"浮于文字上方"；如果希望图片在文字下面打底，可设其环绕方式为"衬于文字下方"；如果希望图文混排，可按照所需效果设置其为嵌入型、四周型、紧密型、穿越型、上下型之一。

（2）背景处理

带有单一背景色的图片，可以利用"图片工具"选项卡→"调整"组→"删除背景"按钮去除纯色背景，但该方式有时效果不够理想，可以使用"调整"组→"设置透明色"按钮，将单击处指定的颜色变成透明。

（3）裁剪

如果只想选用图片中的一部分，可以应用裁剪命令将图片多余部分裁剪掉。

（4）尺寸

图片的尺寸可以通过"图片工具"选项卡→"大小"组精确设定，也可以直接拖动图片边框上的控制点进行缩放，其中拖动角部控制点将实现等比例缩放。

（5）旋转

图片旋转可以通过"图片工具"选项卡→"排列"组→"旋转"按钮实现水平翻转、垂直翻转、90°倍数旋转或是任意精确度数旋转，也可以直接拖动图片旋转手柄进行旋转。

（6）样式

通过"图片工具"选项卡→"图片样式"组，还可以给图片设置边框效果以及发光、柔化边缘等效果。

2．形状的插入与编辑

通过"插入"选项卡→"插图"组→"形状"按钮，可以打开形状面板，该面板中提供了多种形状样式。插入的方法是单击选择某个形状后，在文档中拖动绘制。形状插入后，可对形状进行编辑。形状编辑与图片编辑有很多相似之处。

形状可以进行缩放、旋转、移动。

部分形状中可以添加文字，可以设置文本对齐方式，还可以设置文字的艺术字样式，包括文本填充、文本轮廓、文本效果。

形状可以设置形状样式，包括形状填充、形状轮廓、形状效果。

3．艺术字的插入与编辑

通过"插入"选项卡→"文本"组→"艺术字"按钮，打开艺术字面板，单击某种艺术字样式后，即可在页面中插入选定样式的艺术字，直接输入文字即可覆盖预设文本"请在此处放置您的文字"。

艺术字插入后，可以对其编辑形状样式、艺术字样式、排列方式、大小等属性，基本与编辑形状样式相同。

任务实现

步骤1：创建文档

① 创建文档并保存。

启动Word，单击快速访问工具栏"保存"按钮"🖫"，在"另存为"界面中选择文件存放的目录，在弹出的"另存为"对话框中，设定文件名为"邀请函"，单击"保存"按钮，如图2-1-91所示。

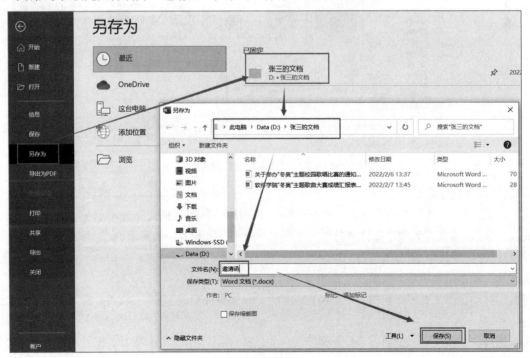

图2-1-91　另存文件

② 单击功能区"布局"选项卡→"页面设置"组→"纸张大小"下拉按钮"∨",在展开列表中选择"信纸",如图 2-1-92 所示。

步骤 2:添加深蓝色背景

(1)插入图片

① 单击功能区"插入"选项卡→"插图"组→"图片"下拉按钮"∨",选择"此设备"命令,如图 2-1-93 所示。

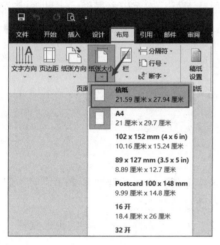

图 2-1-92 设置纸张类型　　　　　　　　图 2-1-93 插入图片

② 在弹出的"插入图片"对话框中,找到素材文件存放的路径,选择需要的素材"1 背景",单击"插入"按钮,如图 2-1-94 所示。

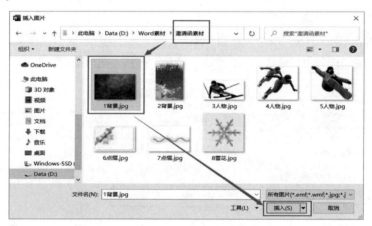

图 2-1-94 "插入图片"对话框

(2)设置图片环绕方式

图片插入到文档中,并处于选中状态,单击功能区"图片工具–图片格式"选项卡→"排列"组→"环绕文字"下拉按钮"∨",在展开列表中选择"衬于文字下方"命令,如图 2-1-95 所示。

(3)调整图片位置和尺寸

① 在图片上单击拖动图片,将图片左上角与文档左上角对齐。

② 将鼠标移动至图片右侧中间的"○"型控制点上,鼠标指针变成"⟷"状态,按下鼠标左键拖动至页面右侧边缘。

③ 将鼠标移动至图片底部中间的"○"型控制点上,鼠标指针变成"↕"状态,按下鼠标左键拖动至页面底部边缘。调整后的页面效果如图 2-1-96 所示。

图 2-1-95 设置图片环绕方式

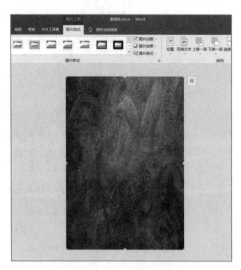
图 2-1-96 调整图片尺寸

步骤 3：添加黄色矩形框

（1）插入矩形框

① 单击功能区"插入"选项卡→"插图"组→"形状"下拉按钮"⌄"，在展开列表中选择"□"按钮，如图 2-1-97 所示。

② 此时鼠标指针变成"十"状态，在文档中按下鼠标左键拖动，绘制出一个矩形。

（2）设置矩形尺寸

拖动矩形四周"○"控制点可以调节矩形尺寸，也可以在功能区"绘图工具–形状格式"选项卡→"大小"组中精确设置矩形尺寸，此处设置矩形尺寸为高度 26.2 厘米，宽度 20 厘米，如图 2-1-98 所示。

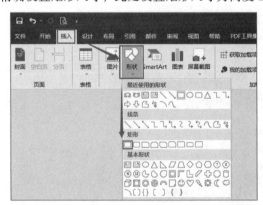

图 2-1-97 插入矩形

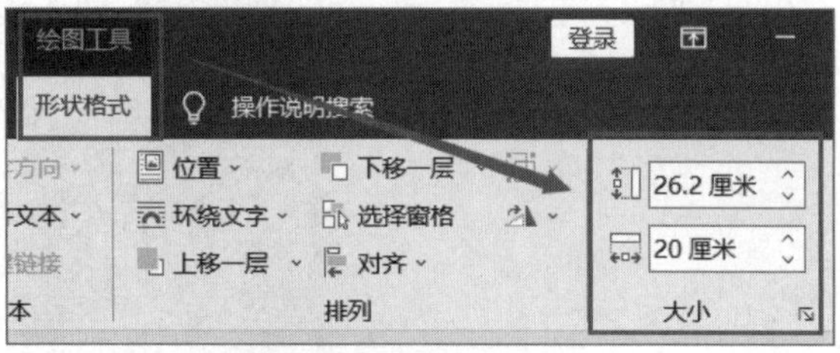

图 2-1-98 设置矩形大小

（3）设置矩形对齐方式

单击功能区"绘图工具–形状格式"选项卡→"排列"组→"对齐"下拉按钮"⌄"，在展开列表中依次单击"水平居中"和"垂直居中"命令，使得矩形框在页面中居中，如图 2-1-99 所示。

（4）设置矩形形状样式

在功能区"绘图工具–形状格式"选项卡→"形状样式"组中，单击"形状填充"下拉按钮"⌄"，在展开列表中选择"无填充"命令；单击"形状轮廓"下拉按钮"⌄"，在展开列表中依次选择颜色为标准色"橙色"、粗细为"6 磅"，如图 2-1-100 所示。

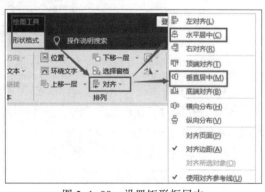

图 2-1-99 设置矩形框居中

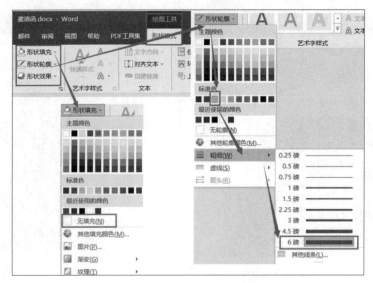

图 2-1-100　设置矩形形状样式

步骤4：添加滑雪背景图片

（1）插入图片

单击功能区"插入"选项卡→"插图"组→"图片"下拉按钮"⌄"，选择"此设备"命令，在弹出的"插入图片"对话框中，找到素材文件存放的路径，选择需要的素材"2背景"，单击"插入"按钮。

（2）修改图片环绕方式

单击图片旁边的"布局选项"按钮"▦"，在展开列表中选择"衬于文字下方"文字环绕方式，如图 2-1-101 所示。

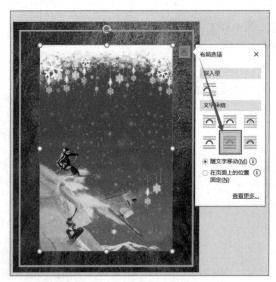

图 2-1-101　设置图片环绕方式

（3）设置图片尺寸

单击选择图片，在功能区"图片工具-图片格式"选项卡→"大小"组中，设置图片尺寸为：高度24.6厘米，宽度18.4厘米。

（4）设置图片在页面水平、垂直居中

选择图片，单击功能区"图片工具-图片格式"选项卡→"排列"组→"对齐"下拉按钮"⌄"，在展开列表中依次单击"水平居中"和"垂直居中"命令。

步骤 5：添加滑雪人物

（1）插入人物图片

单击"插入"选项卡→"插图"组→"图片"→"此设备"命令，找到素材"3 人物"，插入。

（2）调整人物图片环绕方式、大小和位置

① 单击人物素材图片旁边的"布局选项"按钮"⬚"，选择"衬于文字下方"命令。

② 在功能区"图片工具–图片格式"选项卡→"大小"组中，设置图片尺寸为：高度 7.8 厘米，宽度 15.6 厘米。

③ 拖动人物素材图片至页面左下角合适位置，也可以通过"布局"对话框精确设置：单击功能区"图片工具–图片格式"选项卡→"排列"组→"位置"下拉按钮"⬇"，在展开列表中选择"其他布局选项"命令，在打开的"布局"对话框中，设置：水平组"绝对位置"为"-1.65 厘米"，垂直组"绝对位置"为"17.35"厘米，如图 2-1-102 所示。

图 2-1-102　设置图片位置

（3）设置图片背景透明

单击功能区"图片工具–图片格式"选项卡→"调整"组→"颜色"下拉按钮"⬇"，在展开面板中选择"设置透明色"命令，如图 2-1-103 所示。再将鼠标移至文档中，鼠标指针变成"✎"状态，单击图片白色背景的任意位置处，背景即设置为透明。

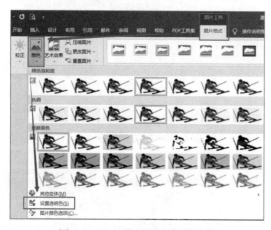

图 2-1-103　设置图片背景透明

图 2-1-104　文档效果

（4）插入其他两个人物图片

按照上面（1）（2）（3）步骤，继续插入素材文件中的"4 人物"、"5 人物"素材。设置图片环绕方式为"衬于文字下方";将素材"4 人物"放置于页面右下角合适位置处,将素材"5 人物"放置于页面左上角合适位置处,并适当调整大小。此时页面效果如图 2-1-104 所示。

步骤 6:添加半透明矩形背景

(1)插入圆角矩形框

① 单击功能区"插入"选项卡→"插图"组→"形状"下拉按钮"⌄",在展开列表中选择圆角矩形工具"▢",如图 2-1-105 所示。

② 在文档中按下鼠标左键拖动,绘制出一个圆角矩形。

(2)设置圆角矩形尺寸

在功能区"绘图工具–形状格式"选项卡→"大小"组中设置矩形尺寸为:高度 22 厘米,宽度 17 厘米。

(3)设置圆角矩形对齐方式

① 设置矩形相对页面水平居中。单击功能区"绘图工具-形状格式"选项卡→"排列"组→"对齐"下拉按钮"⌄",在展开列表中单击"水平居中"命令。

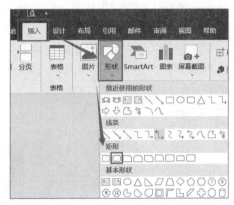

图 2-1-105 选择圆角矩形工具

② 参考页面效果,适当调整矩形的垂直位置,使整体效果更美观。

(4)设置圆角矩形的形状样式

① 设置圆角矩形的形状填充为白色、透明度为 25%。

在功能区"绘图工具–形状格式"选项卡→"形状样式"组中:单击"形状填充"下拉按钮"⌄",在展开列表中选择"其他填充颜色"命令,弹出"颜色"对话框,设置颜色为白色(#FFFFFF),透明度为 25%,如图 2-1-106 所示。

② 设置圆角矩形无轮廓。

单击"形状轮廓"下拉按钮"⌄",在展开列表中选择"无轮廓"命令。

③ 设置圆角矩形形状效果为"柔化边缘""25 磅"。

单击"形状效果"下拉按钮"⌄",在展开列表中选择"柔化边缘"命令"25 磅",如图 2-1-107 所示。

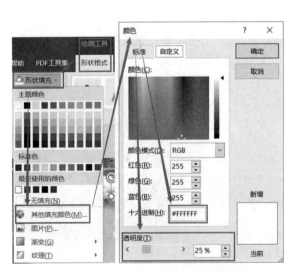

图 2-1-106 填充带透明度的背景色

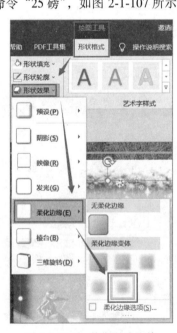

图 2-1-107 柔化图片边缘

步骤7：添加点缀丝带

（1）插入蝴蝶结图片

单击"插入"选项卡→"插图"组→"图片"→"此设备"命令，找到素材"6 点缀"，插入。

（2）调整蝴蝶结图片环绕方式

单击蝴蝶结图片旁边的"布局选项"按钮"⌷"，选择"浮于文字上方"命令，如图 2-1-108 所示。

（3）裁剪蝴蝶结图片

① 在功能区"图片工具–图片格式"选项卡→"大小"组中，单击"裁剪"下拉按钮"⌄"，在展开列表中选择"裁剪"命令，如图 2-1-109 所示。

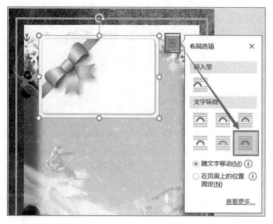

图 2-1-108　设置蝴蝶结环绕方式

图 2-1-109　"裁剪"命令

② 此时图片四周出现裁剪控制框线，如图 2-1-110 所示，依次将鼠标移至四周各条控制框线上，按下鼠标左键拖动至要保留的位置。

③ 设置完成后，再次单击功能区"图片工具–图片格式"选项卡→"大小"组→"裁剪"按钮，完成裁剪。

（4）调整蝴蝶结图片位置和背景透明

拖动蝴蝶结图片到页面左上角处，再参考前面设置滑雪人物的方式，设置图片背景透明。

（5）添加丝带图片

① 参考插入蝴蝶结图片步骤，插入素材图片"7 点缀"，设置图片环绕方式为"浮于文字上方"，设置图片背景透明。

② 将鼠标移至图片上面的旋转按钮"⟳"处，按下鼠标左键拖动，使图片旋转到适当的位置，如图 2-1-111 所示。

图 2-1-110　裁剪蝴蝶结图片

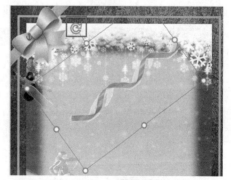

图 2-1-111　旋转丝带图片

③ 将丝带图片拖动到页面右下角合适位置处，适当调整大小。

步骤8：添加文字"2022年校园歌曲大赛"

（1）插入艺术字

① 在"插入"选项卡→"文本"组中，单击"艺术字"下拉按钮" "，在展开的列表中选择一种白色填充橙色边框的艺术字样式，如图2-1-112所示。

② 此时在页面中出现一个文字框，如图2-1-113所示。

③ 直接输入文字"2022年校园歌曲大赛"，原来框中提示文字"请在此放置您的文字"即会被覆盖。

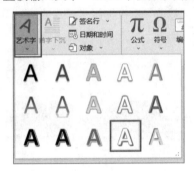

图2-1-112　选择艺术字样式

图2-1-113　插入艺术字

（2）设置艺术字字体样式

① 选择文字框，在功能区"开始"选项卡，设置字体为"方正姚体"，字号为"36"。

② 单击"开始"→"字体"组对话框启动器按钮" "，打开"字体"对话框，设置字符间距为"加宽"、"5磅"，如图2-1-114所示。

③ 调整艺术字框在页面中水平居中。

步骤9：添加文字"邀请函"

（1）插入艺术字

① 参考"步骤8"，插入白色填充橙色边框的艺术字，直接输入文字"邀请函"。

② 将艺术字框拖动到页面合适的垂直位置处，再设置其在页面中水平居中。

（2）设置艺术字字体、字号

选择艺术字框，在"开始"选项卡，设置字体为"方正姚体"，字号为"110"。

（3）设置艺术字样式

① 设置文本填充为蓝紫色（#5414B2）。

选择艺术字框，单击功能区"绘图工具–形状格式"→"文本填充"→"其他颜色填充"命令，在打开的"颜色"对话框中，选择"自定义"选项卡，设置颜色为蓝紫色（#5414B2），如图2-1-115所示。

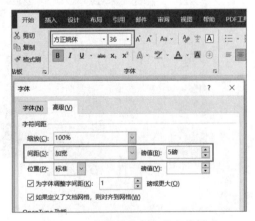

图2-1-114　设置艺术字的字体样式

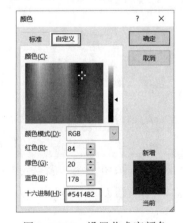

图2-1-115　设置艺术字颜色

② 设置文本轮廓为"蓝色，个性 5，淡色 80%"、粗细为 1.5 磅。

选择艺术字框，单击功能区"绘图工具–形状格式"→"文本轮廓"下拉按钮"⌄"，在打开的"颜色"对话框中，选择"蓝色，个性 5，淡色 80%"，粗细为"1.5 磅"，如图 2-1-116 所示。

③ 设置文本效果为浅蓝色发光。

选择艺术字框，单击功能区"绘图工具–形状格式"→"文本效果"下拉按钮"⌄"，在打开列表中选择"发光"→"其他发光颜色"→"浅蓝"，如图 2-1-117 所示。

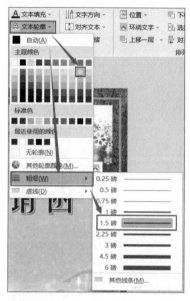
图 2-1-116　设置轮廓颜色和粗细

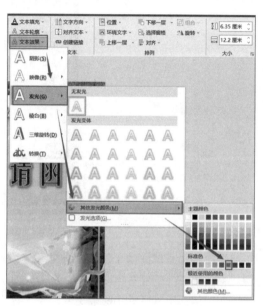
图 2-1-117　设置发光效果

步骤 10：添加文字"魅力冬奥 逐梦冰雪"

（1）插入艺术字

参考"步骤 08"，插入白色填充橙色边框的艺术字，直接输入文字"魅力冬奥 逐梦冰雪"。拖动艺术字框到合适的高度位置处，再设置其在页面中水平居中。

（2）设置艺术字字体、字号

选择艺术字框，在"开始"选项卡，设置字体为"方正姚体"，字号为 26，字间距"加宽""5 磅"。

（3）设置艺术字样式

选择艺术字框，在功能区"绘图工具–形状格式"选项卡中，设置"文本填充"为"白色"、"文本轮廓"为"蓝色"，"轮廓粗细"为"1 磅"。

（4）其他调整

在文字"魅力冬奥"和"逐梦冰雪"中间插入一些空格，使得文字框宽度比上面的"邀请函"文字框稍微超出一些，再适当调整"邀请函"文字和"魅力冬奥 逐梦冰雪"文字的上下位置，使得页面更美观一些，如图 2-1-118 所示。

步骤 11：添加文本框

（1）插入文本框

① 在功能区"插入"选项卡→"形状"下拉面板→"基本形状"中，找到文本框形状"▭"并单击。

② 将鼠标移至页面中，拖动鼠标，绘制一个矩形框。

③ 找到素材文件夹中的文字素材，复制粘贴到文本框中。

（2）编辑文本框文字样式

① 选中除了最后两行以外的文字，在"开始"选项卡，设置字体为"华文中宋"，字号为"15"。

② 选中最后两行文字，设置字体为"华文中宋"，字号为"12"。

③ 设置文本框全部文字颜色为蓝紫色（#7030A0）。
④ 选中第一行"某某某"文字，设置字体为"华文行楷"，字号为"22"。
⑤ 分别选中最后两行冒号后的内容，在"开始"选项卡"字体"组中设置加粗。

图 2-1-118　文档效果

（3）编辑文本框段落样式

选中"感谢您……邀请您参加"两个段落，单击"开始"选项卡→"段落"组对话框启动器按钮"🔽"，在打开的"段落"对话框中，设置特殊格式为"首行缩进""2 字符"。

（4）编辑文本框形状样式

选择文本框，在功能区"绘图工具–形状格式"选项卡→"形状样式"组中，设置"形状填充"为"无填充"、"形状轮廓"为"无轮廓"。适当调整文本框尺寸和位置，使页面更美观。

步骤 12：添加雪花图片

① 插入雪花图片。单击"插入"选项卡→"插图"组→"图片"下拉按钮→"此设备"命令，在弹出的对话框中找到素材"8 雪花"，单击"插入"按钮。
② 设置雪花图片环绕方式为"浮于文字上方"。
③ 设置雪花图片背景为透明。
④ 适当调整雪花图片尺寸。
⑤ 按住【Ctrl】键的同时拖动雪花图片，可以复制出一个新的图片，按此方法，复制多个雪花图片，点缀到页面不同位置，可以设置不同的尺寸、旋转、环绕方式。

至此，图 2-1-89 所示效果的邀请函任务就制作完成了。

任务 4　批量制作大赛邀请函

视频
批量制作
大赛邀请函

📞**任务描述**

邀请函是邀请亲朋好友或知名人士、专家等参加某项活动时所发的请约性书信。它是现实生活中常用的一种应用写作文种。在国际交往以及日常的各种社交活动中，这类书信使用广泛。邀请函的主体内容一般由标题、称谓、正文、落款等组成。

任务要求：某校举办的"冬奥"主题歌曲大赛得到了一些企业的热情赞助，为表示感谢，相关部门将向这些赞助企业的负责人发送邀请函。这些邀请函将通过已经制作好的邀请函模板来批量生成。任务实现效果如图 2-1-119 所示，本任务即是要完成这样一批邀请函的批量生成。

图 2-1-119 "批量制作大赛邀请函"效果

任务分析

要使用 Word 2016 完成"批量制作大赛邀请函"的工作，首先需要准备好数据源，然后使用邀请函文档编辑得到邮件合并主文档，再连接数据源，插入合并域、规则，最后预览结果、合并文档。本任务实现思路如图 2-1-120 所示。

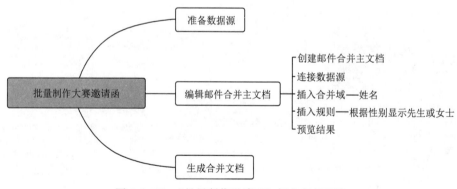

图 2-1-120 "批量制作邀请函"任务实现思路

本任务包含的主要内容：
① 确定邮件合并数据源并连接。
② 编辑邮件合并主文档，包括插入合并域、插入规则。
③ 生成合并结果文档。

相关知识

1. 邮件合并

"邮件合并"需要一个主文档，该文档包含的是不变的内容，起到模板的作用。通过读取数据源中的数据与主文档合并，产生和数据相关的新文档。数据的来源可以是 Excel、Word 以及 Access 等类型文件。

2．数据源

数据源（Data Source）是提供某种其他对象所需要数据的器件或原始媒体，即数据的来源。邮件合并可以直接使用 Excel、Word 及 Access 文件作为数据源。当使用 Word 作为数据源时，最好只包含一个表格元素，否则会导致数据加载错误。使用 Excel 作为数据源时，连接时需要指定连接哪一个工作表（Sheet）。

任务实现

步骤 1：查看数据源

在素材文件夹中，找到"企业贵宾名单.docx"文件。打开该文档，可以看到该文档中已经包含了图 2-1-121 所示的数据。关闭该文档，将该素材文件复制到自己的文件夹下（张三的文档）。

序号	姓名	性别	公司
1	张振国	男	数信科技集团
2	马青梅	女	荣威速配有效公司
3	李安邦	男	安能网络有限公司
4	华雨菲	女	惠达传媒有限公司
5	董郝哲	男	腾达汽配集团
6	赵泉	男	徽京制造集团
7	房珂珂	女	岭南科技有限公司
8	吴凤君	女	美达人制衣集团

图 2-1-121　企业贵宾名单.docx

步骤 2：创建邮件合并主文档

启动 Word，打开前一个任务制作的"邀请函"文档，另存为"邀请函邮件合并主文档"。

步骤 3：连接数据源

① 单击功能区"邮件"选项卡→"开始邮件合并"组→"选择收件人"下拉按钮"∨"，在展开的列表中选择"使用现有列表"命令，如图 2-1-122 所示。

② 此时会弹出"选取数据源"的对话框，如图 2-1-123 所示。将目录定位到自己的文件夹中，找到之前复制的"企业贵宾名单.docx"文件，选择该文件，单击"打开"按钮。

图 2-1-122　选择收件人

图 2-1-123　选取数据源

步骤 4：插入姓名域

将光标定位到邀请函文本框的"某某某"位置处，单击功能区"邮件"选项卡→"编写和插入域"组→"插入合并域"按钮→"姓名"命令，如图 2-1-124 所示。此时在光标位置会出现《姓名》样式的文本，删除多余的"某某某"文字。此时文档效果如图 2-1-125 所示。

步骤 5：按照性别，在姓名后插入"先生"或"女士"

① 将光标定位于邀请函文本框《姓名》后面，删除原来的"先生"文字。

② 单击功能区"邮件"选项卡→"编写和插入域"组→"规则"按钮→"如果……那么……否则"命令，如图 2-1-126 所示。

③ 此时弹出"插入 Word 域：如果"对话框，如图 2-1-127 所示，参考图示效果设置各个选项。

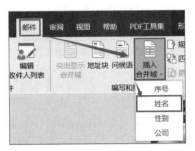

图 2-1-124　插入"姓名"合并域

图 2-1-125　文档效果

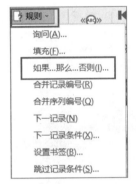

图 2-1-126　"规则"下拉框

图 2-1-127　"插入 Word 域：如果"对话框

步骤 6：预览结果

① 单击"邮件"选项卡中的"预览结果"按钮，使其变为选中状态，如图 2-1-128 所示。

图 2-1-128　"预览结果"按钮

② 此时，文档中原来放置的域名都会被数据源中的实际数据代替，如图 2-1-129 所示。通过数据导航按钮"　　　"，可以浏览数据。

图 2-1-129　数据预览效果

步骤 7：生成合并文档

① 单击"邮件"选项卡最右侧的"完成并合并"下拉按钮，选择"编辑单个文档"命令，如图 2-1-130 所示。此时会弹出"合并到新文档"对话框，如图 2-1-131 所示。在这里可以设置最终导出的记录，选择"全部"单选按钮，单击"确定"按钮。

图 2-1-130　"编辑单个文档"命令

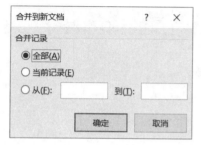

图 2-1-131　"合并到新文档"对话框

② 这时会生成一个新的 Word 文档，默认名称是"信函1"，每一页都包含一份邀请函，如图 2-1-132 所示。

图 2-1-132　合并文档效果

③ 单击快速访问工具栏的"保存"按钮，将该文档保存到自己的文件夹中，命名为"邀请函合集"。

④ 关闭"邀请函合集"文档，回到"邀请函邮件合并主文档"，单击"保存"按钮后关闭。

至此，图 2-1-119 所示的批量制作大赛邀请函任务就编辑完成了。

任务 5　排版员工手册

视频
排版员工手册

任务描述

员工手册是企业内部的人事制度管理规范，同时又涵盖企业的各个方面，承载传播企业形象、企业文化功能，是企业有效的管理工具，是员工的行动指南；同时也非常有助于新进员工快速了解公司制度、企业文化以及各种手续办理流程。

任务要求：某公司人力资源管理部门需要编辑排版一份员工手册，其最终效果如图 2-1-133 所示。本任务即是要编辑排版这样一份员工手册。

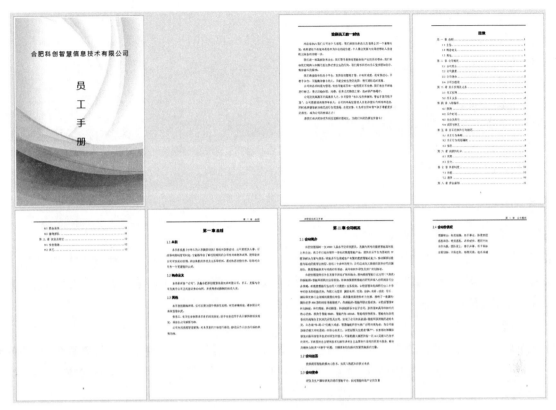

图 2-1-133 "员工手册"效果

任务分析

要完成员工手册的编辑任务,首先需要在 Word 本身提供的正文样式、标题样式的基础上修改得到自己需要的样式效果并应用;然后编辑多级列表,便于统一设置标题格式以及后期增删章节;之后就可以按照大纲级别生成目录;最后将全文分成三个节,分别设置各节不同的页眉页脚效果。本任务实现思路如图 2-1-134 所示。

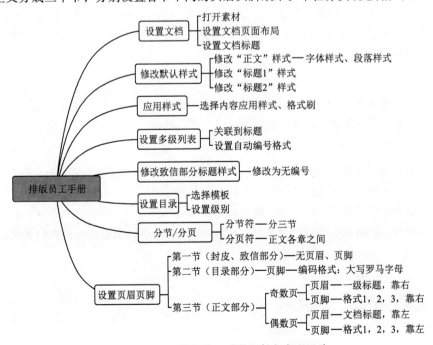

图 2-1-134 "排版员工手册"任务实现思路

本任务包含的主要内容：
① 修改样式、应用样式。
② 编辑多级列表。
③ 生成目录。
④ 创建分节/分页。
⑤ 设置各节不同页眉、页脚效果。
⑥ 设置奇偶页不同的页眉、页脚效果。
⑦ 文档部件的设置与应用。

相关知识

1. 样式的编辑与应用

Word 中默认包含了多种样式效果。在编辑文档时，可以给选定的对象套用默认的样式效果。如果默认的样式效果不能满足用户需求，用户可以对某个比较接近的样式效果进行修改，也可以基于某个样式效果自定义新的样式效果，最后应用样式。

2. 多级列表

多级列表提供了多层级的自动编号功能。使用多级列表编辑长文档的章节，便于统一设置或修改全篇的编号样式，还可以避免用户在增删章节后手动修改全部章节编号问题。多级列表使用时一般是与标题样式、大纲级别关联。

3. 分节和分页

在长文档排版中，为了便于设置一些独立的页眉页脚效果或是独立的页码编号等情况，常常需要将文档分为几个小节。例如，一般论文的正文和目录部分会是两个不同的节，便于分配不同的页码编号。分节的方法是在需要分隔的位置插入"分节符"。

分页符用于将分页符号后的内容从下一页开始。例如，论文、书籍的新章节一般是从新的一页开始，该效果即可通过在前一章节末尾插入"分页符"实现。

4. 页眉和页脚

页眉和页脚常常用于设置额外的备注信息，如作者、公司、时间、标题、页码等信息，信息可以直接输入，也可以引入域。比较简单的设置是通篇设置一样的页眉和页脚，比较复杂的是将全篇分为多个节，不同的节设置样式各异的页眉和页脚效果。

5. 域

域是 Word 本身提供的包含某些特定内容的代码，可能是指定文档的标题，也可能是自动计算的页码。域的优点是可以实现一些自动更新，如使用域插入的页码，在增删页面后，页码都会自动变化。

6. 目录

长文档排版后一般都要制作目录，以便于阅读者清楚文档结构或是方便地查找到某一部分内容。使用 Word 可以很方便地生成目录，一般是先在文档中设置一些标题，然后再应用 Word 生成目录命令，就可以根据选定的目录模板以及标题级别来生成目录了。目录中一般包含标题名称和页码。

目录生成后，如果对文档再次进行编辑，一般要对目录做更新处理，该操作可以自动更新标题名称及页码。

任务实现

步骤1：设置文档页面布局、文档信息

（1）打开素材

在素材文件夹中，找到素材文件"员工手册"，使用 Word 将其打开。

（2）设置文档页面布局

单击功能区"布局"→"页面设置"组对话框启动器按钮" "，打开"页面设置"对话框，如图 2-1-135 所示，设置上下页边距为"2.5 厘米"、左右页边距为"3 厘米"；纸张为"A4"。

（3）设置文档标题

单击功能区"文件"按钮→"信息"命令，如图 2-1-136 所示，在窗口右侧找到标题，设置标题为"合肥科创员工手册"。再单击界面左上角的"返回"按钮" "回到文档编辑。

图 2-1-135　页面设置

图 2-1-136　设置文档标题

步骤 2：修改默认样式设置

Word 中提供了许多默认样式，可以直接使用，也可以根据需要修改后再使用。本任务要对默认的部分样式进行修改。

（1）修改"正文"样式

① 打开"修改样式"对话框。

单击功能区"开始"选项卡→"样式"组对话框启动器按钮" "，打开"样式"窗格，将鼠标移至"正文"样式上，此时该样式选项后面出现" "按钮，单击该按钮，在展开列表中选择"修改"命令，如图 2-1-137 所示。此时打开了图 2-1-138 所示的"修改样式"对话框。

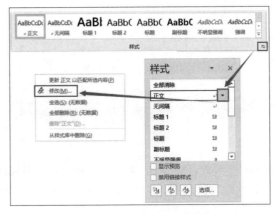

图 2-1-137　"样式"窗格

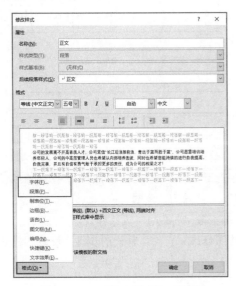

图 2-1-138　"修改样式"对话框

② 修改"正文"字体样式。

在"修改样式"对话框中,单击"格式"按钮,在展开列表中选择"字体"命令,打开"字体"对话框,设置中文字体为"宋体",西文字体为"Times New Roman",字号为"小四",再单击"确定"按钮,如图2-1-139所示。

图 2-1-139　设置字体样式　　　　　　　　图 2-1-140　设置段落样式

③ 修改"正文"段落样式。

继续在"修改样式"对话框中,单击"格式"按钮,在展开列表中选择"段落"命令,打开"段落"对话框,设置段落格式为"首行"缩进"2字符"、行距为"1.5倍行距",如图2-1-140所示。

（2）修改"标题1"样式

① 打开"修改样式"对话框。

打开"修改样式"对话框还可以这样操作:直接在功能区"开始"选项卡→"样式"组的预设样式中,找到"标题1",在该样式上右击,在打开的右键菜单中选择"修改"命令,如图2-1-141所示。

图 2-1-141　修改"标题1"

② 修改"标题1"字体样式。

在打开的"修改样式"对话中,仿照修改"正文"样式的步骤,修改"标题1"的字体为"黑体"、字形为"加粗"、字号为"三号"。

③ 修改"标题1"段落样式。

仿照修改"正文"样式的步骤,修改"标题1"的段落样式为:"对齐方式"为"居中",保持"大纲级别"为"1级","特殊"格式为"无","段前"为"0.5行","段后"为"1行","单倍行距",如图2-1-142所示。

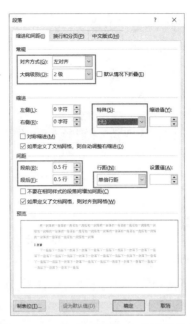

图 2-1-142　修改"标题 1"的段落样式　　　　图 2-1-143　修改"标题 2"的段落样式

（3）修改"标题 2"样式

① 仿照前文，修改"标题 2"的字体样式为："黑体"、"加粗"、"四号"。

② 修改"标题 2"的段落样式为："左对齐"、保持"大纲级别"为"2 级"、"特殊"格式为"无"、段前段后距均为"0.5 行"、"单倍行距"，如图 2-1-143 所示。

> **注意**
>
> 如果还要修改"标题 3"、"标题 4"的样式你会吗？
>
> 修改方法当然是和前面修改"正文"、"标题 1"、"标题 2"是一样的。但是此时，你可能会发现，在预设的样式列表中找不到"标题 3"、"标题 4"。因为样式列表中默认"显示的样式"是"推荐的样式"，而非"所有样式"。
>
> 要看到所有样式，需要打开"样式"窗格，单击右下角的"选项"按钮，在打开的"样式窗格选项"窗口中，选择要显示的样式为"所有样式"，如图 2-1-144 所示。

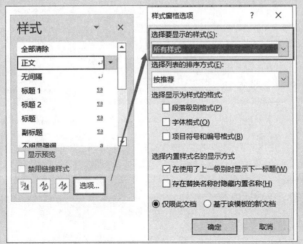

图 2-1-144　修改默认显示的样式

步骤3：应用修改后的样式

（1）为全文应用"正文"样式

按【Ctrl+A】组合键选择全文，单击"开始"→"样式"组中"正文"样式，即可将"正文"样式应用到全文，如图2-1-145所示。

图2-1-145　选择应用"正文"样式

（2）为全文一级标题应用修改过的"标题1"样式

① 将鼠标指针移至"致新员工的一封信"所在行左侧，鼠标指针变成"⇗"，单击选择该段落，单击"开始"→"样式"组中"标题1"，将"标题1"样式应用到该段落上。

② 选择其他一级标题，应用"标题1"样式。可以采用下面两种方法之一：

方法一：依次先选择各个一级标题，再单击"标题1"样式。

方法二：选择"致新员工的一封信"所在段落，双击选择"开始"→"剪贴板"组→"格式刷"按钮"🖌"，再依次单击各个一级标题所在行。全部设置完后，再单击"格式刷"按钮"🖌"，即可取消格式刷的样式复制。

（3）为全文二级标题应用修改过的"标题2"样式

仿照步骤（2），为全文所有的二级标题应用"标题2"的样式。一级标题和二级标题内容可以参考图2-1-146。样式应用完成后的第一页效果如图2-1-147所示。

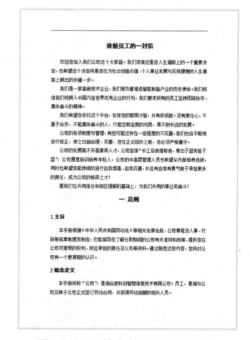

图2-1-146　一级标题和二级标题内容　　　　图2-1-147　样式应用后的页面效果

> **技巧与提示**
>
> 默认的标题样式都是设定了大纲级别的，有了大纲级别，就可以很方便地通过大纲视图查看全文结构；也可以在页面视图中显示导航窗格，通过导航窗格可以快速定位到某部分进行查阅、修改；还可以自动生成目录。这些都是长文档排版中最常使用的基本技巧。

步骤4：利用大纲查看文档

（1）使用大纲视图查看文档

① 单击功能区"视图"选项卡→"视图"组中的"大纲"按钮，如图2-1-148所示。

图2-1-148 "大纲"按钮

② 此时文档呈现为大纲显示模式，同时功能区增加"大纲显示"选项卡，如图2-1-149所示。

③ 单击"大纲显示"选项卡上的"显示级别"后面的按钮"▼"，在展开列表中，选择1级时，可见文档中只呈现大纲级别为一级的内容；选择2级时，可见文档中只呈现大纲级别为一级、二级的内容，依此类推，如图2-1-150所示。

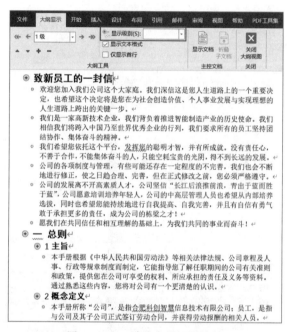

图2-1-149 默认大纲视图效果

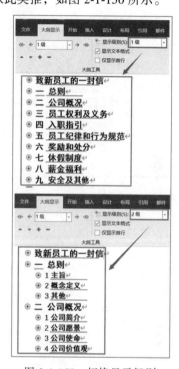

图2-1-150 切换显示级别

④ 单击"大纲显示"选项卡→"关闭"组的"关闭大纲视图"按钮，可以关闭大纲视图，回到默认的页面视图。

（2）使用"导航"窗格查看文档

在功能区"视图"选项卡→"显示"组，勾选"导航窗格"复选框，如图2-1-151所示，即可在窗口左侧展现"导航"窗格；使用鼠标任意单击某个标题，右侧文档区域就会快速定位到该标题对应位置，这种视图非常便于在排版长文档时快速定位到某个位置进行查阅、修改。

步骤5：将多级列表关联到标题上

> **注意**
>
> 多级列表提供多层级的自动编号功能，便于统一设置或修改全篇的编号样式，也便于用户在后期增删章节时自动修改全篇编号，是文档排版中经常使用的技巧。

（1）打开"多级列表"窗格

① 将光标定位于"致新员工的一封信"所在段落。单击功能区"开始"选项卡→"段落"组→"多级列表"按钮" "，打开图2-1-152所示窗口，选择"定义新的多级列表"命令。

② 打开"定义新多级列表"对话框，如图 2-1-153 所示。

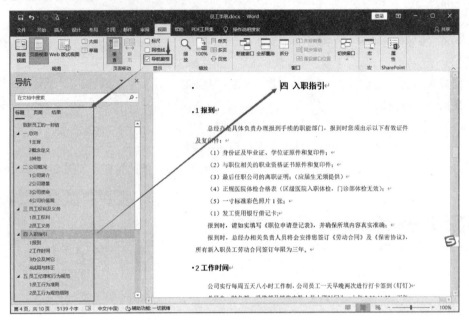

图 2-1-151　使用"导航"窗格

图 2-1-152　"多级列表"窗格

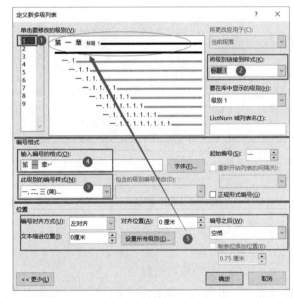

图 2-1-153　将级别 1 关联到标题 1

如果打开的对话框中没有图 2-1-153 所示的右侧部分，则单击对话框左下角的"更多(M)>>"按钮，即可展开右侧窗格，同时按钮变为"<<更少(L)"。

（2）将多级列表的级别 1 关联到标题 1

"定义新多级列表"对话框自上而下大致包含三个区域。请参考图 2-1-153 标注的顺序设置级别 1：

① 在上部窗格中，先在"单击要修改的级别"处选择"1"，再在"将级别链接到样式"中选择"标题 1"。

② 在中部"编号格式"区域：在"此级别的编号样式"中选择"一，二，三（简）…"；此时在"输入编号的格式"中将出现"一"，在"一"前后分别输入"第"、"章"，也可以再在"一"前后各输入一个空格，此格式将成为每个一级标题的共同格式。

③ 在下部的"位置"区域：参考图示效果，修改每个属性值。如果不理解属性值，可以尝试设置不同值，并查看上部窗格中间的示例效果。

④ 经过设置，文档中所有应用过"标题1"样式的内容，都会被识别为一级列表，从第一个开始，自动编号，并套用指定的编号格式"第 一 章"、"第 二 章"、"第 三 章"……，效果如图 2-1-154 所示。

（3）将多级列表的级别 2 关联到标题 2

仿照级别 1 关联标题 1 的方法，参考图 2-1-155 标注的顺序，将级别 2 关联到标题 2。

① 在上部窗格中，先在"单击要修改的级别"处选择"2"，再在"将级别链接到样式"中选择"标题2"。

② 在中部"编号格式"区域：在"此级别的编号样式"中选择"1，2，3，…"；此时在"输入编号的格式"中将出现"一.1"，勾选"正规形式编号"复选框后，此处会变成"1.1"。图中标注的❻区域一般为默认值，表示二级标题编号将从 1 开始，每次遇到新的级别 1 会重新开始编号。

③ 在下部的"位置"区域：参考图示效果，修改每个属性值。

图 2-1-154 关联"标题1"后文档效果

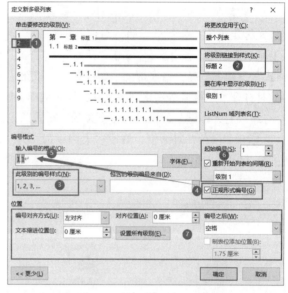
图 2-1-155 将级别 2 关联到标题 2

④ 设置完成后，单击"确定"按钮，此时文档效果如图 2-1-156 所示。

图 2-1-156 应用了多级列表的文档效果

步骤 6：去除不需要参与编号的标题样式以及多余的编号

（1）此时文档效果分析

从图 2-1-156 可以看出，此时文档有两个明显的问题：

① 此时的"致新员工的一封信"标题样式，被自动设置了序号"第一章"，但从逻辑含义方面考虑，此标题并不需要被纳入章节编号中，因此可以将其样式设置为不包含编号的标题样式；如果该标题不需要出现在目录中，还需要在其样式中取消大纲级别的设定。

② 由于有了自动编号，原来文档中手动输入的序号就多余了，可以将其删除。实际应用中，可以在创建空文档之后，先定义标题样式，再关联多级列表，最后在录入内容的同时，按需设置标题样式，自然就不需要手动录入标题编号了。

（2）为"致新员工的一封信"段落创建新样式

① 将光标定位于"致新员工的一封信"段落中，此时"样式"组的预设样式窗格中的"标题 1"会处于选中状态，单击"开始"→"样式"组对话框启动器按钮" "，打开"样式"窗格，选择窗格底部的"新建样式"按钮" "，如图 2-1-157 所示。

② 此时打开了"根据格式化创建新样式"对话框，如图 2-1-158 所示。修改名称为"不参与编号的大标题"，再单击左下角的"格式"按钮，在展开列表中选择"段落"命令，打开"段落"对话框，修改"大纲级别"为"正文文本"，如图 2-1-159 所示。

图 2-1-157 "样式"窗格

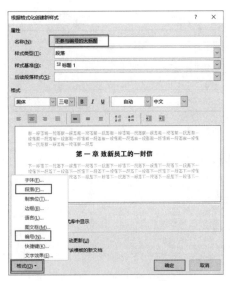

图 2-1-158 编辑新样式

图 2-1-159 修改段落的大纲级别

③ 再次单击"根据格式化创建新样式"对话框中的"格式"按钮，选择"编号"命令，打开图 2-1-160 所示的"编号和项目符号"对话框，选择"无"，单击"确定"按钮。设置完成后的文档效果如图 2-1-161 所示。

（3）去除多余的编号

依次选择原来文档中所有手动书写的标题编号"一、二、三……"和"1、2、3……"，将其删掉，修改前后的对比效果如图 2-1-162 所示。

步骤 7：设置目录

（1）插入目录

① 将鼠标移至"第一章 总则"前面单击，此时光标会在"第一章"和"总则"之间闪烁。

② 单击功能区"引用"→"目录"组→"目录"按钮，在下拉窗口中单击"自定义目录"命令，如图 2-1-163 所示。

③ 在打开的"目录"对话框中，参考图示效果，设置"目录"对话框中"格式"为"来自模板"，显示级别为"2"，最后单击"确定"按钮，如图 2-1-164 所示。此时文档中已经生成了目录。

图 2-1-160　设置无编号

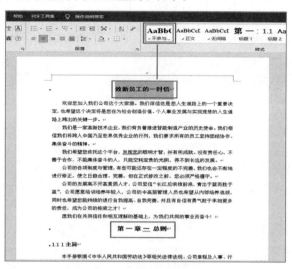

图 2-1-161　此时文档效果

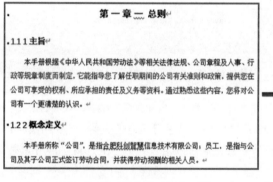

图 2-1-162　修改前后对比

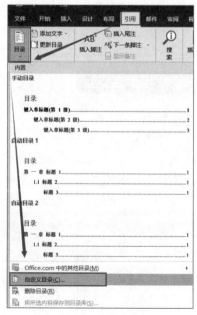

图 2-1-163　"目录"窗格

图 2-1-164　"目录"对话框

（2）在目录前面插入标题文字

① 将光标置于"致新员工的一封信"最后一个段落的后面，按【Enter】键插入一个新段落，输入文字"目录"。

② 选中"目录"文字，在功能区"开始"选项卡中，设置字体样式为"黑体"、"三号"、"加粗"；段落样式为"居中"。设置完成后的目录效果如图 2-1-165 所示。

图 2-1-165　目录效果

步骤 8：将文档分成三节

因为后续要给正文部分添加数字编号的页码，要给目录部分添加罗马字母编号的页码，还要给文档添加封皮，且封皮页和致信页均不设置页码，所以需要将文档分成三节：封皮和和致信页为第一节，目录部分为第二节，其余正文部分为第三节。

（1）在致信页和目录页之间插入分节符（下一页）

将光标定位于致信页的最后一个空段落上，按两次【Enter】键，插入两个空段落；再将光标置于第二个空段落上，单击功能区"布局"选项卡→"页面设置"组→"分隔符"按钮，在展开的窗格中选择"分节符"组中的"下一页"命令，如图 2-1-166 所示。此时致信页最后会出现"————分节符(下一页)————"标记。

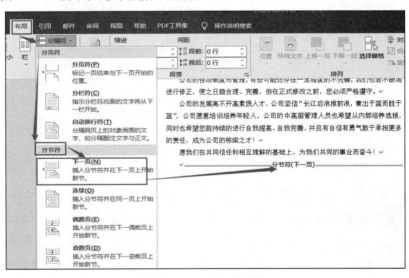

图 2-1-166　插入分节符

（2）在目录页和正文内容之间插入分节符（下一页）

将光标定位于目录页的最后一行结尾，按两次【Enter】键，插入两个空段落；再将光标置于第二个空段落上，单击功能区"布局"选项卡→"页面设置"组→"分隔符"按钮→"分节符"组中的"下一页"命令。

此时文档已经被分成了三节。上述步骤中插入空段落的目的是方便读者看清分节符标记。现在还需要选中"目录"标题前面的空段落和"第一章 总则"标题前面的空段落，将其删除。

步骤9：给文档分页并添加封皮页

（1）插入封皮页，并在封皮页和致信页之间添加分页符

① 将光标定位于致信部分的标题前面，按三次【Enter】键插入三个空段落，此时这些空段落会自动采用与"目录"标题一样的样式，选中这些段落，在功能区"开始"选项卡→"样式"组，单击"预设样式"窗格右下角的"其他"按钮" "，展开预设窗格，选择"清除格式"命令，如图2-1-167所示。

② 将光标置于最后一个段落标记处，单击功能区"布局"选项卡→"页面设置"组→"分隔符"按钮→"分页符"组中的"分页符"命令，如图2-1-168所示。

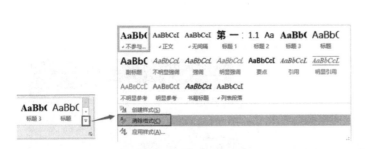

图2-1-167 选择清除格式命令

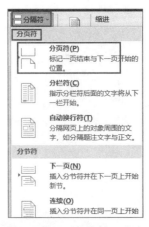

图2-1-168 "分页符"命令

③ 此时在致信页前面添加了一个空白页。仿照图2-1-169所示，在空白页制作一个简单的封皮：包含一幅图片，图片设置为衬于文字下方；包含一个横排文本框，字体是"微软雅黑""一号"；包含一个竖排文本框，字体是"微软雅黑""小初"；适当调整文本框字符间距。

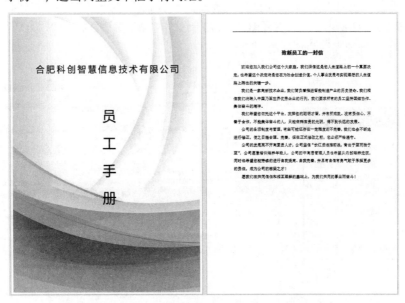

图2-1-169 添加封皮

（2）在正文内容各章之间插入分页符

仿照步骤（1），在正文各章的结束处，插入分页符。

步骤10：给正文部分定义奇偶页不同的页眉、页脚

（1）编辑页眉

将光标定位于正文部分的任意位置处，单击功能区"插入"选项卡→"页眉和页脚"组的"页眉"按钮，在下拉面板中选择"编辑页眉"命令，如图2-1-170所示。

（2）设置奇偶页不同

此时光标会在页眉处闪烁，功能区会增加一个"页眉和页脚工具–页眉和页脚"选项卡。取消该选项卡中"链接到前一节"的选择状态，勾选"奇偶页不同"复选框，如图2-1-171所示。

图2-1-170　插入页眉

图2-1-171　"页眉和页脚工具"选项卡

（3）为正文奇数页插入靠右侧的、内容为本页一级标题的页眉

① 单击功能区"页眉和页脚工具–页眉和页脚"选项卡→"插入"组→"文档部件"按钮，在其展开列表中选择"域"命令，如图2-1-172所示。此时打开图2-1-173所示的"域"对话框，设置"类别"为"链接和引用"，"域名"为"StyleRef"，"样式名"为"标题1"。

图2-1-172　插入域

图2-1-173　插入"标题1"域

② 此时，当前页的一级标题被设置到了页眉中，如图2-1-174所示。

图 2-1-174　插入域"标题 1"后的效果

③ 如果需要将标题编号也自动读取到页眉中,需要先将光标定位到页眉中的标题 1 内容之前,然后再打开"域"对话框,勾选对话框右侧第二项"插入段落编号"复选框。

④ 单击"开始"选项卡→"段落"组→"右对齐"按钮"≡",将标题置于页眉右侧。

(4) 为正文偶数页插入靠左侧的、内容为文档标题的页眉

① 将鼠标移至正文偶数页的页眉处单击,取消"页眉和页脚工具–页眉和页脚"选项卡中"链接到前一节"的选择状态。

② 单击"页眉和页脚工具–页眉和页脚"选项卡→"插入"组→"文档部件"按钮→"域"命令,打开"域"对话框。设置"类别"为"文档信息","域名"为"Title",如图 2-1-175 所示。

图 2-1-175　插入"文档标题"域

③ 单击"开始"选项卡→"段落"组→"左对齐"按钮"≡",将标题置于页眉左侧。此时的页眉效果如图 2-1-176 所示。

图 2-1-176　此时正文奇偶页的页眉效果

(5) 为奇数页添加页脚

① 单击"页眉和页脚工具–页眉和页脚"选项卡→"导航"组→"转至页脚"命令,将光标定位于奇数页的页脚,取消"页眉和页脚工具"选项卡中"链接到前一节"的选择状态。

② 单击"页眉和页脚工具–页眉和页脚"选项卡"页眉和页脚"组的"页码"按钮,在展开列表中选择"设置页码格式"命令,如图 2-1-177 所示。

③ 此时打开图 2-1-178 所示的"页码格式"对话框。设定"编号格式"为"1,2,3,…",选择"起始页码"从"1"开始。

④ 再次单击"页眉和页脚工具–页眉和页脚"选项卡→"页码"按钮→"页面底端"命令→"普通数字 3"命令,如图 2-1-179 所示。此时,奇数页的页脚就插入完成了。

(6) 为偶数页添加页脚

① 将光标定位于偶数页的页脚处,取消"页眉和页脚工具–页眉和页脚"选项卡中"链接到前一节"的选择状态。

② 单击"页眉和页脚工具–页眉和页脚"选项卡→"页码"按钮→"页面底端"命令→"普通数字 1"命令。

③ 单击"页眉和页脚工具–页眉和页脚"选项卡中的"关闭页眉和页脚"按钮，或者直接双击正文文字内容处，即可退出页眉页脚的编辑。

图 2-1-177 "页码"下拉框

图 2-1-178 "页码格式"对话框

步骤 11：给目录部分插入页脚

① 将光标定位于目录页的任意位置处，单击"插入"→"页眉和页脚"组→"页脚"按钮→"编辑页脚"命令。

② 此时功能区增加了"页眉和页脚工具–页眉和页脚"选项卡。取消该选项卡中"链接到前一节"的选择状态。

③ 单击"页眉和页脚工具–页眉和页脚"选项卡→"页码"按钮→"设置页码格式"命令，打开图 2-1-180 所示的"页码格式"对话框，设置"编号格式"为"I，II，III，…"，选择"起始页码"从"I"开始。

④ 再单击"页眉和页脚工具–页眉和页脚"选项卡→"页码"按钮→"页面底端"→"普通数字 2"命令。

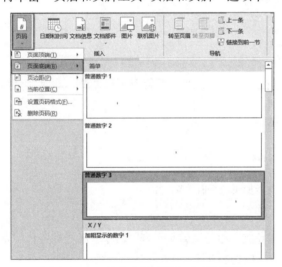

图 2-1-179 插入奇数页的右对齐的页码

图 2-1-180 "页码格式"对话框

技巧与提示

有一部分的 office 版本会出现一个 bug：不能只给某一个节设置奇偶页不同，即使已经在"页面布局"对话框的"应用于"中选择了"本节"。例如，本任务只需要给正文部分设置奇偶页不同的页眉、页脚，而与之在不同节的目录部分不需要区分奇偶页不同。如果你用的 word 版本中，目录部分自动沿用了正文部分设定的"奇偶页不同"的选项，即效果也表现为奇偶页不同。那么如何解决我们的效果需求呢？方法很简单，只要给目录部分的奇偶页设置相同的内容即可。

步骤 12：更新目录域

因为分区后对各个小节重新编排了页码，所以此时目录页的页码标注需要更新。

将光标定位于目录中任意位置处并右击，选择右键菜单中的"更新域"命令，如图 2-1-181 所示，此时会打开图 2-1-182 所示的"更新目录"对话框，如果文档的标题没有更改，此处选择"只更新页码"单选按钮即可，如果文档的标题有做过更改，此处就一定要选择"更新整个目录"，最后单击"确定"按钮。

图 2-1-181　右键菜单

图 2-1-182　"更新目录"对话框

至此，图 2-1-133 所示效果的员工手册就排版完成了。

任务 6　多人协同制作公司宣传册

任务描述

随着互联网的普及，现代企事业单位在办公中越来越多的文档采用协同编辑的方式，如公司（含各部门）年度总结报告、学校二级学院统计各个教师年度成果、部门员工填写假期出省报备等，这些文档一般都需要多人共同完成，采用协同编辑的方式，可以更快更方便地得到结果。

任务要求：某公司企划部秘书小张，应某大型展会要求，需要制作公司宣传册。手册内容将由几名工作人员共同完成，秘书小张统稿后会交由领导审阅，再结合领导意见修改，然后增补在线编辑信息，最终完成手册，手册最终效果如图 2-1-183 所示。本任务即是要完成这样的协同编辑文档。

视频

多人协同制作
公司宣传册 1

视频

多人协同制作
公司宣传册 2

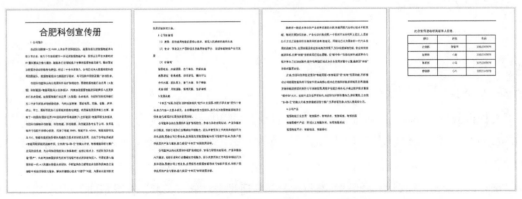

图 2-1-183　多人协同完成的公司宣传册文档

任务分析

要完成协同编辑公司宣传册任务，首先秘书小张要创建协同编辑主文档；再将其拆分为多个子文档，并将子文档分发给不同的人员编辑，所有人编辑完成后，由秘书小张将编辑好的子文档内容合并到主文档中；然后秘书小张将结果提交给企划部正、副部长审阅，两位部长分别对宣传册提出修改意见，再由秘书小张根据修改意见进行修改；对于某特定部分需要原编辑人小赵核对的情况，由秘书小张对文档设置可编辑区域后添加保护，待小赵编辑完后返回文档，秘书小张在确认无误后撤销文档保护；秘书小张为了收集信息发布了在线编辑文档，并将该内容增补到原文档中；最后为了便于查看，秘书小张将文档另存为了联机文档。本任务实现思路如图2-1-184所示。

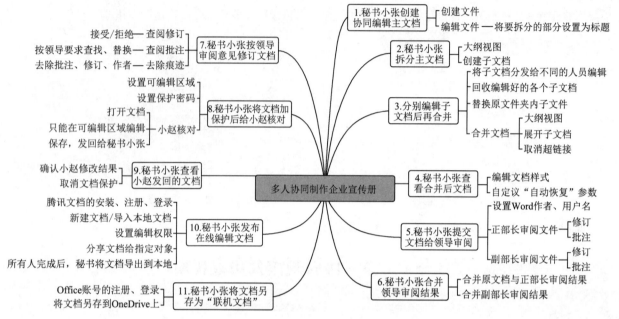

图 2-1-184 "多人协同制作公司宣传册"任务实现思路

本任务包含的主要内容：
① 文档的拆分与合并。
② 审阅文档、合并修订文档。
③ 保护文档。
④ 检查文档。
⑤ 共享在线编辑文档。
⑥ 联机文档。

相关知识

1. 文档的拆分与合并

Word 提供了文档拆分与合并功能。通过大纲视图，可以将文档中标题拆分为子文档，分别完成子文档后，可以将子文档内容合并到主文档。主子文档之间通过超链接进行关联，如果取消链接，主文档与子文档将取消关联。

2. 修订和批注

通过 Word"审阅"选项卡，可以给文档添加修订和批注；通过合并修订，可以查看不同人员对文档内容的修订和批注。

3. 保护文档

通过 Word"审阅"选项卡，可以给文档添加保护，实现文档中只有一部分区域可编辑，不需要保护后可以撤销保护。

4. 检查文档

检查文档可以去除文档中附带的修订、批注、作者等痕迹。

5. 在线编辑文档

现在有很多在线编辑文档的软件，腾讯文档是目前使用度颇高的一款免费的在线编辑文档软件。使用前需要先下载、安装，然后注册、登录。可以新建共享文档，也可以将本地文档导入为共享文档，在设置权限后分享给指定对象，实现多人共同完成文档编辑。

6. 联机文档

Word 提供了"联机文档"功能，需要用户注册、登录 Office 账户。登录后，可以将文档保存到 OneDrive.com 上。这样，无论用户在何地，只要能联网登录到自己的账号，就可以获取和编辑账号中保存过的联机文档。

任务实现

步骤1：创建协同编辑的主文档

（1）创建主文档"公司宣传册"

打开 Word，创建新文档，保存为"公司宣传册"。因本任务涉及具有主、子关系的多个文档，为便于管理，在自己的文件夹下新建一个文件夹名为"任务6"，再将文档保存到该文件夹下，如图 2-1-185 所示。

图 2-1-185　保存文档到新文件夹中　　　　　　图 2-1-186　文档内容

（2）录入文档信息

① 参考图 2-1-186，录入文字内容。

② 选择"公司简介……公司产品"这四段，在功能区"开始"选项卡→"样式"组的预设样式中单击"标题1"样式，设为标题。

③ 选择"合肥科创宣传册"段落，设置其字号为"初号"。不要为其应用标题样式。

步骤2：拆分文档

（1）切换到大纲视图

单击功能区"视图"选项卡→"视图"组→"大纲"按钮，以大纲视图查看文档，如图 2-1-187 所示。

（2）创建子文档

① 在大纲视图中，使用鼠标选中四个标题，如图 2-1-188 所示，再单击"显示文档"按钮，展开"主控文档"组右侧更多的内容，最后单击"创建"按钮。此时的文档效果如图 2-1-189 所示。

② 单击快速访问工具栏"保存"按钮，此时会将刚才创建的子文档保存到主文档所在的文件夹中。Windows 10 系统中文件夹内效果如图 2-1-190 所示。

③ 保存"公司宣传册"文档并关闭

图 2-1-187　"大纲"视图按钮

图 2-1-188　创建子文档命令

图 2-1-189　创建后的文档效果

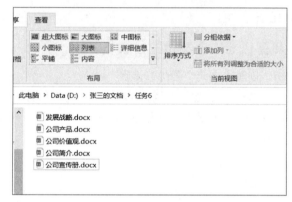

图 2-1-190　系统文件夹中子文件

步骤 3：分别编辑子文档后再合并

（1）分别制作子文件并回收

① 将文件夹内除了主文档"公司宣传册"以外的其他文档分发给不同的人员制作。

② 制作完成后收回所有子文档，此处要注意保持文件名称不变。

③ 假设从不同工作人员处收回的文档存放于素材目录中。找到任务 6 的素材文件夹，选择与四个子文件同名的文件，将其复制粘贴到主文档所在的文件夹，替换原来的子文件。操作过程如图 2-1-191 所示。

（2）查看主文档

① 再次启动 Word，打开"公司宣传册"文档，文档内容默认以超链接显示，如图 2-1-192 所示。

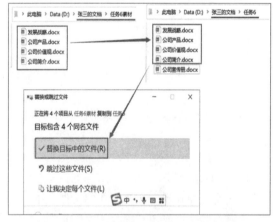

图 2-1-191　用完成的文档替换原来的子文档

图 2-1-192　文档效果

② 单击功能区"视图"选项卡→"视图"组→"大纲"按钮，切换文档为大纲视图。

③ 单击"大纲显示"选项卡→"主控文档"组→"展开子文档"命令，如图 2-1-193 所示。

（3）将主子文档内容合并为一个没有超链接的文件

此时虽然已经看到了文档内容，但是文档内部还是采用超链接的形式关联主子文档，如果要将所有内容合并到一个文档中，还需要取消超链接。

① 选中除文档标题以外的所有正文部分。

② 单击功能区"大纲显示"选项卡→"主控文档"组→"显示文档"按钮，展开该组更多命令。

③ 单击"取消链接"按钮，如图 2-1-194 所示。

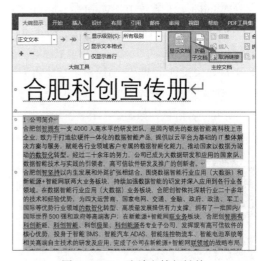

图 2-1-193　"展开子文档"命令　　　　　　　图 2-1-194　取消文档超链接

④ 单击功能区"大纲显示"选项卡→"关闭大纲视图"按钮，将文档切换到页面视图。

步骤 4：查看并编辑合并后文档，自定义"自动恢复"参数

（1）查看文档，去除文档中多余的分节符。

使用鼠标选中多余的分节符标记，按【Delete】键删除。

（2）对文档进行基本的编辑

设置正文"宋体"、"小四"、"首行缩进""2 字符"、1.5 倍行距；设置标题文字居中。

（3）启用自定义的自动恢复

由于文件很重要，为了避免意外丢失，除了可以经常手动保存外，还可以开启自定义的自动保存。

① 单击"文件"按钮，在展开窗口中选择左侧面板最下方的"选项"命令，如图 2-1-195 所示。

图 2-1-195　"选项"命令　　　　　　　　图 2-1-196　自动保存设置

② 在打开的"Word 选项"对话框中，单击左侧列表中的"保存"命令，在右侧对应面板中可以看到 Word

默认的保存格式、自动恢复信息的时间间隔、自动恢复文件位置等信息，设置自动恢复信息的时间间隔为5分钟。

③ 将文档以"公司宣传册–合并"名字另存。

步骤5：将文档提交给领导审阅

当秘书小张将公司宣传册编辑完成后，需要将文档交由企划部的正、副两位部长审阅。

（1）Word作者、用户名

① 在Windows 10系统中，Word默认的作者是Windows 10用户名，通过"文件"→"信息"命令可以查看，如图2-1-197所示。此时创建的文档显示的作者信息都是该用户名，如果在文档中添加了修订、批注等，对应的用户信息也是该用户名。

② 用户如果设置了Word的用户名，此后创建的文档或在文档中留下的修订、批注等信息，都将是这个设置的用户名。设置方式：单击"文件"选项卡→"选项"命令，打开"Word选项"对话框，选择左侧"常规"命令，在右侧设置用户名信息，如图2-1-198所示。

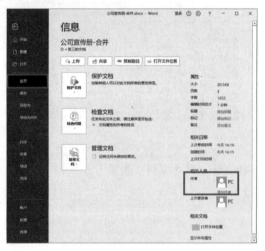

图2-1-197　文档作者信息

图2-1-198　更改Word用户名

③ 如果用户注册了Office账号，并且登录了账号，那么此后创建的文档、添加的修订、批注等信息对应的都是该Office账号名称。登录账号的方式是单击Word窗口右上部的"登录"按钮，如图2-1-199所示。

（2）企划部正部长审阅文件，添加一处修订和一处批注

① 正部长修改自己的Word软件的用户名为"正部长"，以确保批注的用户名是自己。修改方式参考步骤（1）。

② 添加修订：在正文倒数第二行"智能软硬件产品……"最后增加"车载智能系统"。

③ 添加批注：选中正文"公司简介"部分的"创智"二字，单击功能区"审阅"选项卡→"批注"组→"新建批注"命令，此时在文档右侧出现批注框，批注框显示的用户名将是之前设置的"正部长"，输入批注内容"公司简称要改"，如图2-1-200所示。

图2-1-199　"登录"按钮

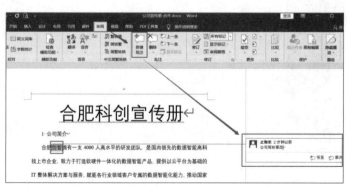

图2-1-200　正部长添加批注

④ 将文件另存为"公司宣传册–正部长.docx"并交给秘书小张。

（3）企划部副部长审阅文件，添加一处修订和一处批注

① 副部长应修改自己的 Word 软件的用户名为"副部长"。

② 添加修订：在正文倒数第三行"数据智能行业应用……"最后增加"智慧校园"。

③ 添加批注：选中正文"公司简介"部分的"合肥创智"四字，单击功能区"审阅"→"批注"组→"新建批注"命令，此时在文档右侧出现批注框，批注框显示的用户名将是之前设置的"副部长"，输入批注内容"简称用科创"，如图 2-1-201 所示。

④ 将文件另存为"公司宣传册–副部长.docx"并交给秘书小张。

图 2-1-201　副部长添加批注

步骤 6：秘书小张合并领导审阅结果

秘书小张从企划部正副两位部长处分别取回审阅文档后，首先需要合并两位领导的审阅意见。

（1）秘书小张合并自己的文档和正部长的文档

① 秘书小张打开 Word，此处要保证小张的 Word 的用户名是"张秘书"。

② 单击功能区"审阅"选项卡→"比较"组→"比较"按钮→"合并"命令，如图 2-1-202 所示。

③ 此时弹出"合并文档"对话框，如图 2-1-203 所示。单击"原文档"组合框后面的"文件"按钮"📁"，选择"原文档"为张秘书的文档原稿"公司宣传册–合并"，再设置"修订的文档"为"公司宣传册–正部长"。

图 2-1-202　"合并"命令

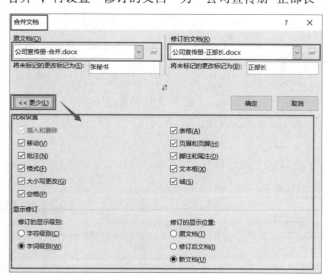

图 2-1-203　"合并文档"对话框

④ 对话框下方区域默认不展开，单击按钮"更多(M)>>"可以展开下部窗格，用于精确设置比较的项目，展开后按钮变成"<<更少(L)"。本任务此处使用默认设置，最后单击"确定"按钮。

（2）秘书小张查阅合并的结果

① 此时将创建一个新文档，默认名称是"合并结果 1"。窗口中将展示多个窗格，包括：左侧的"修订"窗格，显示了正部长对文档进行了哪些修订工作；中间是合并的文档；右侧上部是原文档，右侧下部是修订的文档，如图 2-1-204 所示。

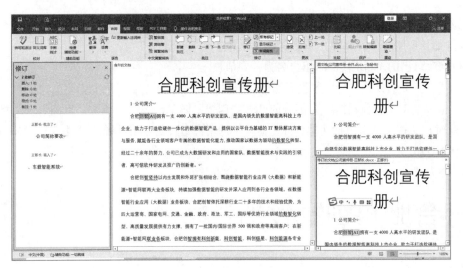

图 2-1-204　合并出的新文档

② 通过单击功能区"审阅"选项卡→"比较"组→"比较"按钮→"显示源文档"命令→"隐藏源文档"命令，可以隐藏"源文档"窗格；通过单击"审阅"选项卡→"修订"组→"审阅窗格"可以隐藏"修订"窗格，如图 2-1-205 所示。

图 2-1-205　修改查看的窗格

③ 将文档另存为"公司宣传册–合并结果 1"，关闭文档。

（3）秘书小张继续合并副部长的审阅意见

① 秘书小张继续将副部长审阅过的文档与之前的"公司宣传册–合并结果 1"文档进行合并，如图 2-1-206 所示。

② 此时的文档效果如图 2-1-207 所示，可以清楚地看到正、副部长对文档提出的修改以及批注。将文档保存为"公司宣传册–合并结果 2"。

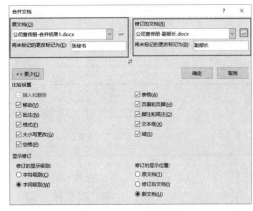

图 2-1-206　继续合并

图 2-1-207　查看文档

步骤 7：秘书小张根据领导审阅结果修订文档

（1）秘书小张查看两位领导的批注和修订

① 在功能区"审阅"选项卡→"批注"组，通过单击"上一条"、"下一条"按钮，可以针对当前修订处的多条批注进行切换，如图 2-1-208 所示。

② 通过"更改"组的"接受"、"拒绝"按钮，可以选择接受或拒绝修订意见。对于批注，选择接受，则会保留批注文字，并移动到下一条批注处；对于修订，选择接受，则会将原来彩色标注的修订确认，文字会变成黑色；如果选择拒绝，则会删除对应批注或删除修订的内容。本任务此处需要连续单击"接受"按钮，用于接受两位领导的修订，文档后面两处的修订内容会直接被保存下来。

图 2-1-208　查看批注和修订

（2）按照领导意见，修改全文的"合肥创智"为"合肥科创"

① 单击"开始"选项卡→"编辑"组→"替换"命令，打开"查找和替换"对话框，如图 2-1-209 所示。

② 设置查找内容为"合肥创智"，设置替换为"合肥科创"，单击"全部替换"按钮，Word 会快速完成查找和替换，并弹出信息框告知用户替换了 5 处。单击"确定"按钮关闭信息框，再关闭"查找和替换"对话框。

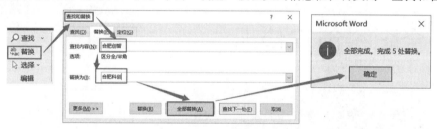

图 2-1-209　查找和替换

（3）去除文档批注、修订、作者等痕迹

① 全部修改完成后，先单击快速访问工具栏"保存"按钮保存文档，再单击"文件"按钮→"信息"命令→"检查问题"下拉列表中的"检查文档"命令，如图 2-1-210 所示。

② 在弹出的"文档检查器"窗口中，先勾选要检查的项目，再单击"检查"按钮，如图 2-1-211 所示。

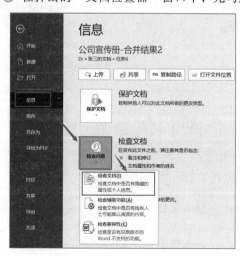

图 2-1-210　检查文档

图 2-1-211　"文档检查器"对话框

③ 检查完成后，可以对检查到的相关信息进行删除，比如删除本任务文档中的批注、修订标记、文档属性、作者等信息，如图 2-1-212 所示。

步骤 8：秘书小张将文档保护后发给小赵再次检查核对

由于文档第一大块"公司简介"模块出现的修订较多，秘书小张打算把修订好的文档反馈给原来该模块的撰写人小赵，让其再次核对与修改，但是其他已修订好的部分是不允许其更改的。

（1）秘书小张设定文档保护，设置允许编辑的区域

① 如图 2-1-213 所示，单击功能区"审阅"选项卡→"限制编辑"按钮，展开"限制编辑"窗格。

② 勾选"仅允许在文档中进行此类型的编辑"复选框，下方列表中选择"不允许任何更改（只读）"选项。

③ 在文档中选中第一部分的内容。

④ 勾选"限制编辑"窗格的可以对其任意编辑的用户为"每个人"。

图 2-1-212　删除批注等信息

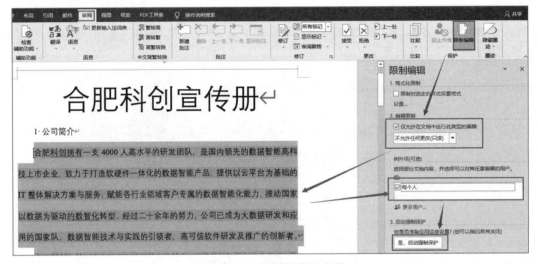

图 2-1-213　"限制编辑"窗格

⑤ 单击"是，启动强制保护"按钮，打开"启动强制保护"对话框，设置密码为"666"，如图 2-1-214 所示。

⑥ 设置完成后，保存文档，关闭文档，将文档发送给同事小赵。

（2）同事小赵打开文档再次核对检查自己写的第一模块

① 小赵打开文档，可以看到的文档效果如图 2-1-215 所示。文档中，可以编辑的第一部分以黄色底纹显示，其他区域为不可编辑区域。

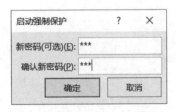

图 2-1-214　设置强制保护密码

图 2-1-215　文档中可编辑区域

② 小赵检查了文档，在文档可编辑区域的第二段中"智能线控物流车"后面增补了名称"ILC"，如图 2-1-216 所示。

③ 修改完成后，小赵保存了文档，关闭了文档，将文档再次发回给秘书小张。

步骤 9：秘书小张确认小赵修改的结果，取消文档保护

① 秘书小张打开小赵返回的文档，单击"审阅"选项卡的"限制编辑"按钮，展开"限制编辑"窗格，单击"停止保护"按钮，如图 2-1-217 所示。

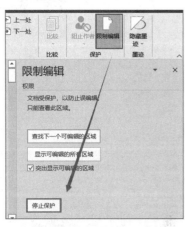

图 2-1-216　小赵修改可编辑区域　　　　图 2-1-217　停止保护命令

② 此时弹出"取消保护文档"对话框，输入之前设置的密码"666"，单击"确定"按钮，如图 2-1-218 所示。

③ 最后取消"限制编辑"窗格中"限制编辑"下复选框的勾选，如图 2-1-219 所示。

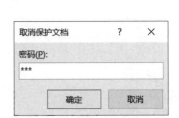 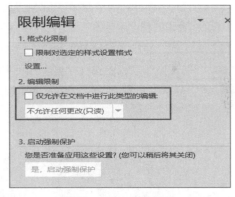

图 2-1-218　"取消保护文档"对话框　　　　图 2-1-219　去除限制

步骤 10：秘书小张发布在线编辑文档

秘书小张发现还需要增补一份此次宣传工作相关人员的联系信息，于是决定使用目前较为流行的在线编辑工具"腾讯文档"发布在线编辑文档。

（1）新建文档

秘书小张启动 Word，新建文档，保存为"联系人附表"。在文档中添加表格，文档效果如图 2-1-220 所示。

（2）秘书小张借助"腾讯文档"工具发布在线编辑文档

① 百度搜索"腾讯文档"下载并安装，然后打开"腾讯文档"工具，选择以"微信登录"或"QQ 登录"，如图 2-1-221 所示。

② 登录后进入腾讯文档界面，单击左上角"🏠"按钮，在展开列表中选择"新建"→"导入本地文件"命令，如图 2-1-222 所示。

③ 在打开的对话框中，找到要分享的文档"联系人附表"，单击"打开"按钮，如图 2-1-223 所示。

图 2-1-220　联系人附表

图 2-1-221　腾讯文档登录界面

图 2-1-222　腾讯文档界面

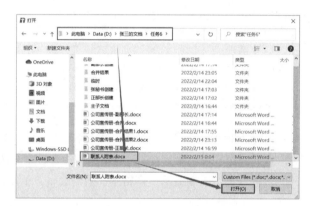

图 2-1-223　选择要分享的文档

④ 等待导入完成，显示文档效果如图 2-1-224 所示，单击右上角的"分享"按钮。

⑤ 弹出"分享"对话框，先选择"所有人可编辑"选项，再分享到"QQ 好友"；在弹出的"QQ 好友分享"对话框中，找到要分享的群并选择，最后单击"确定"按钮，如图 2-1-225 所示。

图 2-1-224　文档导入完成

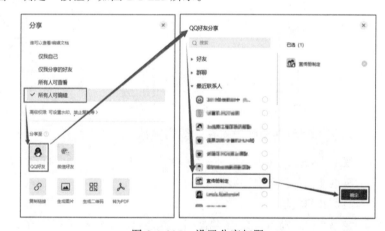

图 2-1-225　设置分享权限

⑥ 此时指定的群聊中，将会出现小张的分享信息，如图 2-1-226 所示。其他成员单击此信息就可以打开共享文档进行在线编辑了。

（3）等大家都填写完成后，秘书小张将在线文档内容保存到本地

① 大家都填完后，秘书小张通过 QQ 群打开在线文档，单击窗口右上区域的"≡"按钮，在展开列表中选择"导出为"→"本地 Word 文档（.docx）"命令，如图 2-1-227 所示。

图 2-1-226 群聊中共享在线文档

图 2-1-227 导出为本地文档

② 在弹出的"保存文件"对话框中，将位置设定到自己的文件夹，修改文件名称为"联系人附表完成"，单击"保存"按钮，如图 2-1-228 所示。

③ 最后小张将本地文档"联系人附表完成"打开，复制内容到之前的合并文档中。

步骤 11：秘书小张将文档另存为"联机文档"

为了便于在其他地方随时可以联网查看、修改文档，小张想到了将文档另存为联机文档。

① 秘书小张需要登录自己的 Office 账号。

在 Word 窗口右上部，单击"登录"按钮，在弹出的登录框中，先输入自己的账号，再单击"下一步"按钮，如图 2-1-229 所示。如果没有账号，可以单击下方的"创建一个"按钮，按照引导使用邮箱或手机号注册一个账号。

图 2-1-228 将在线文档导出到本地

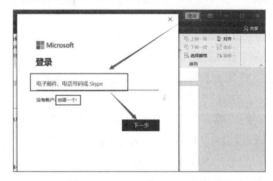

图 2-1-229 登录 Office 账号

② 登录过后，单击"文件"按钮→"另存为"命令→"OneDrive-个人"链接→"文档"选项，如图 2-1-230 所示。

③ 等待联网，弹出"另存为"对话框，设定保存的名称，最后单击"保存"按钮，如图 2-1-231 所示。

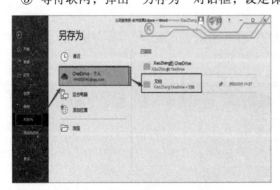

图 2-1-230 设置联机保存位置

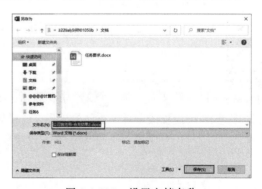

图 2-1-231 设置文档名称

④ 此后，在任何计算机上，只要小张在计算机上的 Word 中登录自己的账号，就可以通过 Word "打开"→"OneDrive-个人"→"文档"找到自己保存的联机文档，并对其进行查阅、编辑和保存，如图 2-1-232 所示。

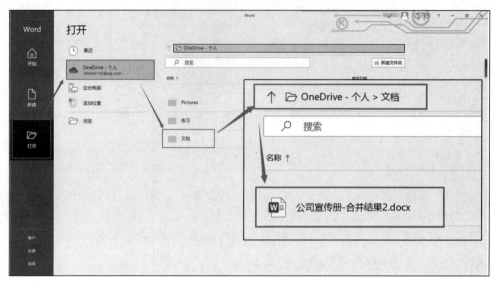

图 2-1-232　打开联机文档

至此，图 2-1-183 所示的多人协同制作公司宣传册任务就完成了。

任务 7　使用 WPS 编辑"编程案例"文档

　　WPS Office 是由金山软件股份有限公司自主研发的一款办公软件套装，可以实现办公软件常用的文字、表格、演示等多种功能。它具有内存占用低、运行速度快、体积小巧、强大插件平台支持、海量在线存储空间及文档模板、支持阅读和输出 PDF 文件、全面兼容 Microsoft Office 2016 及以下版本的独特优势，覆盖 Windows、Linux、Android、iOS 等多个平台。

　　WPS Office 个人版对个人用户永久免费，包含 WPS 文字、WPS 表格、WPS 演示三大功能模块，与 Microsoft Word、Microsoft Excel、Microsoft PowerPoint 一一对应，应用 XML 数据交换技术，无障碍兼容.doc、.xls、.ppt 等文件格式，用户可以使用 WPS Office 直接打开和保存 Microsoft Word、Excel 和 PowerPoint 文件，也可以用 Microsoft Office 轻松编辑 WPS Office 文件。

　　WPS 文字软件因其强大的文字编辑功能以及对个人用户永久免费等众多优势，在文字编辑软件领域也颇具影响力，拥有海量的客户群，是一款普及度、使用度颇高的文字编辑软件。

视频

使用 WPS 编辑"编程案例"文档

任务描述

　　许多教师在讲授新知识时，常常需要提前制作教学文档。在教学文档中，一般会罗列出基础知识、注意事项、学习流程等相关内容。

　　本任务展示的是某位程序课教师，在讲授一个新案例之前，对如何学习这部分新知识，制作了一份教学文档。在这个文档中，罗列了案例所需要的基础知识，使用思维导图分析了案例的思考过程，使用流程图分析了程序的流程，效果如图 2-1-233 所示。

　　任务要求：使用 WPS 文字软件来完成这样一份教学文档的编辑工作。

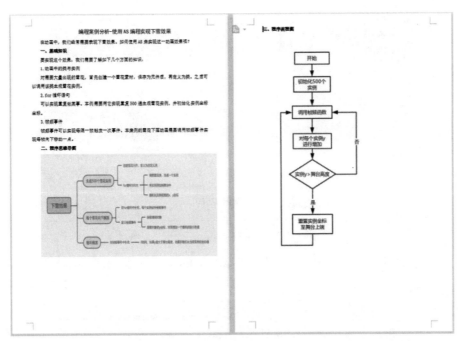

图 2-1-233 "编程案例"教学文档效果

任务分析

要完成"编程案例"文档的编辑工作,需要掌握 WPS 文字软件的基本使用。首先要打开 WPS 文字软件创建新文档,然后添加文字,编辑字符样式和段落样式,还需要编辑思维导图和流程图,并另存为图片插入到文档中。本任务实现思路如图 2-1-234 所示。

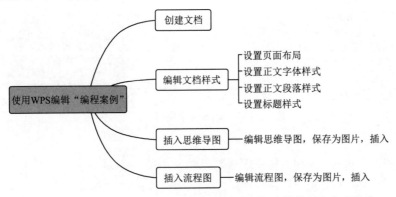

图 2-1-234 使用 WPS 编辑"编程案例"文档的任务实现思路

本任务包含的主要内容:
① 使用 WPS 文字软件创建文档、保存文档、编辑文档。
② WPS 文字中字体样式设置、段落样式设置。
③ WPS 文字中思维导图编辑、流程图编辑。

相关知识

1. WPS 文字的启动和退出

(1) 启动 WPS 文字的方法
① 在"开始"菜单中单击"WPS Office"命令,WPS Office 启动后的主界面如图 2-1-235 所示。

图 2-1-235　WPS Office 工作窗口

② 选择"文字",再选择"新建空白文档",此时进入了 WPS 文字窗口,如图 2-1-236 所示。

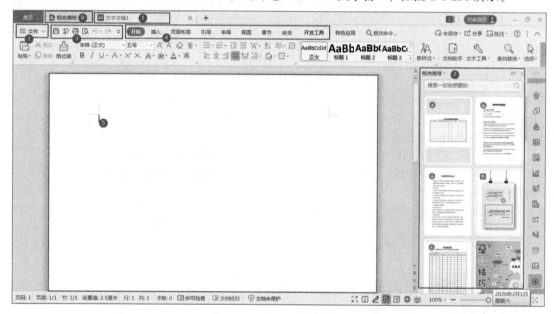

图 2-1-236　WPS 文字窗口

(2) 退出 WPS 文字

方法一：直接单击窗口右上角的"关闭"按钮 ❌ 。

方法二：单击左上角"文件"→"退出"命令。

2. WPS 文字的界面组成

如图 2-1-236 所示,WPS 文字窗口主要由以下几个部分组成：

(1) 文档标题

默认文档名称为"文字文稿1",可以保存为自定义的名称。

(2)"文件"按钮

"文件"下拉菜单中,包含了文件、编辑、视图、插入、格式等众多功能命令。一般需要对文件进行打开、关闭、打印等操作时,会使用其下拉菜单,其他功能一般直接在功能面板上单击使用更为便捷。

(3) 快速访问工具栏

快速访问工具栏用于快速执行一些操作,一般包含保存、输出为 PDF、打印、打印预览、撤销、重复。实际使用中,可以根据需要添加或删除其他命令。

（4）功能区

功能区位于标题栏下方，包含了多个主选项卡："开始""插入""页面布局""引用""审阅""视图"等。每个主选项卡中包含若干命令。

（5）文档编辑区

文档编辑区位于窗口中央，在此区域内可以输入或插入内容并编辑，是 WPS 文字的主要操作区域。

（6）稻壳模板

WPS 文字软件自带模板，名称为"稻壳模板"，其中包含了众多模板，有免费的，也有付费的。WPS Office 的基本功能，不需要登录就可以使用。如果注册会员登录，会增加一些会员功能以及云功能。

3．创建和保存文档

打开 WPS Office 后，单击"文件"→"新建"→"新建文字"→"新建空白文字"命令，可以创建一个新文档，单击快速访问工具栏"保存"按钮或【Ctrl+S】组合键可以保存文档。

4．编辑字体格式和段落格式

同 Word 相似，WPS 文字软件也可以非常便捷地设置各种文字样式和段落样式。

5．插入符号、图形、图像

在 WPS 文字中，可以插入各种符号、图形、图片，并对它们进行各种编辑。

6．创建思维导图

思维导图，是表达发散性思维的有效图形思维工具，是一种实用性的思维工具。WPS 会员可以使用 WPS 提供的思维导图功能，可以快速便捷地制作各种思维导图。

7．创建流程图

流程图是使用图形表示算法思路的一种极好的方法，它使用一些标准符号代表某些类型的动作，如决策用菱形框表示、具体活动用方框表示等。流程图被广泛应用于描述程序流程、工作流程等方面。WPS 会员可以使用其提供的流程图功能，可以快速便捷地制作各种效果的流程图。

任务实现

步骤 1：创建"编程案例"文档

启动 WPS Office，选择 WPS 文字，新建空白文档，并将其保存到自己的文件夹中，命名为"编程案例"，类型选择为"docx"，如图 2-1-237 所示。

图 2-1-237　保存文档

图 2-1-238　文档效果

步骤 2：录入文字素材，设置页面布局

① 在素材文件夹中，找到本案例的文字素材，复制到文档中，此时的文档效果如图 2-1-238 所示。

② 单击功能区"页面布局"选项卡对话框启动器按钮" ",如图 2-1-239 所示。此时打开图 2-1-240 所示的"页面设置"对话框。设置上下边距为 1 厘米,左右边距为 2 厘米。

图 2-1-239 "页面布局"选项卡

步骤 3：编辑全文字体样式、段落样式

① 按【Ctrl+A】组合键,选择全文,在功能区"开始"选项卡中的字体区域,设置字体为"宋体",字号为"小四",如图 2-1-241 所示。

图 2-1-240 "页面设置"对话框

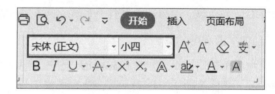

图 2-1-241 设置全文字体样式

② 在功能区"开始"选项卡中的段落区域,单击对话框启动器按钮" ",如图 2-1-242 所示。

图 2-1-242 段落区域

此时打开如图 2-1-243 所示的"段落"对话框,设置段落效果为"首行缩进""2 字符","1.5 倍"行距。

步骤 4：编辑标题样式

① 将光标移至文档标题行左侧并单击,选择文档标题行,在功能区"开始"选项卡中,设置字体为"黑体"、"四号",段落对齐方式为"居中",如图 2-1-244 所示。

② 再选择标题"一、基础知识",在"开始"选项卡的字体样式区域,单击"加粗"按钮" "。同样方法设置后面两个标题,设置完成后的文档效果如图 2-1-245 所示。

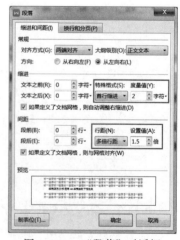

图 2-1-243 "段落"对话框

图 2-1-244　设置字体和对齐

步骤 5：创建和插入思维导图

创建思维导图功能需要登录会员才可以使用，该功能在"插入"选项卡中提供，如图 2-1-246 所示。下面创建图 2-1-247 所示效果的思维导图。

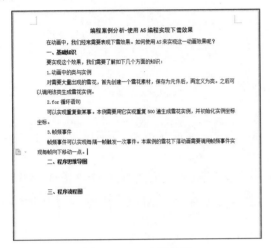

图 2-1-245　文档效果

图 2-1-246　"插入"选项卡

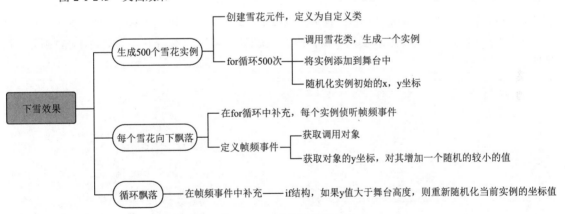

图 2-1-247　案例思维导图

① 将光标定位于"二、程序思维导图"下方的段落中，单击功能区"插入"→"思维导图"按钮，在弹出的面板中选择"新建空白"命令，如图 2-1-248 所示。

② 此时，WPS 会弹出会员登录界面，使用已注册的账号进行登录。

③ 登录过后可以打开思维导图窗口，默认是一个未命名文件。在窗口中，首先选择"风格"→"护眼"中的一种风格，如图 2-1-249 所示。再单击窗口中间的文本框，输入"下雪效果"，输完后按【Enter】键或在节点框外单击，即可确认文字输入。

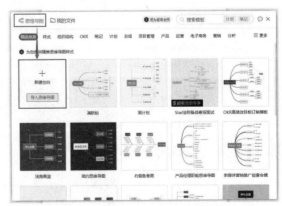

图 2-1-248　新建空白思维导图

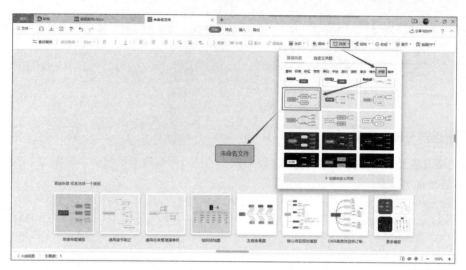

图 2-1-249　选择主题风格

④ 使用鼠标左键直接拖动调整节点框的位置。

⑤ 选择第一个节点，按【Tab】键，为其增加一个子节点，输入文字"生成 500 个雪花实例"，按【Enter】键确认输入。

⑥ 在第二个节点处于选中状态时，按【Enter】键，为其增加一个兄弟节点，输入文字"每个雪花向下飘落"。

⑦ 参考效果图，按照上述方法，依次增加节点和子节点，完成思维导图。如果有多余节点，按【Delete】键删除。

⑧ 完成后，单击功能区快速访问工具栏→"另存为/导出"按钮→"高清 PNG 图片"命令，如图 2-1-250 所示。在弹出的"导出为 PNG 图片"对话框中，将图片保存到自己的文件夹，命名为"思维导图.png"。

⑨ 回到"编程案例"文档，单击功能区"插入"选项卡→"图片"按钮→"本地图片"命令，如图 2-1-251 所示。在打开的"插入图片"对话框中找到刚才保存的"思维导图.png"，将其插入，如图 2-1-252 所示。插入后，适当调整图片大小。

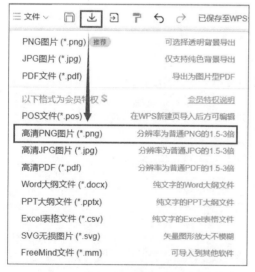

图 2-1-250　选择保存类型

图 2-1-251　插入图片

步骤 6：创建和插入程序流程图

插入流程图有两种方法：通过"形状"面板插入形状，或者创建 WPS 流程图，如图 2-1-253 所示。WPS 流程图功能需要登录会员才可以使用。下面使用"流程图"功能，创建图 2-1-254 所示的流程图。

① 单击功能区"插入"→"流程图"按钮,在打开的窗口中选择"新建空白"命令。打开一个新的流程图文件,如图 2-1-255 所示。

图 2-1-252 "插入图片"对话框

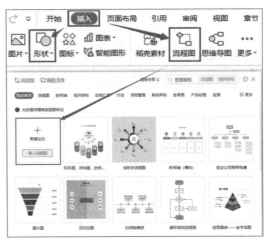

图 2-1-253 插入流程图

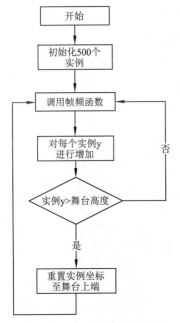

图 2-1-254 程序流程图效果

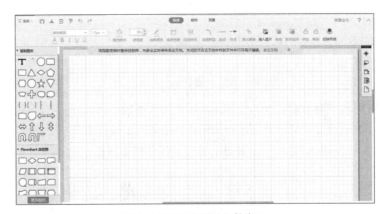

图 2-1-255 流程图文件窗口

② 在图 2-1-256 所示的流程图工具面板"Flowchart 流程图"组中,使用鼠标拖动第一个矩形工具,放置到编辑区,此时光标在矩形框中闪烁,输入文字"开始",在空白区域单击即可确认文字输入。

③ 再单击"开始"矩形框,此时在矩形框四周出现控制点,如图 2-1-257 所示,调节矩形框四个角的方框控制点,可以缩放图形;在四个边的圆形控制点上,使用鼠标拖动可以引出流程线。

④ 在"开始"图形的下边线上,单击中间的圆点向下拖动,引出一根流程线,默认是带有向下的箭头,如图 2-1-258 所示。同时会弹出一个工具框,用于便捷选择下一个图形。参考效果图,此处继续选择矩形。如果线型不对,可以先单击要更改线型的线条,再单击工具栏中的线型命令进行设置,如图 2-1-259 所示。

⑤ 按此方法,完成效果图中前四个矩形框。将鼠标移至第四个矩形框的下边线的圆点上,按下鼠标左键拖动出一根带箭头的流程线,再选择菱形,录入文字。

⑥ 从菱形右边线的圆点上,引出流程线至第三个矩形框右边线的圆点上。在这条流程线上右击,打开图 2-1-260 所示的右键快捷菜单,选择"编辑文本"命令。此时在流程线上会添加一个输入框,光标在其中闪烁,输入文字

"否",如图 2-1-261 所示。

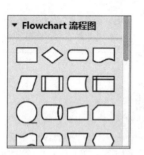
图 2-1-256 流程图工具面板

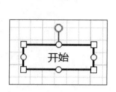
图 2-1-257 调节图形

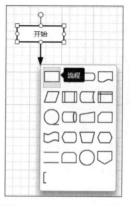
图 2-1-258 引出流程线

图 2-1-259 可选的线型

图 2-1-260 右键快捷菜单

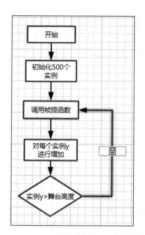
图 2-1-261 在流程线上编辑文本

⑦ 按上述步骤,参考效果图,完成流程图的剩余部分。
⑧ 创建完成后,将其保存为图片,最后在"编程案例"文档中插入此图片。
至此,图 2-1-233 所示效果的编程案例文档就制作完成了。

单 元 小 结

本单元通过前 6 个任务对 Word 2016 的常用功能进行介绍,主要包括:字符格式和段落格式设置;插入表格和表格外观编辑;表格内容统计;图形、图像、艺术字的插入与编辑;邮件合并功能应用;文档排版中分页/分节应用、页眉与页脚编辑、样式与多级列表应用;多人协同编辑文档过程中主/子文档拆分与合并方法,文档审阅、批注、修订、检查、保护等功能应用,腾讯在线编辑文档操作方法,Word 联机文档应用等内容。通过最后一个任务对另一主流文字处理软件 WPS 文字的常用功能进行概要介绍。

读者经过学习和练习后,可以掌握 Word 2016 的常用功能,具备使用 Word 2016 进行文档编辑和排版的能力以及多人协作能力,同时具备 WPS 文字软件、腾讯文档的基本使用能力。

单 元 练 习

一、单选题

1. Word 是 Microsoft 公司提供的一个(   )。

A. 数据库软件　　　　B. 演示文稿软件　　　　C. 电子表格处理软件　　　D. 文字处理软件
2. Word 文档默认的文件扩展名是（　　）。
   A. .wps　　　　　　B. .docx　　　　　　C. .xlsx　　　　　　　D. .txt
3. 中文 Word 2016 的运行环境是（　　）。
   A. DOS　　　　　　B. WPS　　　　　　 C. Windows　　　　　D. Office
4. Word 2016 中修改文档中字体的功能在（　　）。
   A. "文件"→"信息"命令　　　　　　　　B. "开始"→"字体"组
   C. "开始"→"段落"组　　　　　　　　　D. "布局"→"段落"组
5. Word 2016 中段落设置的功能在（　　）。
   A. "设计"→"文档格式"组　　　　　　　B. "开始"→"段落"组
   C. "插入"→"文本"组　　　　　　　　　D. "开始"→"字体"组
6. 要设置 Word 2016 文档中某部分内容的字体为 23 号，应该（　　）。
   A. 在"开始"→"字体"组的字号框的下拉列表中找到 23 号并单击选择
   B. 直接在"开始"→"字体"组的字号框中输入 23 后按【Enter】键
   C. 在"开始"→"字体"组的字号框的下拉列表中找到 22 或 24 号字代替需求
   D. 以上都不对
7. 若要设置 Word 2016 中某些文字为粗体，可以在选择文字后，单击"开始"→"字体"组的（　　）按钮。
   A. B　　　　　　　B. I　　　　　　　　C. U　　　　　　　　D. abc
8. 在 Word 2016 中，导航窗格功能在（　　）选项卡中。
   A. 插入　　　　　　B. 布局　　　　　　C. 视图　　　　　　　D. 审阅
9. Word 2016 中预设的"标题 1"样式的大纲级别是（　　）级。
   A. 0　　　　　　　　B. 1　　　　　　　　C. 2　　　　　　　　D. 3
10. 若要设置 Word 2016 中某选定内容的文字颜色，应该单击"开始"→"字体"组的（　　）按钮。
11. 若要设置 Word 2016 中某些段落的前面都添加"➤"状的符号，可以通过"开始"选项卡中（　　）进行设置。
    A. "字体"组　　　　B. "段落"组　　　　C. "段落"组　　　　D. "段落"组
12. 若要给 Word 2016 中某些段落的前面一次性添加上罗马字母标注的顺序，可以通过"段落"组（　　）按钮。
13. Word 2016 中设置段落内容的行间距的功能是在（　　）选项卡中。
    A. "文件"　　　　　B. "开始"　　　　　C. "设计"　　　　　D. "布局"
14. Word 2016 中设置字符间距的功能是在（　　）选项卡中。
    A. "文件"　　　　　B. "开始"　　　　　C. "设计"　　　　　D. "布局"
15. 要在 Word 2016 文档中插入形状应单击（　　）。
    A. "插入"→"符号"→"形状"按钮　　　　B. "插入"→"插图"→"图片"按钮
    C. "插入"→"插图"→"形状"按钮　　　　D. "插入"→"插图"→"SmartArt"按钮
16. Word 2016 中设置某部分文字的大纲级别是在（　　）中设置。
    A. "字体"对话框　　B. "段落"对话框　　C. "页面设置"对话框　D. "符号"对话框
17. 若要将 Word 2016 中某个段落设置为两段对齐，应单击"开始"→"段落"组（　　）按钮。
18. 若要在 Word 2016 文档中实现下图所示的"春"字效果，应通过（　　）功能。

> 春 天来了，同时校园里也充满了生机。树木抽出枝条，长出嫩绿的叶子。粉红色的桃花缀满枝头。爬山虎悄悄地变绿了，小嫩芽在春风中摇摆着。小草从泥土里钻了出来，穿着绿衣，大口大口地呼吸着春的气息。它们那样富有生机，一下子就铺开了一片绿色的天地。

  A．缩进   B．首字下沉   C．悬挂   D．垂直对齐

19．若要将 Word 2016 中某个段落设置为居中对齐，应单击"开始"→"段落"组（ ）按钮。

  A．   B．   C．   D．

20．使用 Word 2016 排版中文文档时，一般都要设置正文段落首行缩进 2 字符，该功能在（ ）设置。

  A．"开始"→"字体"组→"字体"对话框
  B．"开始"→"字体"组→"段落"对话框
  C．"开始"→"段落"组→"段落"对话框
  D．"布局"→"页面设置"组→"页面设置"对话框

21．如果在 Word 2016 的文档中看不到分页符标记"————分页符————"，应该单击（ ）的"显示/隐藏标记"按钮。

  A．"开始"→"字体"组   B．"开始"→"段落"组
  C．"开始"→"样式"组   D．"布局"→"页面设置"组

22．若要将 Word 2016 文档中所有的"Computer"换成"计算机"，应该使用（ ）功能。

  A．查找   B．替换   C．选择   D．审阅

23．在 Word 2016 窗口中新建一个文档的组合键是（ ）。

  A．【Ctrl+O】 B．【Ctrl+S】 C．【Ctrl+N】 D．【Ctrl+V】

24．若要在 Word 2016 文档中添加一幅图片，应通过（ ）选项卡实现。

  A．"文字"   B．"开始"   C．"插入"   D．"布局"

25．若要在 Word 2016 中书写公式 $11^2=121$，则平方部分应该先输入 2，再选中 2，最后单击"开始"→"字体"组的（ ）按钮。

  A．x_2 B．x^2 C．A   D．A

26．若要在 Word 2016 文档中实现下图所示的第二段文字效果，应通过（ ）功能实现。

> 春天到了，大雁成群结队往南方飞来；柳树长出了嫩芽儿；小草从冬魔王的统治下挣扎出来，在春风的召唤下，渐渐长出嫩芽。
>
> 春天来了，同时 山虎悄悄地变绿了， 气息。它们那样富有
> 校园里也充满了生机。小嫩芽在春风中摇摆 生机，一下子就铺开
> 树木抽出枝条，长出 着。小草从泥土里钻 了一片绿色的天地
> 嫩绿的叶子。粉红色 了出来，穿着绿衣，大
> 的桃花缀满枝头。爬 口大口地呼吸着春的
>
> 春天，我和小伙伴们在花丛中采花。花丛中，蝴蝶在花间飞舞，好像一个个小仙女似的，美丽极了。花丛里的花有红的、黄的、紫的、暗红的、淡绿的……五光十色漂亮极了。

  A．缩进   B．首字下沉   C．悬挂   D．分栏

27．在 Word 2016 窗口中打开文档的组合键是（ ）。

  A．【Ctrl+O】 B．【Ctrl+S】 C．【Ctrl+N】 D．【Ctrl+V】

28．若要在 Word 2016 的文档中编辑下图的内容，且后期可以再编辑该表达式内部组成，应通过（ ）功能实现。

$$s(X \to Y) = \frac{\sigma(X \cup Y)}{\sigma(X)}$$

A. "插入"→"符号"按钮 B. "插入"→"公式"按钮
C. "插入"→"图片"按钮 D. "插入"→"形状"按钮

29. 使用 Word 2016 编辑论文时，若要在文档的页眉中插入该页中包含的一级标题内容，应该（　　）。
   A. 将光标置于页眉中，手动输入本页的一级标题名称
   B. 将光标置于页眉中，再单击"插入"→"文本"→"文档部件"→"域"→"链接和引用"类别→域名"StyleRef"→域属性"标题 1"
   C. 将光标置于页眉中，再单击"插入"→"文本"→"文档部件"→"域"→"文档信息"类别→域名"Title"
   D. 将光标置于页眉中，再单击"插入"→"文本"→"艺术字"按钮

30. 若要在 Word 2016 文档中插入"("、"±"、"√"、"☑"等内容，最方便的是使用（　　）功能。
   A. 输入法直接输入 B. "插入"→"符号"→"符号"按钮
   C. "插入"→"符号"→"公式"按钮 D. "插入"→"文本"→"对象"按钮

31. 在 Word 2016 中复制内容的组合键是（　　）。
   A. 【Ctrl+O】 B. 【Ctrl+C】 C. 【Ctrl+N】 D. 【Ctrl+V】

32. Word 2016 中设置字符间距是在（　　）。
   A. "字体"对话框的"高级"选项卡中 B. "字体"对话框的"字体"选项卡中
   C. "段落"对话框的"中文版式"选项卡中 D. "段落"对话框的"缩进和间距"选项卡中

33. 下图中方框线所标注的区域是 Word 2016 的（　　）功能。

   A. 备注 B. 说明 C. 批注 D. 修订

34. 若要将表格置于页面中居中的位置，应该如何操作？（　　）。
   A. 先在表格中任意位置处单击，再单击"开始"→"段落"组"≡"按钮
   B. 先将鼠标移至表格上，然后单击左上角"⊕"选定整个表格，再单击"开始"→"段落"组"≡"按钮
   C. 先在表格中任意位置处单击，再单击"表格工具-布局"→"对齐方式"组"≡"按钮
   D. 先将鼠标移至表格上，然后单击左上角"⊕"选定整个表格，再单击"表格工具-布局"→"对齐方式"组"≡"按钮

35. 在 Word 2016 中，要复制字符格式而不复制字符，需用（　　）。
   A. 【Ctrl+C】组合键 B. 【Ctrl+X】组合键 C. 替换功能 D. 格式刷功能

36. 在 Word 2016 中粘贴内容的组合键是（　　）。
   A. 【Ctrl+O】 B. 【Ctrl+C】 C. 【Ctrl+N】 D. 【Ctrl+V】

37. 表格与文本的关系是（　　）。
   A. 只能文本转换成表格 B. 只能将表格转换成文本
   C. 表格和文本可以互相转换 D. 表格和文本不能互相转换

38. 若要在表格的某个单元格中统计其左边所有数值的总和，则应插入公式（　　）。
   A. =SUM(LEFT) B. =SUM(RIGHT) C. =SUM(ABOVE) D. =AVG(LEFT)

39. 若要在表格的某个单元格中统计其上面所有数值的平均值，则应插入公式（　　）。

A. =AVERAGE(LEFT)   B. =AVERAGE(ABOVE)
C. =AVG(LEFT)   D. =AVG(ABOVE)

40. 某 Word 2016 文档中包含一个表格，如下图所示，若要在字母 B 所标注的单元格中统计其左侧的数据，统计的公式是"（数值1+数值2）÷2+数值3"，则应在 B 字母所标注的单元格中插入公式（ ）。

数值1	数值2	数值3	统计
21	32	43	A
33	45	23	B
15	57	17	C
36	78	63	D

A. =(B1+B2)/2+B3   B. =(C1+C2)/2+C3   C. =(A2+B2)/2+C2   D. =(A3+B3)/2+C3

41. Word 2016 表格中的公式是 Word 域中的一种，若要查看表格中某个单元格的计算公式，其组合键是（ ）。

A. 【F4】   B. 【Alt+F4】   C. 【F9】   D. 【Alt+F9】

42. 在 Word 2016 文档中，若修改了表格中的某些数据后，希望表格中所有的公式都能更新计算结果，可以（ ）。

A. 直接按快捷键【F9】
B. 将鼠标移至表格任意位置处单击，再按【Ctrl+F9】组合键
C. 选定整个表格后按【F9】键
D. 选定整个表格后按【Alt+F9】组合键

43. 在 Word 2016 邮件合并文档中，若想要根据数据源中"性别"值（男/女）插入不同的称呼（先生/女士），最合适的做法是（ ）。

A. 将数据源中所有的"性别"值进行修改，将"男"都改成"先生"，将"女"都改成"女士"，再插入"性别"合并域
B. 直接插入"性别"合并域，待完成合并后，再依次修改合并后文档的内容
C. 插入规则：如果...那么...否则...，并根据"性别"值完成对话框设定
D. 插入规则：询问

44. 若想要快速了解一篇 Word 2016 长文档的结构，最适合的视图是（ ）。

A. 页面视图   B. 大纲视图   C. Web 版式视图   D. 阅读视图

45. 在 Word 2016 文档中包含了一个表格，如下图所示，若要在 D 所标注的单元格中求图中方框所包含的所有单元格的数值之和，应在 D 所标注的单元格中插入公式（ ）。

数值1	数值2	数值3	统计
21	32	43	A
33	45	23	B
15	57	17	C
36	78	63	D

A. =SUM(LEFT)   B. =SUM(ABOVE)   C. =SUM(A2:C5)   D. =SUM(A1:C4)

46. 在 Word 2016 文档中，将鼠标光标移至某行左侧（ ）可选定一行。

A. 单击   B. 双击   C. 三击   D. 右击

47. 下列关于 Word 2016 文档中分栏说法错误的是（ ）。

A. 给文档中选定的内容添加分栏后，会自动在该内容的前后插入分节符
B. 可以设定每个分栏不同的列宽
C. Word 2016 中可设的最大分栏数为 3 栏

D. 各个栏目之间可以添加分隔线，也可以不添加分隔线

48. Word 2016中撤销最后一个动作可用的组合键是（   ）。
    A. 【Ctrl+W】　　　B. 【Ctrl+Z】　　　C. 【Shift+Z】　　　D. 【Shift+X】

49. Word 2016中替换功能在（   ）选项卡中。
    A. "开始"　　　B. "插入"　　　C. "审阅"　　　D. "布局"

50. 若要将表格中所有单元格的内容设置为水平居中效果，应该如何操作？（   ）。
    A. 先在表格中任意位置处单击，再单击"开始"→"段落"组"≡"按钮
    B. 先将鼠标移至表格上，然后单击左上角"⊞"选定整个表格，再单击"开始"→"段落"组"≡"按钮
    C. 先在表格中任意位置处单击，再单击"表格工具-布局"→"对齐方式"组"≡"按钮
    D. 先将鼠标移至表格上，然后单击左上角"⊞"选定整个表格，再单击"表格工具-布局"→"对齐方式"组"≡"按钮

51. 在Word 2016文档中，将鼠标光标移至某行左侧（   ）可选定一段。
    A. 单击　　　B. 双击　　　C. 三击　　　D. 右击

52. 打印页码"3-6，9,11"表示打印的是（   ）。
    A. 第3页，第6页，第9页，第11页　　　B. 第3页至第6页，第9页至第11页
    C. 第3页，第6页，第9页至第11页　　　D. 第3页至第6页，第9页，第11页

53. 在Word 2016文档中插入字符时发现，插入的字符覆盖了文档中原有的字符，若要取消覆盖效果，应按（   ）键。
    A. 【Shift】　　　B. 【Alt】　　　C. 【Insert】　　　D. 【Home】

54. 在Word 2016中，若要将文档拆分为几个子文档，要先要进入（   ）视图。
    A. 页面　　　B. 大纲　　　C. Web版式　　　D. 草稿

55. 若要设置Word 2016中某些文字下方带有下画线，可以在选择文字后，单击"开始"→"字体"组的（   ）按钮。
    A. B　　　B. I　　　C. U　　　D. abc

56. 在Word 2016中，分栏功能在（   ）选项卡中。
    A. "插入"　　　B. "设计"　　　C. "布局"　　　D. "视图"

57. 在Word 2016文档中，将鼠标光标移至某行左侧（   ）可选定全文。
    A. 单击　　　B. 双击　　　C. 三击　　　D. 右击

58. 在Word 2016中，添加艺术字功能在（   ）选项卡中。
    A. "插入"　　　B. "设计"　　　C. "布局"　　　D. "视图"

59. 在Word 2016文档中，可以选定全文的组合键是（   ）。
    A. 【Ctrl+O】　　　B. 【Ctrl+C】　　　C. 【Ctrl+N】　　　D. 【Ctrl+A】

二、多选题

1. 下列哪些方法可以启动Word 2016？（   ）。
   A. 在"开始"菜单中找到Word软件并单击
   B. 在Windows任务中找到Word软件图标并单击
   C. 在Windows桌面上找到Word软件图标并单击
   D. 在Windows系统的程序安装目录中找到"WINWORD.EXE"文件并双击

2. 下面哪些方法可以退出Word 2016程序？（   ）。
   A. 单击Word软件右上角的"关闭"按钮✕
   B. 按【Alt+F4】组合键

C. 按【Ctrl+W】组合键

D. 在任务栏的 Word 程序图标上右击并选择"关闭窗口"或"关闭所有窗口"命令

3. 下面哪些方法可以保存 Word 文档？（　　）。

A. 单击 Word 快速访问工具栏的"保存"按钮"💾"

B. 单击"文件"→"保存"命令

C. 单击 Word 软件右上角的"关闭"按钮✖，并在弹出的询问对话框中选"否"按钮。

D. 单击"文件"→"另存为"命令

4. 关于 Word 2016 中预定义样式的说法，正确的有（　　）。

A. 选定文本内容后，直接单击"开始"→"样式"组的某个预定义样式，即可应用该样式

B. 预定义样式只能找合适的使用，不能直接修改

C. 预定义样式可以按照自己需求进行修改

D. 可以基于某个预定义样式新建一个新样式

5. Word 2016 中图片的环绕方式包括（　　）。

A. 嵌入型　　　　B. 浮动型　　　　C. 衬于文字下方　　　　D. 浮于文字上方

6. 下列关于 Word 2016 中给文档添加页面边框的说法正确的有（　　）。

A. 该功能在"设计"→"页面背景"组

B. 给页面四周添加的框线只能是同样的样式

C. 页面边框只能设置在距离"页边"24 磅位置处

D. 给页面添加的边框线可以自定义线条样式、宽度、颜色

7. 下列关于 Word 2016 中给文档添加页面颜色的说法正确的有（　　）。

A. 该功能在"设计"→"页面背景"组

B. 可以给页面填充纯色背景，也可以填充渐变色背景

C. 可以给页面填充纹理背景，也可以填充图案背景

D. Word 2016 中设置的页面颜色默认在打印时是不显示的，如要显示，可以通过选择"文件"→"选项"→"显示"→"打印背景色和图像"复选框进行设置

8. 下列关于 Word 2016 中给文档添加水印的说法正确的有（　　）。

A. 可以使用预定义的"机密"或"严禁复制"水印样式

B. 可以自定义文字内容作为文档水印

C. 可以自定义图案作为文档水印

D. 水印添加后只能修改不能删除

9. 下列关于 Word 2016 中"页面设置"对话框中包含的功能叙述正确的有（　　）。

A. 可以设置文档纸张的大小和纸张的方向　　　　B. 可以设置文档页边距

C. 可以设置页眉页脚距离边界的距离　　　　D. 可以设置每页的行数以及每行的字符数

10. 下列关于插入尾注和插入脚注说法正确的是（　　）。

A. 尾注出现于插入页的底部　　　　B. 尾注出现于文档的末尾

C. 脚注显示于插入页的底部　　　　D. 脚注显示于文档的末尾

11. 重新编辑 Word 2016 中预定义的样式时，可以修改的部分包括（　　）。

A. 字体样式　　　　B. 段落样式　　　　C. 编号样式　　　　D. 边框样式

12. 下列关于 Word 2016 文档中图片操作描述正确的有（　　）。

A. 可以对图片进行旋转、裁剪

B. 可以透明化处理图片的纯色背景或图片中某种指定的颜色

C. 图片经过多步操作处理后，若要重新从头处理，只能重新插入图片，无法一键还原到原图

D. 可以对插入图片添加边框、阴影

13. Word 2016 表格计算中，函数的参数包括（　　）。
   A. LEFT　　　　B. RIGHT　　　　C. ABOVE　　　　D. DOWN
14. 下列哪些文件类型的数据可以作为 Word 2016 邮件合并的数据源？（　　）。
   A. Word 文档　　　　　　　　　B. Excel 文档
   C. 文本文件　　　　　　　　　　D. Access 文件
15. Word 2016 中的视图包括（　　）。
   A. 页面视图　　　　　　　　　　B. 大纲视图
   C. Web 版式视图　　　　　　　　D. 草稿视图

三、操作题

1. 打开 WORD1.docx，按照要求完成下列操作并以该文件名（WORD1.docx）保存文档。

（1）设置文字"永远充满希望"字体为"黑体"，字号为"小一"，对齐方式为"居中"，段前距为"0.5 行"，段后距为"1 行"。

（2）设置正文"在一口……困难。"字体为"华文中宋"，字号为"小四"，段落首行缩进"2 字符"。

（3）设置正文分栏，栏数为"2"、偏左，加分隔线。设置第一段首字下沉，行数为"2"。为正文第二段中文字"一个人最大的破产……是希望。"加红色单波浪下画线。

（4）如样张所示，插入图形中的"带形：前凸"并添加文字"战胜困难"，字体为"隶书"，字号为"小三"，文字为"白色"，填充为"红色"，边框为"黄色"、"0.75 磅"，环绕方式为"紧密型"。

（5）在样张所示位置插入"图片 1.jpg"，环绕方式为"四周型"。

（6）如样张所示，在正文内容下方创建公式，填充颜色为"橙色"，对齐方式为"居中"。设置公式字体为"Arial Black"，字号为"二号"。

（7）仿照样张效果，在页面下方插入表格，录入数据；使用公式统计平均分；设置表格框线为图示效果，设置表格标题行填充效果为"白色，背景 1，深色 25%"。

（8）插入页眉"人生哲理"，左对齐；在页脚居中位置插入页码。

2. 打开 WORD2.docx，按照要求完成下列操作并以该文件名（WORD2.docx）保存文档。

（1）设置页面装订线位置为"56.7 磅"，装订线位置为"靠上"。

（2）将文章标题"中国载人航天工程"设置为艺术字，设定为预设样式"填充：金色，主题色 4；软棱台"，再设置艺术字文本效果为"转换-弯曲-三角：正"。设置艺术字的环绕方式为"上下型环绕"，对齐方式为"水平居中"。

（3）设置正文第 1 段"1992 年 9 月，中央……应用问题。"，字体为"方正姚体"，字形为"倾斜"，字号为"12"。

（4）设置正文第 2、3、4 段"工程前期通过实施……任务目标全部完成。"，左缩进为"10.5 磅"，右缩进为"21 磅"，首行缩进为"21 磅"，行距为"1.5 倍行距"。

（5）设置正文第 2、3、4 段"工程前期通过实施……任务目标全部完成。"分栏效果，栏数为"2 栏"，栏宽相等，栏间添加"分隔线"。

（6）设置正文最后一段"空间站阶段的主要任务……在轨建造任务。"，段落边框为"阴影"，边框颜色为"黑色"，宽度为"1 磅"，底纹填充色"白色,背景 1,深色 5%"，并添加图案为"5%"的"红色"杂点。

（7）参照样张图片，设置页面边框为艺术型中的"苹果"。

（8）给文档添加文字水印，内容是"中国载人航天工程"，字体为"等线"、颜色为"绿色"、版式为"斜式"。

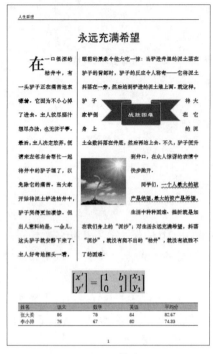

WORD1 样张　　　　　　　　　　　　　　　　　WORD2 样张

3. 打开 WORD3.docx，按照要求完成下列操作并以该文件名（WORD3.docx）保存文档。

（1）将文档中所有繁体字转换为简体字，字体为"宋体"。

（2）设置标题行文字"勤能补拙"字体为"一号"、"红色"，对齐方式为"居中"，字符缩放为"150%"，并为其添加样张所示效果的绿色边框。

（3）将正文"雏鸟要能在蓝天中翱翔……最终滴水穿石。"各段设置首行缩进为"2 字符"。

（4）设置正文第 1 段"雏鸟要能在蓝天中翱翔……使它掌握飞行。"左侧缩进"5 个字符"，并设置段落首字下沉"2 行"。

（5）插入图片"飞翔"，修改图片高度为"5 厘米"、宽度为"6.81 厘米"，设置图片环绕方式为"穿越型环绕"，设置图片效果为"柔滑边缘""5 磅"，参考样张效果调整图片到合适位置。

（6）为正文第 4 段"世间万物……勤能补拙。"的文字添加样张所示的金色底纹、5%红色杂点。

（7）为文档添加样张所示效果的页眉，字体为"红色"、"隶书"、"小四"。

（8）在文档后面插入样张所示效果的表格。

（9）在表格后面插入样张所示效果的公式，并设置公式字号为"四号"，"灰色"背景。

4. 打开 WORD4.docx，按照要求完成下列操作并以该文件名（WORD4.docx）保存文档。

（1）设置页面上下页边距为"4 厘米"、左右边距为"3.5 厘米"，页眉距离边界"2 厘米"。

（2）设置标题文字"虚拟现实"的字体为"楷体"、"二号"、"加粗"，字符间距为"5 磅"，"居中"显示。

（3）设置正文各段落首行缩进"2 个字符"。

（4）将正文第 2 段"虚拟现实技术受到了……许多人的喜爱。"分为两栏。

（5）插入图片"虚拟现实"，设置图片环绕方式为"紧密型环绕"，设置图片效果为"发光：11 磅；蓝色，主题色 1"，设置图片尺寸为高度"3 厘米"、宽度"4.69 厘米"，参考样张效果，将图片调整至合适的位置。

（6）为正文第一段内容中的"虚拟现实"添加脚注"虚拟实境或灵境技术，缩写为 VR"。

（7）为文档添加页眉"虚拟现实概述"，"居中"显示。

（8）在文档后面插入一个 3 行 5 列的表格，并为其应用样式"网格表 4-着色 6"。

（9）在表格后面插入样张所示效果的公式，并设置字号为"二号"，"绿色"背景。

5. 打开 WORD5.docx，按照要求完成下列操作并以该文件名（WORD5.docx）保存文档。

（1）设置文档的纸张为 16 开，上下左右边距均为 "3 厘米"，页脚距边距 "1 厘米"。

（2）修改文档默认的 "正文" 样式：中文字体为 "楷体"，英文字体为 "Times New Roman"，字号为 "小四"，段落 "首行缩进" "2 字符"、1.5 倍行距。

（3）修改第一段文字 "大数据" 效果为 "黑体"、"一号"、"居中"，去除首行缩进效果。

（4）将文档中 "（一）大数据存在的价值" 段落文字设置为 "楷体"、"四号"、"加粗" 效果，并设置该段落的段前距和段后距均为 "0.5 行"，大纲级别为 "1 级"。

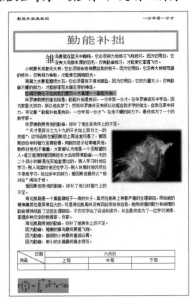

WORD3 样张

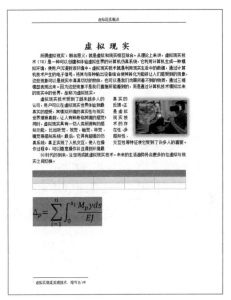

WORD4 样张

（5）使用格式刷功能，复制 "（一）大数据存在的价值" 段落的样式，应用于 "（二）大数据的潜在问题"、"（三）大数据推动时代变革"、"（四）应对措施" 这几个段落上。

（6）为文档添加奇偶页不同的页眉。奇数页添加的页眉是 "计算机软件 2020-6"，靠左，字体为 "方正姚体"、"小五"；偶数页添加的页眉是 "大数据"，靠右，字体为 "隶书"、"五号"。

（7）为文档添加页脚，内容显示页码格式为 "第 ? 页 共 ? 页" 的形式，如样张所示。

（8）在标题 "大数据" 前面插入一个空段落，并清除该段落样式。在该段落插入目录，显示级别设定为 "1 级"。

（9）打开文档导航窗格，如样张所示。

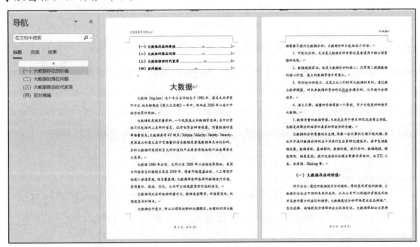

WORD5 样张

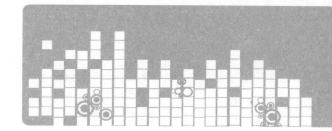

单元 2 电子表格编辑与处理

【单元导读】

Microsoft Excel 2016是微软公司出品的办公自动化软件，是Office 2016中的重要成员，提供了比以往更多的数据分析、管理和共享信息功能，其主要功能是制作各种电子表格，在电子表格中可实现对数据的各种运算处理、数据分析及图表展现，Excel已成为广大计算机用户普遍使用的办公软件。

本单元基于Excel 2016软件实现"学生成绩登记表"的创建、编辑、排版、计算处理、图表插入及打印设置，全方位讲解如何使用Excel创建数据、编辑数据、格式化表格、计算处理数据及编辑图表等内容。

【知识要点】

➢ 数据的录入与编辑、单元格的格式设置
➢ 工作簿、工作表、单元格的基本操作
➢ 工作表的编辑及格式化操作
➢ 公式和函数的使用，单元格的引用
➢ 数据的排序、筛选、分类汇总
➢ 图表的创建与编辑
➢ 电子表格打印输出

任务1 创建成绩登记表

视频
创建成绩登记表

任务描述

Excel 2016电子表格是集成办公软件Office中一个重要的应用程序，可以用来制作各种表格、报表，计算表格内数据，创建编辑图表。每逢期末，老师都会将同学们的成绩进行统计，为了高效录入和编辑同学的成绩，大多借助Excel软件来实现。任务首先对Excel 2016的基本概念、基本操作、工作窗口进行介绍，通过任务方式讲解工作簿的操作、工作表录入和数据编辑、格式设置等知识。通过任务讲解，使学生进一步掌握Excel 2016的基本操作，进一步培养其熟练运用软件的能力。

任务要求：

① 输入表格标题行。
② 输入电子商务2021班同学的基本信息：姓名、学号、性别、出生日期、备注情况。
③ 录入大学英语、高等数学、思想道德修养与法律基础、计算机应用基础课程的分数。

任务实现效果如图2-2-1所示。

第 2 篇 办公软件的应用

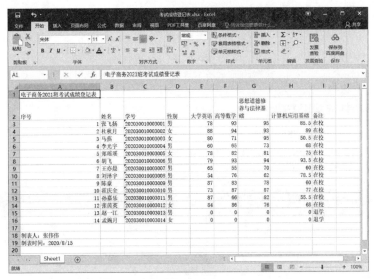

图 2-2-1 "创建成绩登记表"任务实现效果

任务分析

要使用 Excel 2016 软件进行电子表格制作、数据录入、编辑计算等工作，首先需要启动 Excel 2016 软件，学习 Excel 的功能、特点、基本概念及基本操作，建立一个新的工作簿文件，并在工作表的单元格中依次录入数据。任务中需要应用数据的输入与编辑、单元格的基本格式设置等知识点，针对图中单元格内的文本、数值、日期等格式数据的输入，要熟悉数据类型知识，掌握单元格的基本格式设置及 Excel 中多种快速输入的方式。实现数据的准确输入，需要保持良好的耐心和严谨的工作态度。本任务主要知识结构如图 2-2-2 所示。

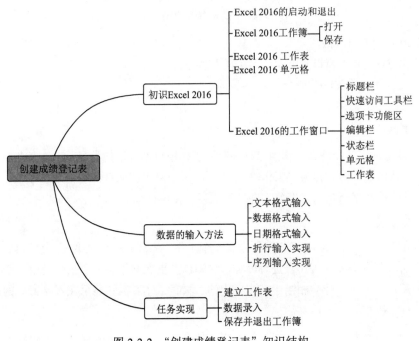

图 2-2-2 "创建成绩登记表"知识结构

本任务包含的主要内容：
① Excel 2016 的启动、创建、保存、编辑。
② Excel 2016 的工作簿、工作表、单元格概念。
③ Excel 2016 工作窗口的认识。

④ 数据的输入方法。

相关知识

1. Excel 2016 的启动和退出

（1）启动 Excel 2016 软件的常用方法

方法一：单击"开始"菜单→Excel 2016 命令。

方法二：双击桌面上已经创建好的 Excel 2016 的快捷方式图标。

方法三：双击扩展名为".xlsx"的文件，Excel 2016 直接启动，如图 2-2-3 所示。

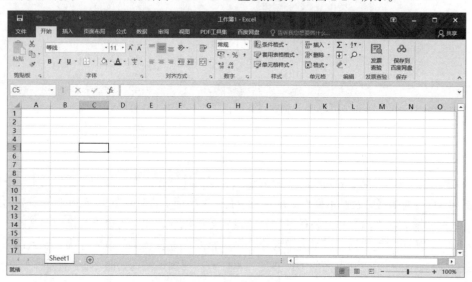

图 2-2-3　Excel 2016 工作窗口

（2）退出 Excel 2016 的常用方法

方法一：直接单击 Excel 软件窗口右上角的"关闭"按钮。

方法二：选择"文件"→"关闭"命令。

方法三：按【Alt+F4】组合键。

2. Excel 2016 工作簿

一个 Excel 文件就是一个工作簿，工作簿名称在打开工作窗口的标题栏处显示，文件扩展名为.xlsx。第一次启动 Excel 时，系统默认的工作簿名称为"工作簿 1.xlsx"。一个新工作簿默认有一个工作表，命名为 Sheet1。所有通过 Excel 创建和处理的数据都是以工作簿文件的形式存放在计算机中。

3. Excel 2016 工作表

工作表是工作簿的基本单位，Excel 工作簿可由若干个工作表组成，一个新的工作簿默认包含名为 Sheet1 的工作表，实际应用中可以根据需要对工作表进行增加、删除以及更名操作。一个工作表由 1 048 576 行和 16 384 列交叉而成的单元格组成。一个工作表相当于工作簿中的一页，工作表标签显示在工作窗口的左下角。

4. Excel 2016 单元格

单元格是工作表的基本单位，工作表中每个行列交叉处的小方格称为单元格，是编辑数字和内容的位置，所有用户录入的数据以及处理的结果均是放在一个个的单元格中。单元格的地址一般是通过指定其行和列的位置来描述，例如，B5 单元格则表示第 B 列、第 5 行的单元格。每张工作表由 1 048 576×16 384 个单元格组成，行号由数字"1~1048576"表示；列号由字母"A~XFD"表示，列标和行号组合成单元格名称。

5. Excel 2016 的工作窗口

启动 Excel 2016 后的程序主界面即工作窗口，如图 2-2-4 所示。

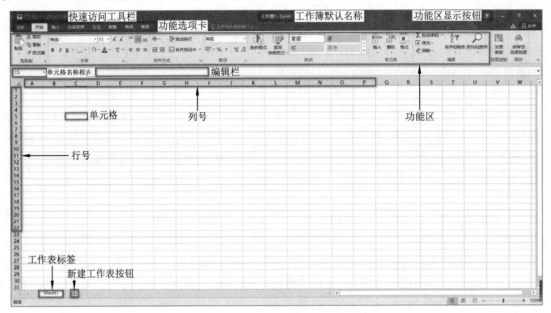

图 2-2-4　Excel 2016 默认工作界面

（1）标题栏

窗口标题栏显示当前使用程序的名称与当前打开的文件名称，标题栏中的标题为"工作簿 1"，依次打开名为"工作簿 2"，以此类推。标题栏中还提供了功能区显示按钮和"最小化"、"最大化"和"关闭"按钮。

（2）快速访问工具栏

用于快速执行一些操作，默认情况下该工具栏包括三个按钮："保存"、"撤销键入"和"重复键入"。也可根据使用过程中的实际需要在该工具栏的设置按钮 ，添加和删除一些如"新建"、"打开"、"打印预览和打印"和"排序"等按钮。

（3）选项卡功能区

选项卡功能区位于标题栏下方，默认情况下由 8 个主选项卡组成，分别为"文件"、"开始"、"插入"、"页面布局"、"引用"、"邮件"、"审阅"和"视图"。每个主选项卡中包含不同的功能区。功能区由若干组构成，每个组中由若干功能相似的命令组成。

①"文件"功能区：主要包括"保存"、"另存为"、"打开"、"关闭"、"信息"、"最近所用文件"、"新建"、"打印"、"保存并发送"、"帮助"、"选项"和"退出"等命令。

②"开始"功能区：主要包括"剪贴板"、"字体"、"对齐方式"、"数字"、"样式"、"单元格"和"编辑"等 7 组功能。每组又分别由若干个相关命令组成。

③"插入"功能区：主要包括"表格"、"插图"、"图表"、"迷你图"、"筛选器"、"链接"、"文本"和"符号"等 8 组功能，主要完成插入表格、图片，创建不同类型的图表，迷你图，筛选数据，添加页眉和页脚，插入特殊文本、符号等。

④"页面布局"功能区：主要包括"主题"、"页面设置"、"调整为合适大小"、"工作表选项"和"排列"等 5 组功能，用于完成 Excel 表格的总体设计，设置表格主题、页面效果、打印缩放、对象的排列效果等操作。

⑤"公式"功能区：主要包括"函数库"、"定义的名称"、"公式审核"、"计算"等 4 组功能，用于完成数据处理、定义单元格、公式审核、计算工作表等任务。

⑥"数据"功能区：主要包括"获取外部数据"、"连接"、"排序和筛选"、"数据工具"和"分级显示"等 5 组功能，主要完成从外部数据获取数据来源、显示所有数据连接、对数据排序和筛选、处理数据、分级显示各种

汇总数据、财务和科学分析数据的任务。

⑦ "审阅"功能区：主要包括"校对"、"中文简繁转换"、"语言"、"批注"和"更改"等 5 组功能，用于提供对数据的拼写检查、批注、翻译、保护工作簿等功能。

⑧ "视图"功能区：主要包括"工作簿视图"、"显示"、"显示比例"、"窗口"和"宏"5 组功能，提供各种 Excel 视图的浏览形式与设置。

（4）编辑栏

编辑栏在功能区的下方，其中左边是名称框，显示活动单元格地址，也可以直接在里面输入单元格地址，定位该单元格；右边为编辑框，用来输入、编辑和显示活动单元格的数据和公式。中间三个按钮分别是："取消"按钮 ✖、"输入"按钮 ✔、"插入函数"按钮 f_x。平时只显示"插入函数"按钮，在输入和编辑过程中才会显示"取消"按钮、"输入"按钮，用于对当前操作的取消或确认。显示/隐藏编辑栏方法：依次单击"视图"→"显示" →"编辑栏"命令即可。

（5）状态栏

窗口的最下方是状态栏，显示当前命令执行过程中的有关提示信息及一些系统信息。

（6）工作簿窗口

工作簿窗口位于编辑栏和状态栏之间，由工作表、行号、列号、单元格、滚动条和工作表标签组成，是 Excel 的主要输入和编辑区域。工作表中单元格的地址用列标和行号表示，列标用字母表示，它是位于各列上方的灰色字母区，即从"A"到"XFD"，共计 16 384 列。行号用数字表示，它是位于各行左侧，行号由阿拉伯数字自上而下排列共计 1 048 576 行。

6．工作簿的保存

（1）保存未命名的工作簿

新建的工作簿第一次保存，用户要为其指定保存的位置及工作簿名，方法如下：

① 依次单击"文件"→"保存"命令，弹出"另存为"对话框（或单击"快速访问工具栏"中的"保存"按钮）。

② 选择将存放工作簿的文件夹。

③ 在"文件名"文本框中输入工作簿的名称。

④ 单击"保存"按钮即可。

（2）保存已命名的工作簿

工作簿打开编辑时，用户应养成随时保存文件的习惯，以防止断电或死机等情况的发生。保存已命名的工作簿方法很简单，具体方法如下：

方法一：单击"文件"→"保存"命令。

方法二：单击"快速访问工具栏"中的"保存"按钮。

方法三：按【Crl+S】组合键。

（3）另存工作簿

另存工作簿，是保持现有的工作簿不变，刚才编辑修改的内容另存到一个新的工作簿中。具体操作方法为：单击"文件"→"另存为"命令，弹出"另存为"对话框。其他操作与保存未命名的工作簿相同。

7．数据输入类型

在 Excel 的单元中，可以输入多种类型的数据，Excel 提供了丰富的数据格式，包括：文本型、数值型、货币型、日期型、时间型等多种。最常用的类型有文本型、数值型和日期型。其中，文本型的默认对齐方式为左对齐，数值型的默认对齐方式为右对齐。用户可以根据需要实现不同的数据输入和数据类型格式设置。

（1）输入文本数据

单击指定单元格输入文本内容，或者通过【↑】、【↓】、【←】和【→】方向键移动至相应单元格，在对应单元格内输入文字内容即可。数字不仅作为数值数据，也能作为文本数据处理，输入这些数字文本时，可以在数字前加一个英文单引号，如"202030010003001"，应输入成"'202030010003001"。

（2）输入数值

数值是指可参与算术运算的数据，有效的数值只能包含下列字符：0~9、+、-、()、/、$、%、.、,、E、e。

① 输入数字：Excel默认将它设置为右对齐。

② 输入负数：在数值前面加上"-"，或将数字用"( )"括起来。

③ 输入分数：应当在分数前加"0"及一个空格，如"2/3"，应输入成"0 2/3"，当输入一个较长的数值时，在单元格中显示为科学计数法；减少单元格的列宽数值，甚至以"＃＃＃"显示，但其中的数值并没变。

（3）输入日期和时间

① 输入时间：格式为"时：分：秒"，如"18:40:40"，其中":"为时间分隔符。若要以12小时制输入时间，可以在时间后加一空格并输入"AM"或者"PM"（或"A"及"P"）分别表示上午和下午，如"8: 15 P"。

② 输入日期：格式为"年-月-日"或"年/月/日"，其中"-"和"/"为日期分隔符，如"2020年3月4日"，可以输入成："2020/3/4"或"2020-3-4"。若要在单元格中同时输入日期和时间，中间用空格分开，先输入日期或先输入时间均可，如："2020/4/22 14: 48: 28"。

③ 输入当前系统时间：使用【Ctrl+Shift+:】组合键。

④ 输入系统日期：使用【Ctrl+;】组合键。

（4）折行输入

折行输入，即在一个单元格中输入两行或两行以上的数据，可以通过【Alt+Enter】组合键在需要换行的位置处实现分行，也可以通过单击功能区"开始"选项卡的"对齐方式"组的"自动换行"按钮实现自动换行。

（5）序列输入

一组相邻的数据之间有递进或递减关系，可以进行序列输入，例如，序号 1，2，3，…，另外也可以自定义序列加入序列输入。

任务实现

步骤1：建立工作簿

新建"考试成绩登记表"工作簿，操作步骤如下：

① 在"开始"菜单中，单击Excel 2016，即可启动软件，如图2-2-5所示。

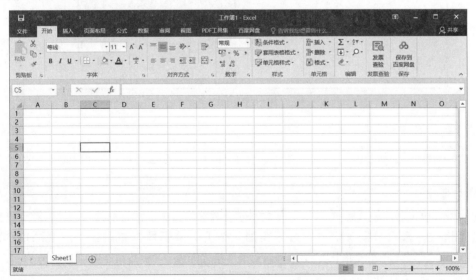

图 2-2-5　启动 Excel 2016 编辑环境

② Excel 2016启动后，自动新建了一个空白的工作簿，默认名称为"工作簿1"。单击快速访问工具栏上的"保

存"按钮"",在弹出的"另存为"对话框中更改文件名为"考试成绩登记表",并将文件目录设置到自己的文件夹中。

步骤 2：工作表中数据录入

任务中，工作表单元格中的数据类型有文本类型、数值类型、日期类型等，通过单击即可选中对应单元格，也可以通过【↑】、【↓】、【←】和【→】方向键切换相邻单元格。录入相关数据，操作步骤如下：

（1）输入数据表标题

单击指定单元格输入文本内容，单击 A1 单元格，单元格处于选中状态，输入"电子商务 2021 班考试成绩登记表"。

（2）输入数据表中的列标题

A1 单元格输入结束后，按【Enter】键，A2 单元格处于选中状态，输入"序号"，再通过【→】方向键依次选中 B2:K2 单元格，分别输入"姓名"、"学号"、"性别"、"出生日期"、"大学英语"、"高等数学"、"思想道德修养与法律基础"、"计算机应用基础"和"备注"。

> **技巧与提示**
>
> 折行输入：可以通过【Alt+Enter】组合键在需要换行的位置处实现分行。例如，任务中的 H2、I2 单元格内输入"思想道德修养与法律基础"、"计算机应用基础"等文字内容较长的名称时，可以运用此方法。

（3）输入"序号"列中的数据

单击 A3 单元格，输入序号"1"；单击 A3 单元格，使单元格处于选中状态，将光标移至单元格的右下角，光标显示为黑十字填充柄，按住【Ctrl】键的同时向下拖动填充柄，序号即被自动填充。图 2-2-6 显示了拖动填充柄时和拖动填充柄后的效果。

图 2-2-6　拖动填充柄填充有序数据

（4）输入姓名列数据

单击 B3 单元格，输入内容"张飞扬"；直接按【↓】方向键，再输入"杜秋月"，按此方法依次完成后续姓名的输入。

（5）输入学号列数据

单击 C3 单元格，由于数值格式超过 11 位将使用科学计数法，无法正常显示数字内容，对于长数字序列的学号、身份证号等格式，输入数据时需要在数字前加一个英文单引号，如"202030010003001"，应输入成"'202030010003001"；或者先将单元格格式设置为"文本"格式即可。

（6）输入性别列、备注列的数据

单击 D3 单元格，可以按照输入姓名的方法，依次录入各行的性别值。单击 J3 单元格，可以按照输入姓名的方法，依次录入各行的备注内容。针对此类数值变化较少的情况，可以先采用序列输入的方式填充为一种数据，再进行部分数据修改，操作效率更高。

（7）输入出生日期列数据

单击 E3 单元格，输入"2000/3/4"，直接按【↓】方向键，依次录入各行的出生日期数值。选中 K3:K14 区域并右击，设置单元格格式，可以设置日期格式。

（8）输入大学英语、高等数学、思想道德修养与法律基础、计算机应用基础等列数据

大学英语、高等数学、思想道德修养与法律基础、计算机应用基础等列数据输入数值，可以通过如下几种方法录入成绩：

① 单击单元格依次录入成绩。

② 使用方向键选择单元格录入成绩。

③ 更快的录入成绩方法：将鼠标从 F3 单元格处开始单击拖动至 I14 单元格处，释放鼠标后，F3:I14 区域显示为选中状态，直接输入 F3 单元格内容"78"，然后按【Tab】键切换到 G3 单元格，录入数值"93"，再次按【Tab】键由 I3 后切换到 F4 单元格，录入数值"88"，按此方法依次录入后续数值，如图 2-2-7 所示。

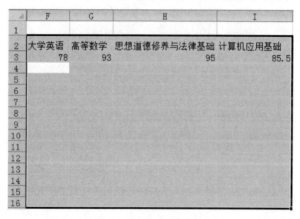

图 2-2-7　填充成绩区域

（9）更改工作表名称

双击工作表名"Sheet1"，直接输入"电子商务 2021 班成绩登记表"，效果如图 2-2-8 所示。

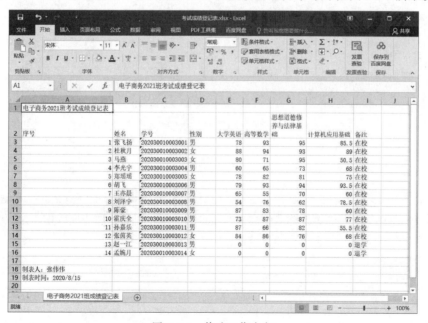

图 2-2-8　修改工作表名

步骤 3：保存并退出工作簿

单击工作窗口左上角"保存"按钮，保存"电子商务 2021 班成绩登记表"工作表。单击工作窗口右上角"关闭"按钮，关闭工作簿。至此，图 2-2-8 所示效果的"电子商务 2021 班成绩登记表"就创建完成了。

任务 2　编辑成绩表

任务描述

在数据表录入完成后，我们随时都有可能需要对数据表中的内容进行编辑。任务通过实现对工作簿、工作表、单元格的基本操作和编辑要求，强化工作表和单元格的编辑、管理等相关知识。数据的处理要求严谨求实，可进一步培养学生操作规范、学习高效的职业素养。

任务要求：
① 实现工作表的选定、插入、复制、移动、重命名、删除等操作。
② 实现单元格的插入、修改、删除、复制、移动等操作。
③ 行与列的基本操作及内容的查找与替换。

图 2-2-9 中展示了"电子商务 2021 班考试成绩登记表"通过编辑工作表、单元格、行与列等内容后，得到的"电子商务 2021 班学生成绩表"工作表。

图 2-2-9　"电子商务 2021 班学生成绩表"实现效果

任务分析

要得到"电子商务 2021 班学生成绩表"，首先将"电子商务 2021 班考试成绩登记表"复制一份并重新命名，再按要求进行工作表、单元格、行、列删除等编辑操作后得到。单元格的处理要规范化，为后续高效使用数据做好准备，培养高效的工作理念。本任务主要知识结构如图 2-2-10 所示。

本任务包含的主要内容：
① Excel 中工作区域的选定。
② 单元格基本操作方法。
③ 工作表的操作方法。
④ 查找和替换的实现。

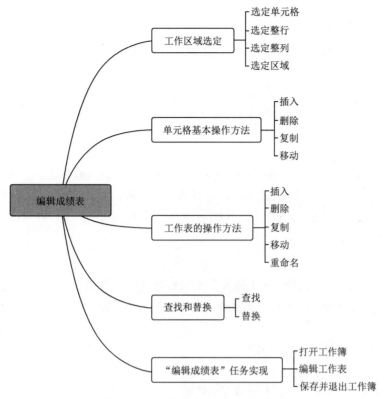

图 2-2-10 "编辑成绩表"知识结构

相关知识

1. 工作区域选定

（1）选定单元格

选定单元格有以下几种方法：

方法一：单击单元格。

方法二：按键盘上的方向键。

方法三：按【Tab】键向右移动活动单元格；【Shift+Tab】组合键向左移动；【Enter】键向下移动；【Shift+Enter】组合键向上移动。

（2）选定整行

① 选定一行：单击要选定行的行号。

② 选定连续的多行：用鼠标拖动行号；单击开始行号，再按【Shift】键不松手，单击结束行号。

③ 选定不连续的多行：按住【Ctrl】键不松手，单击对应行号。

（3）选定整列

方法与选定整行相同，将行号改为列标即可。

（4）选定区域

① 选定连续区域，有如下方法：

方法一：用鼠标拖动所需选定的单元格区域即可。

方法二：单击区域的一角单元格；再按【Shift】键不松手，单击对角线另一角的单元格。

② 选定不连续区域：按住【Ctrl】键，再选定其他的单元格或单元格区域。

> **注意**
> 说明：无论选定了多少单元格，每个工作表的活动单元格只有一个。

（5）选定整个工作表，有如下方法：

① 按【Ctrl+A】组合键。

② 单击整页选定按钮（左上角的行号与列标交汇处）。

2. 单元格的基本操作

单元格是工作表的基本单位，由工作表中行列交叉形成，所有用户录入的数据以及处理的结果均放在一个个的单元格中。针对单元格的基本操作主要有插入单元格、删除单元格、复制和移动单元格相关操作。单元格的复制和移动操作，不仅可以在同一工作表中进行，还可以在同一工作簿中的不同工作表间、不同工作簿之间进行。

3. 单元格插入操作

（1）插入整行

选定行号，选择"开始"→"单元格"→"插入"→"插入工作表行"命令，如图 2-2-11 所示，在选定行之前会插入一新行，若选择了多行，则一次将插入多行。

（2）插入整列

方法同插入整行，只是将行号改为列标即可。

（3）插入单元格

① 在要插入的位置选定单元格（可以是不连续的区域）。

② 选择"开始"→"单元格"→"插入"→"插入单元格"命令，弹出"插入"对话框，如图 2-2-12 所示。在该对话框中根据需要选择后单击"确定"按钮。

图 2-2-11 选择插入单元格

4. 单元格删除操作

（1）删除单元格中内容

先选定要删除数据的区域，然后再按【Delete】键。

（2）删除单元格格式

选定要删除区域，选择"开始"→"编辑"→"清除"→"全部清除"命令。

图 2-2-12 "插入"对话框

（3）删除单元格

① 选定要删除的单元格（可以是不连续的区域）。

② 选择"开始"→"单元格"→"删除"→"删除单元格"命令，弹出"删除"对话框，如图 2-2-13 所示。

③ 在该对话中根据需要选择后，单击"确定"按钮。

（4）删除整行或整列

① 选定要删除的行或者列。

② 选择"开始"→"单元格"→"删除"命令。

5. 单元格的复制粘贴操作

图 2-2-13 "删除"对话框

（1）方法一

① 选定要复制的单元格区域。

② 选择"开始"→"剪贴板"→"复制"命令或按【Ctrl+C】组合键。

③ 单击目标位置。

④ 选择"开始"→"剪贴板"→"粘贴"命令或按【Ctrl+V】组合键。

（2）方法二

① 选定要复制的单元格区域。

② 鼠标指针指向该区域的边界，指针变成实心箭头形状。
③ 按住【Ctrl】键不松手，拖动鼠标到目标位置。

6．单元格的移动操作

（1）方法一
① 选定要移动的单元格区域。
② 选择"开始"→"剪贴板"→"剪切"命令或按【Ctrl+X】组合键。
③ 单击目标位置。
④ 选择"开始"→"剪贴板"→"粘贴"命令或按【Ctrl+V】组合键。

（2）方法二
① 选定要移动的单元格区域。
② 鼠标指针指向该区域的边界，指针变成实心箭头形状。
③ 拖动鼠标到目标位置。

7．工作表的基本操作

一个新的工作簿默认包含一个工作表，默认名称为 Sheet1，实际应用中可以根据需要对工作表进行增加、删除以及更名。单击工作窗口工作表标签即可实现表的切换，针对工作表的操作主要有选定工作表、插入工作表、删除工作表、重命名工作表、移动工作表、复制工作表等相关操作。

（1）选定工作表

单击工作窗口左下角的工作表标签即可选定工作表。选定的工作表标签区底色为白色。若选定多个工作表，可以组合使用【Ctrl】、【Shift】键，选定多个工作表后，仍只有一个工作表为当前工作表。但这时对当前工作表进行的输入、删除、设置格式等操作会对已选定的工作表均起作用。

（2）插入工作表

选择"开始"→"单元格"→"插入"→"插入工作表"命令。

（3）删除工作表

选定要删除的工作表，选择"开始"→"单元格"→"删除"→"删除工作表"命令即可。

（4）重命名工作表

直接双击工作表标签，即可对工作表重新命名。

（5）移动工作表

在当前工作簿中移动工作表，只是改变工作表的排列顺序，方法：直接拖动工作表标签沿标签行移动即可。

（6）复制工作表

按住【Ctrl】键不松手，沿标签行拖动工作表标签即可。

另外，右击工作表标签，弹出快捷菜单，如图 2-2-14 所示，通过此快捷菜单也能完成工作表的插入、删除、重命名、移动、复制等操作。

技巧与提示

工作表快捷操作：右击工作表标签，弹出快捷菜单，如图 2-2-14 所示，通过此快捷菜单可完成工作表的插入、删除、重命名、移动、复制等操作。

单元格快捷操作：选中单元格，弹出快捷菜单，如图 2-2-15 所示，通过此快捷菜单也能完成单元格的插入、删除、剪切、复制等操作。

8．编辑行

编辑行数据，包括：在指定的行位置插入新的行数据、复制行数据、移动行数据以及删除行数据。

图 2-2-14　工作表右键快捷操作

图 2-2-15　单元格右键快捷操作

9．编辑列

编辑列数据，包括：在指定的列位置插入新的列数据、复制列数据、移动列数据以及删除列数据。

10．查找和替换

在工作表中或指定的行或指定的列中，查找相应的数据以及替换为指定的数据。

查找方法：选择"开始"→"编辑"→"查找和选择"→"查找"命令，在"查找内容"文本框中输入需要查找的文字，单击"查找下一个"按钮，开始查找。

替换方法：选择"开始"→"编辑"→"查找和选择"→"替换"命令，在"查找内容"文本框中输入需要查找的文字，在"替换为"文本框中输入要替换的数据，单击"替换"按钮，或者"全部替换"实现数据替换。

任务实现

步骤1：打开工作簿

在"开始"菜单中，启动 Excel 2016 编辑环境。单击"文件"→"打开"命令，弹出"打开"对话框，选择之前保存"学生成绩登记表"工作簿的路径，找到该文件，单击"打开"按钮，如图 2-2-16 所示。

步骤2：编辑"电子商务2021班学生成绩登记表"工作表

（1）在工作簿中新增一个"电子商务2021班学生成绩表"工作表

在工作表"电子商务2021班考试成绩登记表"的名称处单击不放，按住【Ctrl】键，沿标签行拖动工作表标签即复制"电子商务2021班考试成绩登记表（2）"完成，如图 2-2-17 所示。

（2）工作表重命名

在工作表"电子商务2021班考试成绩登记表（2）"的名称处双击，输入"电子商务2021班学生成绩表"，完成工作表重命名。

（3）新建工作表

单击工作表名称后的按钮"⊕"，自动插入了一个新的工作表 Sheet2，双击工作表名称使其处于选中状态，输入新的工作表名称即可。

（4）删除工作表 Sheet2

右击工作表 Sheet2 的名称处，在快捷菜单中选择"删除"命令。同样方法可删除其他工作表。

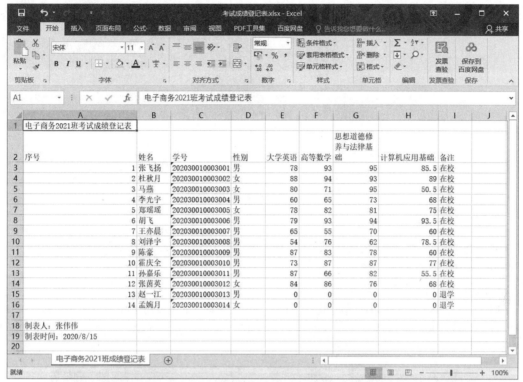

图 2-2-16　打开工作簿

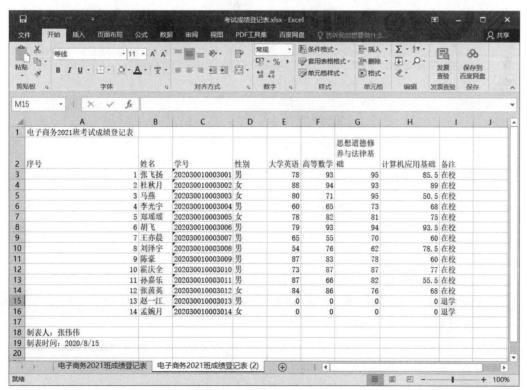

图 2-2-17　复制工作表操作

技巧与提示

右击工作表标签,弹出快捷菜单可实现工作表的插入、删除、重命名、移动、复制等操作,如图 2-2-18 所示。

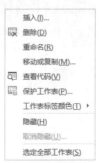

图 2-2-18 右键快捷操作工作表

(5)删除"退学"学生信息行

打开工作表"电子商务 2021 班学生成绩表",鼠标选中 15、16 行,选择"开始"→"单元格"→"删除"按钮,即完成两位"退学"学生信息行删除。

(6)删除"出生日期"、"备注"数据列

在"电子商务 2021 班学生成绩表"中,按住【Ctrl】键不松手,单击对应 I 列号,选中该列。选择"开始"→"单元格"→"删除"按钮,即完成"备注"数据列删除。"出生日期"列删除同理,删除后效果如图 2-2-19 所示。

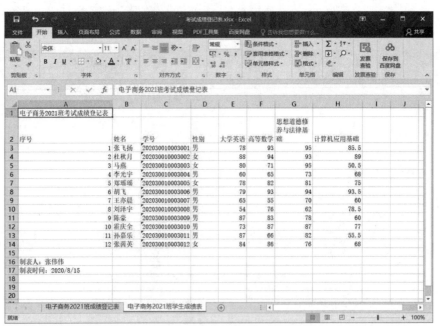

图 2-2-19 删除工作表备注列操作

(7)选中 I2 单元格编辑"总分"内容

在"电子商务 2021 班学生成绩表"中,单击 I2 单元格,选中该单元格。在其中输入内容"总分"。

(8)移动 A17 单元格内容"制表时间:2020/8/15"至 C17 单元格

在"电子商务 2021 班学生成绩表"中,单击 A17 单元格,选中该单元格;选择"开始"→"剪贴板"→"剪切"按钮或按【Ctrl+X】组合键;单击 C16 单元格;选择"开始"→"剪贴板"→"粘贴"按钮或按【Ctrl+V】组合键。

（9）删除工作表"电子商务2021班考试成绩登记表"

右击工作表"电子商务2021班考试成绩登记表"的名称处，在打开的快捷菜单中选择"删除"命令。

步骤3：保存并退出工作簿

单击工作窗口左上角"保存"按钮，保存"电子商务2021班学生成绩表"工作表。单击工作窗口右上角"关闭"按钮，关闭工作簿。至此，图2-2-20所示效果的"电子商务2021班学生成绩表"就编辑完成了。

> **注意**
>
> 在功能区面板上，有很多的功能按钮后面都跟了一个实心的斜三角按钮，为对话框启动器按钮" "，单击这个按钮就可以展开更多的功能选项。

图 2-2-20　实现电子商务 2021 班学生成绩表编辑操作

任务3　排版成绩表

任务描述

制作数据表格，不仅需要数据的完整、准确，同时要注重数据表的美化，使数据表更加清晰、美观。本任务主要通过对"电子商务2021班学生成绩表"表中数据的编辑和排版美化，进一步掌握工作表中字体格式设置、底纹和边框设置、格式样式等知识。培养同学们严谨的数据处理能力、科学美观的布局和设计能力。

视频

排版成绩表

任务要求：

① 将表中 A1:K1 区域合并单元格并居中；设置字体为楷体，字形为加粗，字号为 18。

② 在 J2、K2 单元输入内容"平均分"、"名次"作为列名称标题。

③ 设置表中 A2:K2 区域单元格的填充背景色为标准色深红（RGB 颜色模式：红色 192，绿色 0，蓝色 0），文字颜色为"主题颜色-白色，背景 1"；文字为楷体 12，加粗。

④ 为表中 A2:K14 数据区域添加"红色、双线"外框线和"绿色、单实线"内框线；文本对齐方式为水平居中、垂直居中对齐。

⑤ 将表中的"制表人：张伟伟"、"制表时间：2020/8/25"字体设置为黑体，字号为 12。

任务实现效果如图 2-2-21 所示。

电子商务2021班考试成绩登记表

序号	姓名	学号	性别	大学英语	高等数学	思想道德修养与法律基础	计算机应用基础	总分	平均分	名次
1	张飞扬	202030010003001	男	78	93	95	85.5			
2	杜秋月	202030010003002	女	88	94	93	89			
3	马燕	202030010003003	女	80	71	95	50.5			
4	李光宇	202030010003004	男	60	65	73	68			
5	郑瑶瑶	202030010003005	女	78	82	81	75			
6	胡飞	202030010003006	男	79	93	94	93.5			
7	王亦晨	202030010003007	男	65	55	70	60			
8	刘泽宇	202030010003008	男	54	76	62	78.5			
9	陈豪	202030010003009	男	87	83	78	60			
10	霍庆全	202030010003010	男	73	87	87	77			
11	孙嘉乐	202030010003011	男	87	66	82	55.5			
12	张茵英	202030010003012	女	84	86	76	68			

制表人：张伟伟　制表时间：2020年8月15日

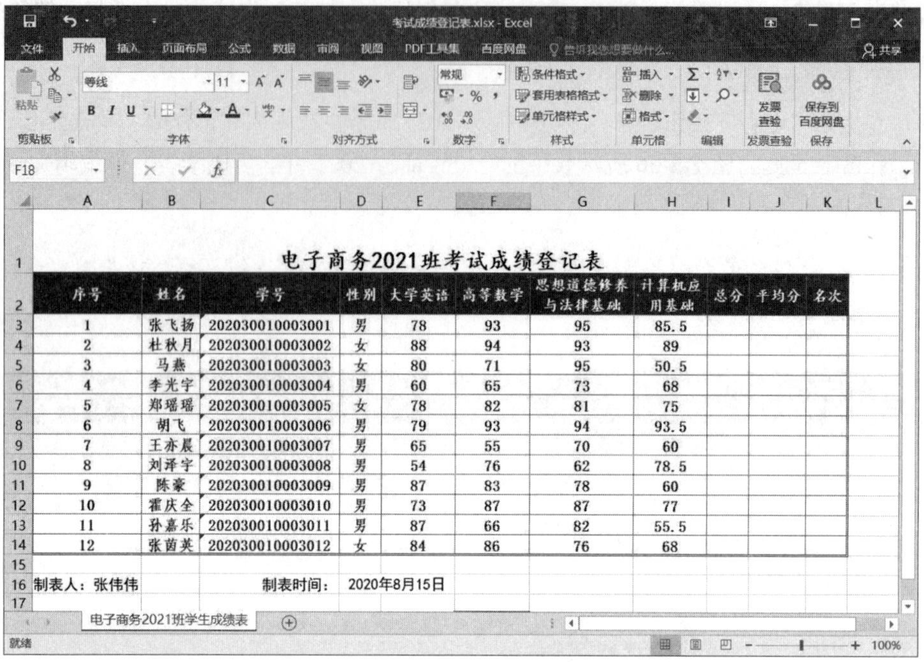

图 2-2-21 “电子商务 2021 班学生成绩表”实现效果

任务分析

排版后的“电子商务 2021 班学生成绩表”工作表是在原工作表基础上，经过数据的格式化和排版美化后得到的工作表。任务主要运用了数据类型设置，对齐方式设置，字体、字号设置，单元格边框和底纹效果设置，行高和列宽设置等知识，对“电子商务 2021 班学生成绩表”进行排版操作，通过任务的学习，帮助读者熟练掌握 Excel 2016 的排版和格式化操作。注重科学美观地对表格进行布局设计，注重底纹颜色搭配。本任务主要知识结构如图 2-2-22 所示。

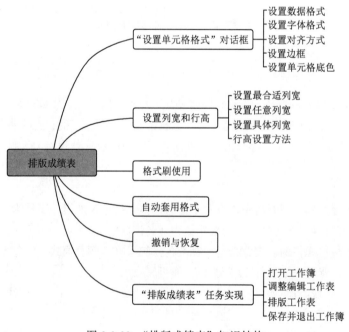

图 2-2-22 “排版成绩表”知识结构

本任务包含的主要内容：
① 单元格格式的数据、字体、对齐方式、单元格底色、边框的设置。
② 表格行高、列宽的设置。
③ 格式刷的使用。
④ 撤销与恢复操作。

相关知识

1. "设置单元格格式"对话框

选择单元格后，单击"开始"→"单元格"→"设置单元格格式"命令或者右键菜单中的"设置单元格格式"命令，即可打开"设置单元格格式"对话框。该对话框中包含了数字、对齐、字体、边框、填充等6个选项卡，如图2-2-23所示。

图2-2-23 "设置单元格格式"对话框

（1）"数字"选项卡

该选项卡用于设置被选择的单元格中内容的数据类型及数据格式。Excel中可以输入多种类型的数据，包括：文本型、数值型、货币型、日期型、时间型等多种。用户可以根据需要实现不同的数据输入和数据类型格式设置，用户设置可以选定对应区域，然后右击，在弹出的快捷菜单中选择"设置单元格格式"命令，在"设置单元格格式"对话框中选择"数字"选项卡，根据要求进行设置。

（2）"对齐"选项卡

该选项卡可以设置单元格内容的水平对齐方式、垂直对齐方式、单元格中文字方向以及单元格内容在列宽较小的情况下自动换行等效果。用户可以根据需要实现不同的对齐方式，用户设置可以选定对应区域，然后右击，在弹出的快捷菜单中选择"设置单元格格式"命令，在"设置单元格格式"对话框中选择"对齐"选项卡，根据要求进行选择，单击"确定"按钮完成设置。

（3）"字体"选项卡

该选项卡可以设置单元格中内容的字体、字形、字号、下画线类型、文字颜色、特殊效果。用户设置可以选定对应区域，然后右击，在弹出的快捷菜单中选择"设置单元格格式"命令，在"设置单元格格式"对话框中选择"字体"选项卡，按要求选择相应字体、字形、字号、颜色，单击"确定"按钮完成设置。

（4）"边框"选项卡

该选项卡可以设置单元格的边框效果，包括显示哪些部分的边框，以及各部分边框的颜色和样式。用户设置可以选定对应区域，然后右击，在弹出的快捷菜单中选择"设置单元格格式"命令，在"设置单元格格式"对话框中选择"边框"选项卡，按要求选择相应线条样式、颜色内外边框，单击"确定"按钮完成设置。

（5）"填充"选项卡

该选项卡可以设置单元格的背景填充成不同的颜色及图案效果。用户设置可以选定对应区域，然后右击，在弹出的快捷菜单中选择"设置单元格格式"命令，在"设置单元格格式"对话框中选择"填充"选项卡，按要求选择相应背景色、图案样式，单击"确定"按钮完成设置。

2．设置列宽和行高

可以通过调整数据表的行高和列宽来美化数据表。可以直接拖动调整，也可以通过打开行高或列宽对话框输入数值调整，还可以使用 Excel 提供的自动调整命令；可以只调整某一行或某一列，也可以同时调整多行或多列。

（1）设置最适合的列宽

最适合的列宽是指一列的列宽正好能容纳本列中的最宽数据；最适合的行高是指一行的行高正好能容纳本行中最高的数据。设置最合适列宽的方法如下：

① 选定要设置的列。

② 选择"开始"→"单元格"→"格式"→"自动调整列宽"命令。

（2）设置任意列宽

① 选定要设置的列。

② 将鼠标指针移到两列的列标之间，指针变成左右带有双箭头的十字。

③ 左右拖动鼠标，调整宽度即可。

（3）设置具体的列宽

① 选定要设置的列。

② 选择"开始"→"单元格"→"格式"→"列宽"命令，弹出"列宽"对话框。

③ 在"列宽"文本框中输入具体的列宽数字，单击"确定"按钮，保存并退出。

（4）设置行高

设置行高的方法与设置列宽类似，只需将上述的"列"改为"行"即可。

3．格式刷使用

在 Word 和 Excel 中，格式刷可以快速将指定区域的格式沿用到其他区域上，用于获取并复制格式。Excel 2016 的格式刷位于"开始"→"剪贴板"组，熟练使用"格式刷"，能更便捷进行排版。

4．自动套用格式

Excel 2016 已经设置了多种表格格式和单元格格式，用户也可以直接套用 Excel 预设好的样式。在功能区"开始"选项卡→"样式"组，有"套用表格格式"和"单元格样式"按钮，打开它们的下拉菜单后，选择某种样式，就可以为指定的数据表或单元格套用预设样式。图 2-2-24、图 2-2-25 分别对应了预设的表格样式和预设的单元格样式。

5．撤销与恢复

在窗口左上方的快速访问工具栏上有"撤销"和"恢复"命令，只要不超过撤销限制，就可在保存后撤销更改，然后再次保存。如果编辑时出错，单击"撤销"命令，撤销刚才的操作，若后悔刚才的撤销操作，则只要单击"恢复"命令，被撤销的操作又能自动恢复。

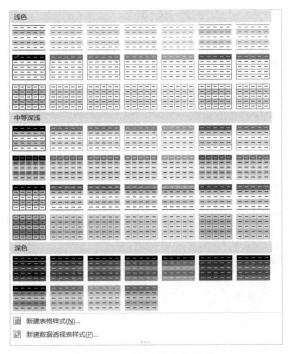

图 2-2-24　预设的表格样式

图 2-2-25　预设的单元格样式

任务实现

步骤1：打开工作簿

打开"考试成绩登记表"工作簿，操作步骤如下：

在"开始"菜单中，单击 Excel 2016，启动 Excel 2016 编辑环境。单击"文件"→"打开"命令，弹出"打开"对话框，找到文件保存路径，选择之前保存的"考试成绩登记表"工作簿，单击"打开"按钮，效果如图 2-2-26 所示。

图 2-2-26　打开工作簿

步骤2：调整编辑工作表

① 在"电子商务2021班学生成绩表"工作表中单击C16单元格，选中"2020/8/15"内容，剪切并粘贴至E16单元格。C16单元格中"制表时间："设置为右对齐。单击"开始"选项卡→"对齐方式"组→"右对齐"按钮。

② 选择数据区域E16单元格，单击"开始"选项卡→"数字"组右下角的对话框启动器按钮" "，打开"设置单元格格式"对话框，选择"数字"选项卡，单击选择左侧列表中的"日期"选项，更改数据类型为"*2012年3月14日"，如图2-2-27所示。选择D16:E16区域，单击"开始"选项卡的"对齐方式"组中的"合并后居中"按钮，将该区域合并，同时将内容居中。

图2-2-27　设置日期格式

③ 选中J2、K2单元格，分别在单元内输入"平均分"、"名次"。

④ 选择A1:K1区域，单击"开始"选项卡的"对齐方式"组中的"合并后居中"按钮，将该区域合并，同时将内容居中，如图2-2-28所示。

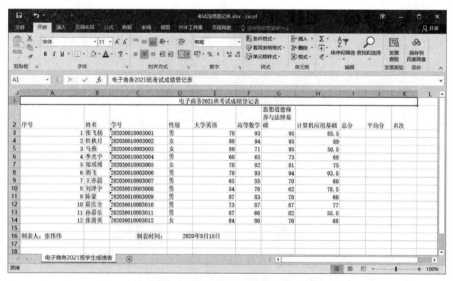

图2-2-28　合并后居中效果

步骤3：排版工作表

（1）按要求设置表标题

要求：标题行第一行A1:K1，设置行高为50；将"电子商务2021班学生成绩表"字体设置为楷体，字形为加粗，字号为 18，设置如下。

① 单击行号 1，选中数据表第一行，单击"开始"→"单元格"→"格式"→"行高"命令，弹出"行高"对话框，或者打开右键菜单，选择"行高"命令，打开"行高"对话框，设置标题行的行高为 50，如图 2-2-29 所示。

② 选中标题行单元格，单击"开始"→"字体"组对话框启动器按钮，打开"设置单元格格式"对话框，按要求设置字体、字形、字号、颜色等内容，如图 2-2-30 所示。

图 2-2-29 "行高"对话框　　　　图 2-2-30 设置字体格式

（2）设置表各列标题名称

要求：将标题行第二行 A2:K2，设置行高为自动调整行高；将 A2:K2 区域单元格的填充背景色设为标准色深红（RGB 颜色模式：红色 192，绿色 0，蓝色 0）；文字颜色设为主题颜色：白色，背景 1；文字设为楷体、12 号、加粗。

① 选中 A2:K2 区域，单击"开始"→"单元格"→"格式"→"自动调整行高"命令。

② 选中 A2:K2 区域，单击"开始"→"字体"→"填充颜色"下拉按钮，颜色选择标准色：深红（RGB 颜色模式：红色 192，绿色 0，蓝色 0），如图 2-2-31 所示。

③ 选中 A2:K2 区域，单击"开始"→"字体"组对话框启动器按钮，打开"设置单元格格式"对话框，按要求设置字体为楷体，字形为加粗，字号为 12；文字颜色选择主题颜色："白色，背景 1"，如图 2-2-31 所示。

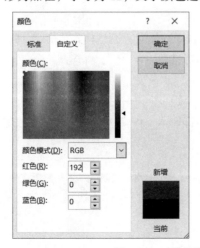
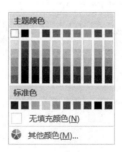

图 2-2-31 设置字体颜色

（3）设置内容数据格式

将 A3:K14 区域，行高设为 16；文字设为仿宋、12 号、加粗，文字颜色为"深蓝"。A2:K14 区域，文本对齐方式为水平居中、垂直居中对齐。A16:C16 单元格文字设置为黑体、12 号，文本对齐方式为水平居中、垂直居中对齐。表格列宽为自动调整列宽。

① 选中 A3:K14 区域，单击"开始"→"字体"组对话框启动器按钮，打开"设置单元格格式"对话框，按要求设置字体为仿宋，字形为加粗，字号为 12；颜色选择标准色："深蓝"。

② 选中 A3:K14 区域，单击"开始"→"单元格"→"格式"→"行高"命令，弹出"行高"对话框，或者打开右键菜单，选择"行高"命令，打开"行高"对话框，设置行高为 16。

③ 选中 A2:K14 区域，单击"开始"→"对齐方式"组对话框启动器按钮，打开"设置单元格格式"对话框，设置水平对齐方式为居中，垂直对齐方式为居中，如图 2-2-32 所示。

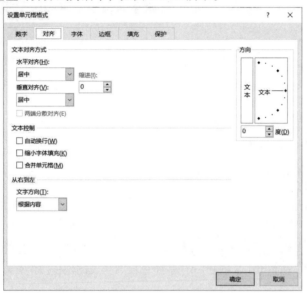

图 2-2-32　设置对齐方式

④ 选中 A16:C16 单元格，单击"开始"→"字体"组对话框启动器按钮，打开"设置单元格格式"对话框，按要求设置字体为黑体，字号为 12。

⑤ 设置列宽：选中 A～K 列，单击"开始"→"单元格"→"格式"→"自动调整列宽"命令。

（4）设置表格边框

为数据区域 A2:K14 添加"红色、双线"外框线和"绿色、单实线"内框线。

① 设定区域外框线。选择区域 A2:K14 后，右击选择"设置单元格格式"命令，打开"设置单元格格式"对话框，选择"边框"选项卡。先选定边框线"颜色"为标准色："红色"，再选择"样式"为"双线"，最后单击"预置"区的"外边框"按钮，即可在边框预览中看到外框线的效果。

② 设定内框线。选择边框线"颜色"为标准色："绿色"，"样式"为"单实线"，再单击"预置"区的"内部"按钮，即可在边框预览中看到内框线的效果。最后单击"确定"按钮，完成边框线的设置，如图 2-2-33 所示。

步骤 4：保存并退出工作簿

单击工作窗口左上角"保存"按钮，保存"电子商务 2021 班学生成绩表"工作表。单击工作窗口右上角"关闭"按钮，关闭工作簿。至此，图 2-2-34 所示的"电子商务 2021 班学生成绩表"工作表就排版完成了。

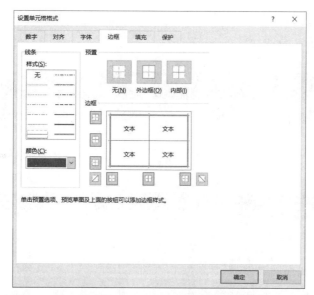

图 2-2-33　为指定区域添加框线

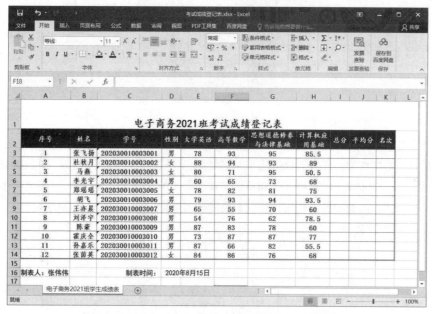

图 2-2-34　"电子商务 2021 班学生成绩表"排版效果

任务 4　计算成绩表中数据

任务描述

学生的成绩表不仅要记录各门课的成绩，还需要对各位学生的成绩进行求总分、求平均分、排名等操作。本任务是在已排版"电子商务 2021 班学生成绩表"基础上进行的数据计算操作，主要通过对表中数据引用公式和函数来实现各种统计计算。培养同学们细致、严谨的工作态度和精益求精的工匠精神。

任务要求：

① 计算成绩表中每位同学总分。

② 计算成绩表中每位同学平均分。

③ 计算成绩表中每位同学排名。

视频

计算成绩表中数据

④ 计算成绩表中每位同学等级。

⑤ 计算各科成绩的最高分、最低分。

任务实现效果如图 2-2-35 所示。

电子商务2021班考试成绩登记表

序号	姓名	学号	性别	大学英语	高等数学	思想道德修养与法律基础	计算机应用基础	总分	平均分	名次	等级
1	张飞扬	202030010003001	男	78	93	95	85.5	351.50	87.88	3	优秀
2	杜秋月	202030010003002	女	88	94	93	89	364.00	91.00	1	优秀
3	马燕	202030010003003	女	80	71	95	50.5	296.50	74.13	8	良好
4	李光宇	202030010003004	男	60	65	73	68	266.00	66.50	11	一般
5	郑瑶瑶	202030010003005	女	78	82	81	75	316.00	79.00	5	良好
6	胡飞	202030010003006	男	79	93	94	93.5	359.50	89.88	2	优秀
7	王亦晨	202030010003007	男	65	55	70	60	250.00	62.50	12	一般
8	刘泽宇	202030010003008	男	54	76	62	78.5	270.50	67.63	10	一般
9	陈豪	202030010003009	男	87	83	78	60	308.00	77.00	7	良好
10	霍庆全	202030010003010	男	73	87	87	77	324.00	81.00	4	良好
11	孙嘉乐	202030010003011	男	87	66	82	55.5	290.50	72.63	9	良好
12	张茵英	202030010003012	女	84	86	76	68	314.00	78.50	6	良好
最高分				88	94	95	93.5	364.00	91.00		
最低分				54	55	62	50.5	250.00	62.50		

制表人：张伟伟　　制表时间：2020年8月15日

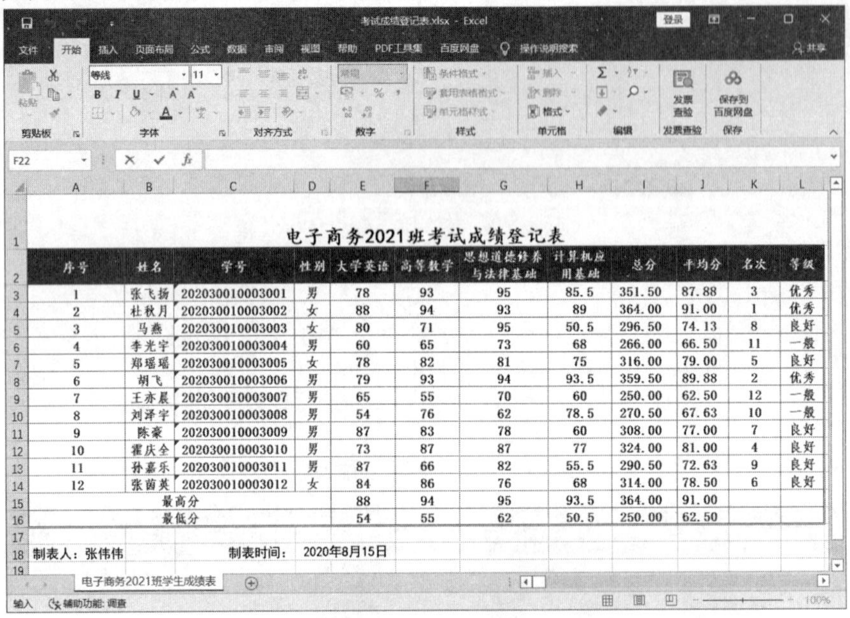

图 2-2-35 “电子商务 2021 班学生成绩表”表中数据计算结果

任务分析

在已排版“电子商务 2021 班学生成绩表”工作表基础上，经过统计总分、平均分、名次等级，以及课程的最高分、最低分等操作后得到的工作表。任务需要运用单元格引用、公式输入、SUM 求和、AVERAGE 求平均值、MIN 求最小值、MAX 求最大值、RANK.EQ 求排序等知识，实现数据的统计计算。要求输入数据准确，计算出精准的数据结果，通过各种计算公式、函数的熟练使用，高效解决复杂的运算问题。本任务知识结构如图 2-2-36 所示。

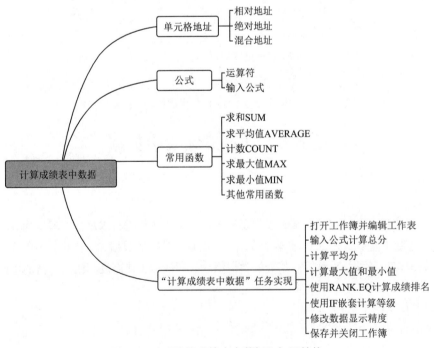

图 2-2-36 “计算成绩表中数据”知识结构

本任务包含的主要内容：
① 单元格地址概念：相对地址、绝对地址、混合地址。
② 输入计算公式，熟练使用运算符、公式。
③ 掌握常用函数，如 SUM、AVERAGE、COUNT、IF 等函数。

相关知识

1. 单元格地址

单元格的地址表示方法有：相对地址、绝对地址和混合地址，使用公式需要引用单元格地址，单元格地址有三种，它们在复制和移动单元格时效果是不同的。

① 相对地址：相对于公式所在单元格位置的地址。当该公式被复制或移动到其他单元格时，Excel 可以根据移动的位置自动调节引用单元格的地址。相对地址由列标与行号组合表示，如 A2、K14。

② 绝对地址：固定位置的单元格地址，它与包含公式的单元格位置无关。在列标和行号前面均加上$符号，就表示绝对地址，如$B$5、$H$3。

③ 混合地址：在地址表示中既有相对引用，又有绝对引用，如$A8、K$6。在公式中主要使用的是相对地址。

2. 公式

（1）运算符

在公式中需要使用一些运算符号，常见运算符号见表 2-2-1。运算符之间也有优先次序：算术运算符 > 文本运算符 > 关系运算符。其中&是将两个字符串连接成一个字符串的运算符。

表 2-2-1 常见运算符号

运算符类别	运算符
算数运算符	+ - * / %
文本运算符	&
关系运算符	> < >= <= <> =

（2）输入公式

公式是 Excel 中用于计算的式子，可以对工作表中的数据进行加、减、乘、除等运算，该式子以"="开始，后面是参与运算的运算数、运算符以及函数等内容。公式输入后需要单击编辑栏中的✓按钮，确认输入。

> **注意**
> 在编写公式中出现错误，可以按【Esc】键或单击编辑栏中的"取消"图标撤销本步操作。

3. 常用函数

函数是 Excel 内置的具备特定功能的式子。在应用函数时，要按照函数的要求提供相应的参数，才能得到需求的结果。函数的格式为：函数名（参数）。有些函数不需要参数，参数部分可置空。表 2-2-2 中列出了部分常用函数，更多函数可查看 Excel 函数列表。

表 2-2-2 常用函数

函数名	函数功能
SUM	计算单元格区域中所有数值的和
AVERAGE	计算参数区域的算术平均值
IF	判断是否满足某个条件，如果满足则返回一个值，如果不满足则返回另一个值
COUNT	计算区域中包含数字的单元格的个数
COUNTA	计算区域中非空单元格的个数

续表

函 数 名	函数功能
COUNTIF	计算某个区域中满足给定条件的单元格的个数
MIN	返回一组数值中的最小值,忽略逻辑值及文本
MAX	返回一组数值中的最大值,忽略逻辑值及文本

任务实现

步骤 1：打开工作簿并编辑工作表

① 在"电子商务 2021 班学生成绩表"工作表中设置单元格格式。单击"电子商务 2021 班学生成绩表"第 14 行，单击"开始"→"单元格"→"插入"按钮，插入 2 行，再将 A16:H16 数据移动到 A14:H14，然后在 A15 单元格中输入"最高分"、A16 单元格中输入"最低分"，将 A15:C15 合并单元格后居中，将 A16:C16 合并单元格后居中。

② 在表最后插入 2 列，在 K2 单元格中输入"名次"，在 L2 单元格中输入"等级"，将 A1:L1 合并单元格后居中。

③ 为 A2:L16 数据区域添加"红色、双线"外框线和"绿色、单实线"内框线。选择 A2:L16 区域后，右击并选择"设置单元格格式"命令，打开"设置单元格格式"对话框，选择"边框"选项卡设置边框，效果如图 2-2-37 所示。

图 2-2-37　编辑单元格格式并设置边框

步骤 2：输入公式计算总分

① 选中 I3 单元格，输入"="。

② 在 I3 单元格中，输入公式"=E3+F3+G3+H3"，如图 2-2-38 所示。

③ 输入公式后单击编辑栏前的"输入"按钮，或者按【Enter】键即完成总分的计算结果。

④ 计算其他学生的总分。使用拖动填充柄的方式计算出其他学生的总分，并单击"保存"按钮，结果如图 2-2-39 所示。

 技巧与提示

此处总分输入公式中"E3+F3+G3+H3"单元格 E3、F3、G3、H3 的引用方式是相对引用，这种方式在拖动填充柄自动填充公式的过程中，对该单元格的引用将自动调节引用单元格的地址。若使用"$E$3"的绝对引用方式，在拖动填充柄自动填充公式的过程中，对该单元格的地址引用将保持绝对不变。

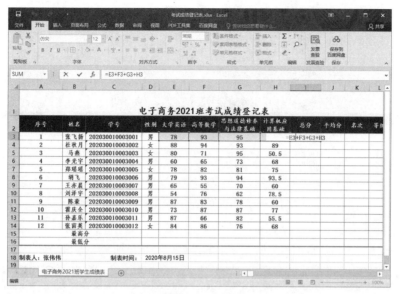

图 2-2-38　公式输入过程

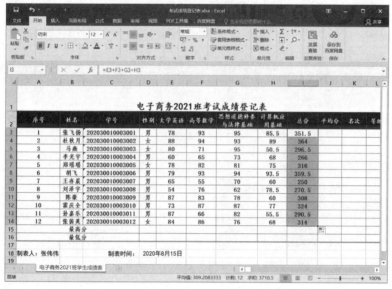

图 2-2-39　使用填充柄复制公式

步骤 3：计算"成绩表"中的"平均分"列

（1）计算第一名学生的平均分

选择 J3 单元格，单击"开始"选项卡的"编辑"组的"自动求和"下拉按钮，如图 2-2-40 所示，选择"平均值"命令。

此时在 J3 单元格中自动添加了公式"=AVERAGE(E3:I3)"，表示对 E3:I3 区域中的单元格计算平均值，如图 2-2-41 所示，显然这是错误的。

图 2-2-40　"自动求和"下拉菜单　　　　图 2-2-41　使用"自动求和"功能

第一名学生的平均分应该是统计 E3:H3 区域的单元格的平均值。因此，重新选择 E3:H3 区域，此时 J3 单元格的公式自动变成"=AVERAGE(E3:H3)"，如图 2-2-42 所示，按【Enter】键确认。

图 2-2-42 重新更改参数范围

（2）计算其他学生的平均分

选择 J3 单元格，拖动填充柄，自动填充所有学生的平均分，结果如图 2-2-43 所示。

图 2-2-43 对数据计算总分、平均分的结果

技巧与提示

在图 2-2-40 所示的"自动求和"下拉菜单中，包含了最常使用的统计函数，包括：求和、平均值、计数、最大值、最小值。当需要使用这些统计方式时，就可以直接使用。

如果需要使用其他的函数，可以通过选择该下拉菜单中的"其他函数"命令，打开"插入函数"对话框，如图 2-2-44 所示。也可以通过单击编辑栏左边的"插入函数"按钮 ƒx 来打开此对话框。

在"插入函数"对话框中，常用函数列表展示了部分最常用的函数，可以快速选择；如果要找的函数不在这个列表中，可以打开函数类别列表，根据类别找到需要的函数；还可以在搜索框输入函数的功能来搜索函数。

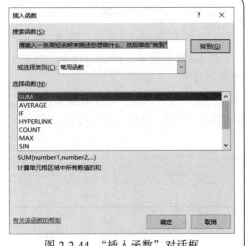

图 2-2-44 "插入函数"对话框

步骤 4：计算成绩表中的最大值以及最小值

① 选择 E15 单元格，选择"开始"选项卡"编辑"组"自动求和"下拉按钮中的"最大值"命令，设定函数的参数范围为 E3:E14，此时单元格中公式为"=MAX(E3:E14)"，按【Enter】键确认。选择 E15 单元格，横向拖动填充柄至 J15，自动填充获得对应列最高分。

② 选择 E16 单元格，选择"自动求和"下拉按钮中"最小值"命令，设定函数的参数范围为 E3:E14，此时单元格中公式为"=MIN(E3:E14)"，按【Enter】键确认。选择 E16 单元格，横向拖动填充柄至 J16，自动填充获得对应列最低分。

步骤 5：计算成绩表中的"名次"列

按照平均分由高到低情况来设置名次，相同分值的都取最高名次。

（1）计算第一名学生的名次

选择 K3 单元格，单击"公式"选项卡"插入函数"按钮"f_x"，打开"插入函数"对话框，在函数类别中选择"统计"，再在函数列表中选择函数 RANK.EQ，单击"确定"按钮，如图 2-2-45 所示。

打开"函数参数"对话框后，按照图 2-2-46 设置参数，单击"确定"按钮。

图 2-2-45　插入函数 RANK.EQ

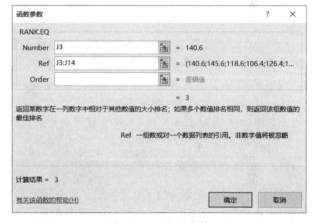

图 2-2-46　设置参数

此时，在 K3 编辑栏显示公式为"=RANK.EQ(J3, J3:J14)"，在 K3 单元格中显示统计结果为"3"，表示 J3 的值相对于 J3:J17 区域中的值，按照从高到低排名为第"3"名。

（2）计算其他学生的名次

按照前面统计总分、平均分等数值的情况，使用拖动填充柄的方式自动填充其他学生的名次情况，填充后效果如图 2-2-47 所示。

	A	B	C	D	E	F	G	H	I	J	K	L
1	序号	姓名	学号	性别	大学英语	高等数学	思想道德修养与法律基础	计算机应用基础	总分	平均分	名次	等级
2												
3	1	张飞扬	202030010003001	男	78	93	95	85.5	351.5	87.875	3	
4	2	杜秋月	202030010003002	女	88	94	93	89	364	91	1	
5	3	马燕	202030010003003	女	80	71	95	50.5	296.5	74.125	7	
6	4	李光宇	202030010003004	男	60	65	73	68	266	66.5	9	
7	5	郑瑶瑶	202030010003005	女	78	82	81	75	316	79	4	
8	6	胡飞	202030010003006	男	79	93	94	93.5	359.5	89.875	2	
9	7	王亦晨	202030010003007	男	65	55	70	60	250	62.5	7	
10	8	刘泽宇	202030010003008	男	54	76	62	78.5	270.5	67.625	6	
11	9	陈豪	202030010003009	男	87	83	78	60	308	77	4	
12	10	霍庆全	202030010003010	男	73	87	87	77	324	81	2	
13	11	孙嘉乐	202030010003011	男	87	66	82	55.5	290.5	72.625	3	
14	12	张蕾英	202030010003012	女	84	86	76	68	314	78.5	2	
15			最高分		88	94	95	93.5	364	91		
16			最低分		54	55	62	50.5	250	62.5		

图 2-2-47　计算错误的数据表效果

观察图 2-2-47 结果，显然计算结果是错误的。

查看 K4 单元格的编辑栏，公式是"=RANK.EQ(J4,J4:J15)"；再查看 K5 单元格的编辑栏，公式是"=RANK.EQ(J5,J5:J16)"。在这两个公式中，被用作对比排名情况的"所有学生成绩区域"都是错误的，所有学生的成绩区域应该都是"J3:J14"。因为 K3 单元格中，对此区域采用了相对引用方式，所以在公式位置变化时，公式中相对引用的部分均发生了相应的变化。此处应该将 K3 单元格的公式中"J3:J14"修改为"$J$3:$J$14"，再使用拖动填充柄方式进行自动填充。正确填充后的效果如图 2-2-48 所示。

	A	B	C	D	E	F	G	H	I	J	K	L
2	序号	姓名	学号	性别	大学英语	高等数学	思想道德修养与法律基础	计算机应用基础	总分	平均分	名次	等级
3	1	张飞扬	202030010003001	男	78	93	95	85.5	351.5	87.875	3	
4	2	杜秋月	202030010003002	女	88	94	93	89	364	91	1	
5	3	马燕	202030010003003	女	80	71	95	50.5	296.5	74.125	8	
6	4	李光宇	202030010003004	男	60	65	73	68	266	66.5	11	
7	5	郑瑶瑶	202030010003005	女	78	82	81	75	316	79	5	
8	6	胡飞	202030010003006	男	79	93	94	93.5	359.5	89.875	2	
9	7	王亦晨	202030010003007	男	65	55	70	60	250	62.5	12	
10	8	刘泽宇	202030010003008	男	54	76	62	78.5	270.5	67.625	10	
11	9	陈豪	202030010003009	男	87	83	78	60	308	77	7	
12	10	霍庆全	202030010003010	男	73	87	87	77	324	81	4	
13	11	孙嘉乐	202030010003011	男	87	66	82	55.5	290.5	72.625	9	
14	12	张茵英	202030010003012	女	84	86	76	68	314	78.5	6	
15		最高分			88	94	95	93.5	364	91		
16		最低分			54	55	62	50.5	250	62.5		

图 2-2-48　计算正确的数据表效果

技巧与提示

函数 RANK.EQ 用于排名，且对于相同结果都取最高名次。即如果有两个单元格数值相同，且相对于某个区域的最高排名为 3，那么这两个单元格的名次均是 3，且下一数值的名次是 5，没有名次 4。

函数 RANK.AVG 也用于排名，与 RANK.EQ 相似，不同的是：当出现相同数值时，采用平均值作为名次，即针对上述情况，两个单元格的名次均是 3.5，下一数值的名次是 5，没有名次 3 和 4。

函数 RANK 是较低版本的 Excel 中使用的排名函数，其功能同 RANK.EQ。在 Office 2016 版本中也支持。

步骤 6：计算成绩表中的"等级"列

按照平均分的高低划分如下几个等级：大于等于 85 分的为"优秀"等级，大于等于 70 分的为"良好"等级，其他为"一般"等级。

（1）计算第一名学生的等级

下面按照如下两步来理解和计算等级情况：

① 选择 L3 单元格，单击"插入函数"按钮"fx"，在打开的对话框中，选择常用函数列表中的 IF 函数，单击"确定"按钮，打开图 2-2-49 所示的 IF 函数的参数设置对话框。

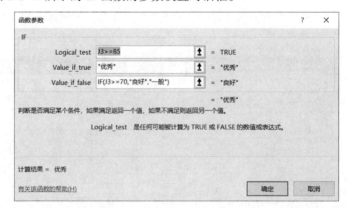

图 2-2-49　IF 函数的参数设置对话框

按照图示设置三个参数，单击"确定"按钮后，在 L3 单元格中出现结果"优秀"，查看单元格的编辑栏，可以看到公式是"=IF(J3>=85,"优秀","良好 or 一般")"，如图 2-2-50 所示。该公式表示：先判断表达式"J3>=85"的结果是 true 还是 false，如果是 true，则公式结果是"优秀"，否则公式结果是"良好 or 一般"。由此可见，IF 函数的作用是根据一个条件判断，得出两种结果。

图 2-2-50 IF 函数嵌套输入

针对第一名学生，要判断他的等级，就是要看他的平均分情况，即 J3 单元格值的情况。

② 将类别为"良好 or 一般"的情况，再次区分为"良好"或"一般"两种情况，条件是"平均分>=70"。因此，在 L3 单元格的编辑栏，将现有公式中的第三个参数部分"良好 or 一般"替换为 IF(J3>=70,"良好","一般")，即 L3 中的公式是"=IF(J3>=85,"优秀",IF(J3>=70,"良好","一般"))"，或者直接在编辑栏输入此公式。

至此，第一名学生的等级情况计算完成。

（2）计算其他学生的等级

选择 L3 单元格，使用拖动填充柄的方式，计算出其他学生的等级。

步骤 7：修改总分列、平均分列的数据类型

选择数据区域 I3:J16，单击"开始"选项卡的"数字"组对话框启动器按钮"🗔"，打开"设置单元格格式"对话框，选择"数字"选项卡，单击选择左侧列表中的"数值"选项，单元格的数字格式设置如图 2-2-51 所示，最后单击"确定"按钮。

图 2-2-51 设置单元格格式–数值格式设置

步骤 8：保存"电子商务 2021 班学生成绩表"工作表

单击工作窗口左上角"保存"按钮，保存"电子商务 2021 班学生成绩表"工作表。单击工作窗口右上角"关闭"按钮，关闭工作簿。至此，图 2-2-52 所示效果的"电子商务 2021 班学生成绩表"相关数据就计算完成了。

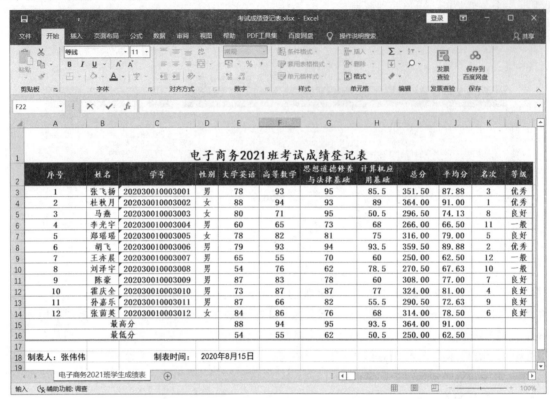

图 2-2-52　实现"电子商务 2021 班学生成绩表"数据计算操作

任务 5　处理成绩表中数据

视频
处理成绩表中数据

任务描述

在完成成绩总分、平均分，进行排名等统计计算后，老师需要通过多种形式查阅成绩，以便更直观、多个角度地了解学生成绩情况。在完成数据计算基础上，本任务主要是对表中数据进行排序、筛选、分类汇总等统计分析和处理操作。通过对成绩表的计算和处理，进一步培养学生掌握软件的能力，能够对工作表中的数据进行处理、分析、汇总等技巧，并锻炼学生的逻辑思维和计算思维，学以致用。

任务要求：

① 在成绩表中实现按照"名次"列升序排序。

② 在成绩表中实现数据先按照"性别"列升序排序，再按照"名次"列降序排列。

③ 在成绩表中将所有女生且平均分低于 80 分的记录筛选出来。

④ 高级筛选：大学英语成绩大于等于 75 分且高等数学成绩也大于等于 80 分的同学；筛选区域为 A2:L14，筛选条件写在 N3:O4 区域，筛选结果复制到 A16。

⑤ 使用分类汇总，查看男女生总分的平均值情况。

任务实现效果如图 2-2-53 所示。

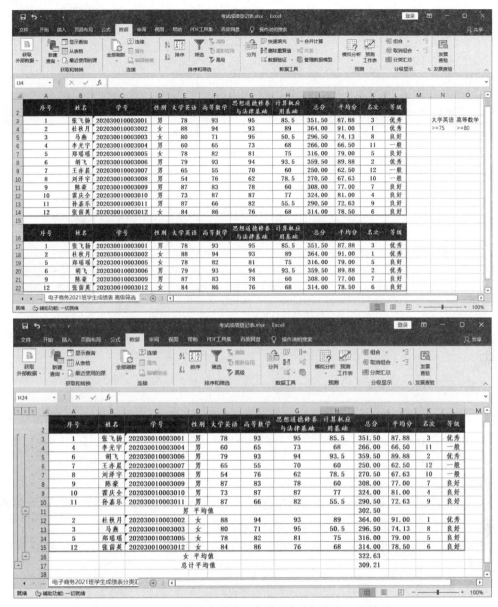

图 2-2-53　成绩表中数据的多种形式分析与处理的效果

任务分析

在"电子商务 2021 班学生成绩表"工作表基础上，按要求经过排序操作可得到排序成绩表，经自动筛选操作可得到自动筛选成绩表，经高级筛选操作可得到高级筛选成绩表，按要求分类汇总查看后可得到分类汇总成绩表。要完成这些对数据表数据的统计分析和处理，本任务主要应用到如下知识点：数据的排序、自动筛选、高级筛选、分类汇总等。通过对 Excel 的数据处理工具的使用，进一步培养学生的逻辑思维和计算思维。本任务知识结构如图 2-2-54 所示。

本任务包含的主要内容：

① Excel 数据的排序方法，按行、列、多列排序。

② Excel 自动筛选、高级筛选。

③ 分类汇总的创建、取消。

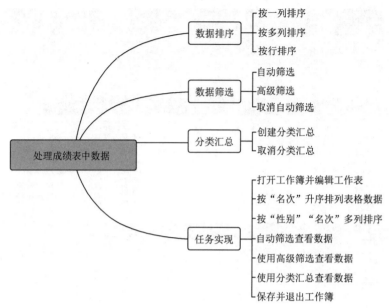

图 2-2-54 "处理成绩表中数据"知识结构

1. 数据排序

数据表中的数据是按照录入的先后次序排列的,为了方便查看和分析数据,常常需要对数据区域进行重新排序,如将学生成绩按照总分从高到低排列。排序是最常用的处理数据的方式之一,在 Excel 中支持按照一个或多个字段的值进行各种复杂的排序。

(1) 按一列排序

方法一:单击数据区域任一单元格或选定待排序数据区域,选择"开始"→"编辑"→"排序和筛选"按钮,再选择升序、降序或者自定义排序,利用"排序"对话框进行设置。

方法二:单击数据区域任一单元格,选择"数据"→"排序和筛选"→"排序"按钮,利用"排序"对话框进行设置,如图 2-2-55 所示。

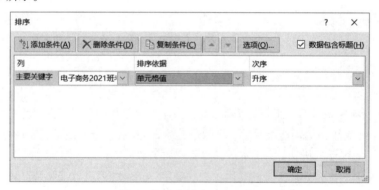

图 2-2-55 "排序"对话框

(2) 按多列排序

① 单击数据区域任一单元格,选择"数据"→"排序和筛选"→"排序"按钮,弹出"排序"对话框进行设置。

② 主要关键字选择一列,次序设置好。

③ 单击"添加条件"按钮。

④ 次要关键字,选择需要设定的另外一列,单击"确定"按钮,保存并退出,如图 2-2-56 所示。

图 2-2-56 "排序"对话框多列排序设置

（3）按行排序

其操作方式与列一致，单击数据区域任一单元格，单击"数据"→"排序和筛选"→"排序"按钮，弹出"排序"对话框进行设置，单击"选项"按钮，弹出"排序选项"对话框，选择"按行排序"单选按钮，如图 2-2-57 所示。

2. 数据筛选

筛选是指将数据清单中满足条件的数据记录显示出来，而不满足条件的数据记录则被隐藏起来。筛选包括自动筛选和高级筛选。自动筛选提供了多种筛选方式，包括按颜色、按值等；高级筛选支持以自定义的条件进行筛选。

（1）自动筛选

单击表格中任意单元格，选择"数据"→"排序和筛选"→"筛选"按钮；或选择"开始"→"编辑"→"排序和筛选"→"筛选"按钮，此时每个列标题的右侧出现一个向下的箭头，即可实现数据的筛选。

（2）高级筛选

单击表格中任意单元格，选择"数据"→"排序和筛选"→"高级"按钮；填写筛选条件，在弹出的"高级筛选"对话框中设置"列标区域"、"条件区域"和"复制到"区域，即可实现数据的高级筛选，如图 2-2-58 所示。

图 2-2-57 "排序选项"对话框

图 2-2-58 "高级筛选"对话框

（3）取消自动筛选

再次执行创建自动筛选步骤即可，选择"数据"→"排序和筛选"→"筛选"按钮；或选择"开始"→"编辑"→"排序和筛选"→"筛选"按钮，即取消自动筛选。

3. 分类汇总

分类汇总是指将数据区域按照某一字段进行分类，再按照某种汇总方式进行汇总分析。在汇总前，应该先将数据清单按照分类字段进行排序。

（1）创建分类汇总

选择"数据"→"分级显示"→"分类汇总"按钮，弹出"分类汇总"对话框，进行设置，如图 2-2-59 所示。

图 2-2-59 "分类汇总"对话框

（2）取消分类汇总

选择"数据"→"分级显示"→"分类汇总"按钮，弹出"分类汇总"对话框，单击"全部删除"按钮即可。

步骤1：打开工作簿并编辑工作表

① 打开工作表"电子商务2021班学生成绩表"，删除工作表的15~18行，隐藏第一行表标题行。

② 为数据区域A2:L14添加"红色、双线"外框线和"绿色、单实线"内框线，保存。

③ 将工作表"电子商务2021班学生成绩表"复制一份，命名为"电子商务2021班学生成绩表排序"，如图2-2-60所示。

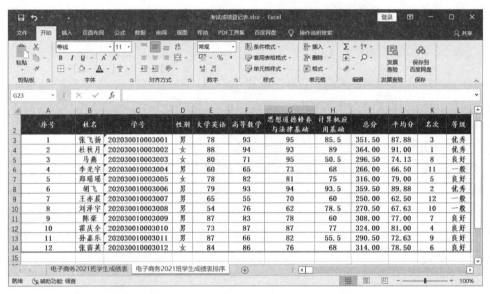

图2-2-60 复制工作表并命名

步骤2：成绩表中的数据先按照"名次"列升序排序

选中表内任一单元格，或者选择数据区域A2:L14，单击"开始"→"编辑"→"排序和筛选"→"自定义排序"命令，打开"排序"对话框，如图2-2-61所示。根据选定的区域，选中"数据包含标题"复选框。单击主要关键字后的下拉列表，选择"名次"，设置次序为"升序"，单击"确定"按钮，如图2-2-61所示，排序结果如图2-2-62所示。

图2-2-61 "排序"对话框

图 2-2-62　排序实现效果图

步骤 3：成绩表中的数据先按照"性别"列升序排序，再按照"名次"列降序排列

① 选中表内任一单元格，或者选择数据区域 A2:L14，单击"开始"→"编辑"→"排序和筛选"→"自定义排序"命令，打开"排序"对话框。根据选定的区域，选中"数据包含标题"复选框。

② 单击主要关键字后的下拉列表，选择"性别"，设置次序为"降序"，单击"确定"按钮。再单击"排序"对话框中的"添加条件"按钮，添加"次要关键字"为"名次"，次序为"升序"，如图 2-2-63 所示。单击"确定"按钮后，数据表的排序效果如图 2-2-64 所示。

图 2-2-63　"排序"对话框

图 2-2-64　数据表的按多列排序效果

技巧与提示

　　排序方式有升序和降序两种方式。按照升序方式，Excel 使用如下规则：文本按照 0～9、空格、各种符号、A～Z 的次序排列，由汉字构成的文本按照汉字的拼音字母次序排列；数值按照从小到大排列；日期按照从小到大排列，靠前的日期被认为比较小，如"2020/9/1"被认为小于"2020/9/5"。无论在升序排序还是降序排序中，空白单元格始终排在最后。

步骤 4：自动筛选查看数据

使用自动筛选查看数据，将工作表"电子商务 2021 班学生成绩表"复制一份，命名为"电子商务 2021 班学生成绩表自动筛选"。选择数据区域 A2:L14，单击"数据"→"排序和筛选"→"筛选"按钮，此时列标题旁自动出现下拉按钮，如图 2-2-65 所示。

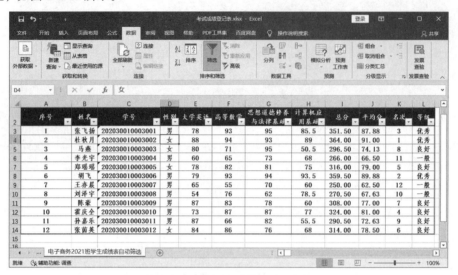

图 2-2-65　使用自动筛选查看数据

（1）使用自动筛选中的筛选功能：选择指定类别数据

选择列标题"性别"旁的下拉箭头，选择"男"选项，数据表筛选显示性别为"男"的数据，效果如图 2-2-66 和图 2-2-67 所示。

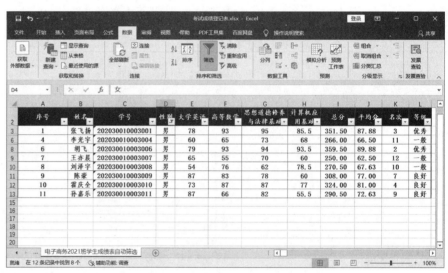

图 2-2-66　设置按照性别筛选数据项　　　　　图 2-2-67　按照性别筛选的数据表

（2）使用自动筛选中的排序命令：对数据按照总分升序排序

选择列标题"总分"旁的下拉箭头，选择"升序"命令，数据表将按照总分升序排序数据。效果如图 2-2-68 所示。

（3）使用自动筛选

将所有女生且平均分低于 80 分的记录筛选出来，首先将数据表恢复成按照学号升序排序。

① 选择数据区域 A2:L12，打开自动筛选功能。单击"性别"标题旁的下拉菜单，选择"文本筛选"→"等于"命令，如图 2-2-69 所示。

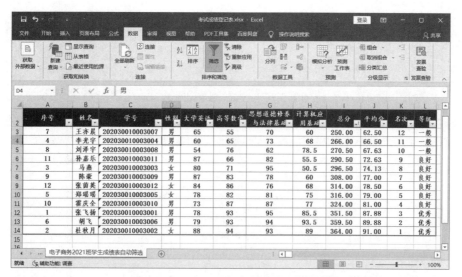

图 2-2-68　按照总分升序排序的数据表

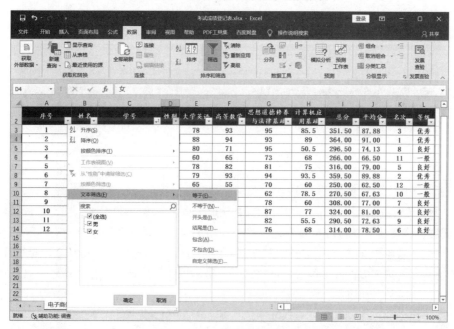

图 2-2-69　对性别进行筛选

② 随即弹出"自定义自动筛选方式"对话框，设定"等于"的值是下拉列表中的"女"，如图 2-2-70 所示。

图 2-2-70　"自定义自动筛选方式"对话框

③ 单击"确定"按钮后，数据筛选结果如图 2-2-71 所示。

	A	B	C	D	E	F	G	H	I	J	K	L
2	序号	姓名	学号	性别	大学英语	高等数学	思想道德修养与法律基础	计算机应用基础	总分	平均分	名次	等级
4	2	杜秋月	202030010003002	女	88	94	93	89	364.00	91.00	1	优秀
5	3	马燕	202030010003003	女	80	71	95	50.5	296.50	74.13	8	良好
7	5	郑瑶瑶	202030010003005	女	78	82	81	75	316.00	79.00	5	良好
14	12	张茜英	202030010003012	女	84	86	76	68	314.00	78.50	6	良好

图 2-2-71 按性别数据筛选

④ 再次单击"平均分"列标题旁的下拉箭头，依次选择"数字筛选"→"小于"命令。在弹出的"自定义自动筛选方式"对话框中，在"小于"后面的框中输入数值"80"，如图 2-2-72 所示。

图 2-2-72 "自定义自动筛选方式"对话框

⑤ 单击"确定"按钮后，数据筛选结果如图 2-2-73 所示。

	A	B	C	D	E	F	G	H	I	J	K	L
2	序号	姓名	学号	性别	大学英语	高等数学	思想道德修养与法律基础	计算机应用基础	总分	平均分	名次	等级
5	3	马燕	202030010003003	女	80	71	95	50.5	296.50	74.13	8	良好
7	5	郑瑶瑶	202030010003005	女	78	82	81	75	316.00	79.00	5	良好
14	12	张茜英	202030010003012	女	84	86	76	68	314.00	78.50	6	良好

图 2-2-73 数据筛选结果

步骤 5：使用高级筛选查看数据

筛选的条件：大学英语成绩大于等于 75 分且高等数学成绩也大于等于 80 分的同学。筛选区域 A2:L14，筛选条件写在 N3:O4 区域，筛选结果复制到 A16 单元格。

① 将工作表"电子商务 2021 班学生成绩表"复制一份，命名为"电子商务 2021 班学生成绩表高级筛选"。

② 首先将筛选条件书写到表格区域中 N3:O4 区域处。筛选条件为：大学英语成绩大于等于 75 分且高等数学成绩也大于等于 80 分的同学，如图 2-2-74 所示。

图 2-2-74 书写筛选条件

技巧与提示

图 2-2-74 展示了筛选条件的书写位置及书写方式。筛选条件书写的位置可以是任意空白区域。书写的方式是，将带条件的列标题单独写在一行中，将"与"关系的条件值写在一行，将"或"关系的条件值分行书写。

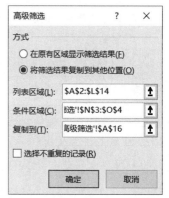

③ 选择数据区域 A2:L14，单击"数据"→"排序和筛选"→"高级"按钮"高级"，弹出"高级筛选"对话框。选择"将筛选结果复制到其他位置"单选按钮；单击"列表区域"后面的图标，折叠对话框后选择区域 A2:L14，再单击图标恢复"高级筛选"对话框；继续通过该方式设置"条件区域"和"复制到"区域。参数仿照图 2-2-75 进行设置。

④ 设置完成后，单击"确定"按钮，即可在数据表中看到高级筛选的结果，如图 2-2-76 所示。

图 2-2-75 "高级筛选"对话框设置

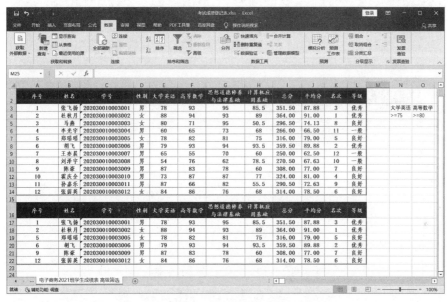

图 2-2-76 高级筛选的结果

技巧与提示

"高级筛选"对话框中的"复制到"区域在设置时要注意如下两个问题：

① 设置的区域列数应等于原始数据区域列数，否则会弹出图 2-2-77 所示的警告框，且得不出来筛选结果。

② 设置的区域的行数应不小于满足条件的记录数，否则会弹出图 2-2-78 所示的对话框。单击"是"按钮，查看结果。如果数据确实丢失，则应重新筛选一次。可以将复制到区域的行数设置为和原数据区域行数相同，则一定不会丢失数据。

图 2-2-77 警告框

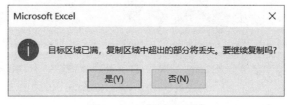

图 2-2-78 提示对话框

步骤 6：使用分类汇总查看数据

使用分类汇总查看男女生的总分的平均值情况，将工作表"电子商务 2021 班学生成绩表"复制一份，命名为"电子商务 2021 班学生成绩表分类汇总"。

① 将数据区域按照"性别"列进行排序，排序方式任选。

② 选择数据区域 A2:K14，单击"数据"→"分级显示"→"分类汇总"按钮" "，打开"分类汇总"对话框。

③ 设置"分类字段"为"性别"，"汇总方式"为"平均值"，"选定汇总项"为"总分"，其他设置如图 2-2-79 所示，最后单击"确定"按钮。

④ 分类汇总后的结果如图 2-2-80 所示，目前显示的级别是 3，单击窗口左上角的分级显示符号" "，隐藏分类汇总表中明细数据行，结果如图 2-2-81 所示。

图 2-2-79 "分类汇总"对话框

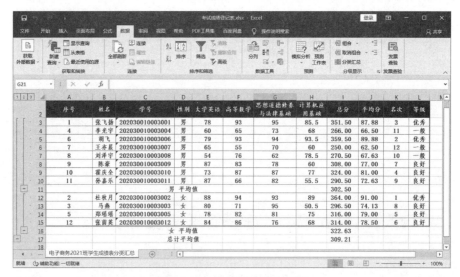

图 2-2-80 分类汇总后的结果

图 2-2-81 隐藏分类汇总表中明细数据行

步骤 7：保存并退出工作簿

保存好"电子商务 2021 班学生成绩表"、"电子商务 2021 班学生成绩表排序"、"电子商务 2021 班学生成绩表自动筛选"、"电子商务 2021 班学生成绩表高级筛选"和"电子商务 2021 班学生成绩表分类汇总"五个工作表，关闭工作簿。至此，完成了图 2-2-53 所示效果的"电子商务 2021 班学生成绩表"的排序、筛选、分类汇总等数据的分析处理工作。

任务 6　创建成绩表图表

任务描述

图表是对 Excel 表格中数据的形象化说明，建立图表的目的是借助图表分析数据，直观展示数据间的对比关系、趋势，可以更加清晰、生动地表现数据，增加表格中信息的直观阅读力度，展现效果远远优于普通文字。针对"电子商务2021班学生成绩表"数据，分析统计并插入饼图、柱形图等操作，掌握图表的创建和编辑技能，做出简洁、有效的图表，能一目了然地得到需要的数据信息，通过图表格式设置及美化，培养学生精益求精的工匠精神。

任务要求：

① 进一步统计分析，计算成绩表各等级人数。
② 创建二维饼图，展示成绩各等级人数情况。
③ 修改二维饼图表样式效果。
④ 创建三维簇状柱形图，展示学生各科课程的成绩情况。

任务实现效果如图 2-2-82 所示。

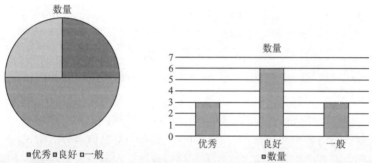

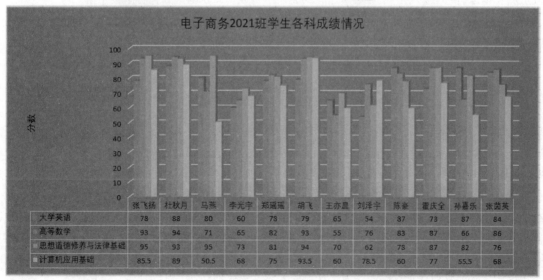

图 2-2-82　使用图表对学生成绩进行的相关分析

任务分析

要完成图 2-2-82 所示的对学生成绩的图表分析效果，首先需要插入相应类型的图表，然后对图表的属性进行设定，通过图表格式的设置，加强同学的审美意识培养，注重培养学生精益求精的工匠精神。在"电子商务2021

班学生成绩表"工作表数据基础上，创建图表并编辑实现任务。本任务主要知识结构如图 2-2-83 所示。

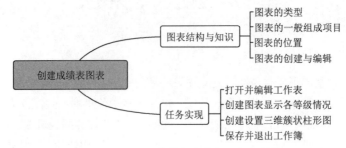

图 2-2-83 "处理成绩表中数据"知识结构

本任务包含的主要内容：
① Excel 2016 中图表的类型、创建、编辑。
② 图表创建任务的实现，柱状图、饼状图的创建与设置。

相关知识

1. 图表的类型

Excel 中内建了多种图表样式，被分为柱形图、折线图、饼图等十一大类，每大类又包含了多种不同的样式效果。在需要建立图表时，我们可以根据自己的需要以及数据特点来选择适当的图表类型。

① 柱形图：用于显示一段时间内的数据变化或显示各项之间的比较情况。
② 折线图：显示随时间而变化的连续数据，适用于显示一段时间内数据的变化趋势。
③ 饼图：显示一个数据系列中各项所占的比例情况。适合显示各数据间所占的百分比。
④ 条形图：显示各个项目之间的比较情况，相当于是柱形图横置。
⑤ 面积图：强调数量随时间而变化的程度，也可用于引起人们对总值趋势的注意。
⑥ 散点图：显示若干数据系列中各数值之间的关系，将数据以点的形式标在坐标系上。
⑦ 股价图：主要用来显示股价的走势。
⑧ 曲面图：显示两组数据之间的最佳组合，以曲面弯曲程度来反映数据的变化。
⑨ 圆环图：像饼图一样，圆环图显示各个部分与整体之间的关系，但是它可以包含多个数据系列。
⑩ 气泡图：排列在工作表列中的数据可以绘制在气泡图中，气泡大小反映数据大小。
⑪ 雷达图：将各数据做成多边形的顶点，比较若干数据系列的聚合值。

2. 图表的一般组成项目

虽然图表有众多类型，样式效果各异，但不同类型的图表所包含的项目大部分是相同的。一般包括如下项目：图表区域、绘图区、图例、坐标轴、网格线、标题等。

① 坐标轴：用于标记图表中的各数据名称。
② 绘图区：图表的整个绘制区域，显示图表中的数据状态。
③ 图表标题：用于显示统计图表的标题名称，能够自动与坐标轴对齐或居中于图表的顶端，在图表中起到说明性的作用。
④ 图表区：图表边框以内的区域，所有的图表元素都在该区域内。
⑤ 图例：用于标识绘图区中不同系列所代表的内容。

3. 图表的位置

图表默认情况下，是和图表所基于的数据源在同一个工作表中的，这样便于对照数据源查看图表。图表在工作表中可以移动到任何位置。图表也可以放置到其他的工作表中。

4．图表的创建与编辑

图表的创建方式很灵活。可以先选择数据源，再创建图表；也可以先创建一张空白图表，再为图表绑定数据源。在创建图表时，选择了图表样式后，创建的图表会采用该类型图表的默认样式。创建完成后，还可以再修改图表的外观样式以及数据源等参数。

步骤 1：打开并编辑工作表

（1）打开成绩表

打开工作表"电子商务 2021 班学生成绩表"，将该表复制一份，命名为"电子商务 2021 班学生成绩表图表"。

（2）计算成绩表各等级人数

在 B17 和 C17 单元格中分别录入内容"等级"、"数量"。在 B18:B20 区域分别输入内容"优秀"、"良好"、"一般"。在 C18 单元格输入公式"=COUNTIF(L3:L14,"优秀")"，在 C19 单元格输入公式"=COUNTIF(L3:L14,"良好")"，在 C20 单元格输入公式"=COUNTIF(L3:L14,"一般")"。至此，考试结果中各个等级的人数统计完成。统计结果如图 2-2-84 所示。

等级	数量
优秀	3
良好	6
一般	3

图 2-2-84　统计结果截图

步骤 2：创建图表显示成绩各等级人数情况

（1）创建二维饼图

选择区域 B17:C20，单击"插入"→"图表"→"饼图"→"二维饼图"的第一种样式，如图 2-2-85 所示。

在数据区域中会自动创建好一张饼图，效果如图 2-2-86 所示。将鼠标移至图表区域，鼠标变成"✥"状态，按下鼠标拖动图表，将图表移动到合适的位置。将鼠标移动到图表的任意一个角上，鼠标变成"⤡"状态，拖动鼠标将图表调整到合适的大小。

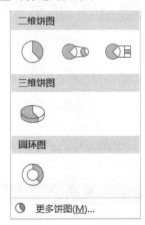

图 2-2-85　选择饼图样式

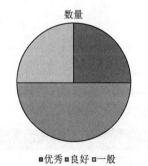

图 2-2-86　创建好的饼图

（2）修改"成绩各等级人数"的饼图样式效果

① 修改图表类型为柱形图。

单击已经创建好的"考试成绩各个等级人数"饼图的图表空白区域。此时，在功能区面板上，新增了一个"图表工具"选项卡。选择"图表工具–图表设计"→"类型"→"更改图表类型"按钮" "，在打开的对话框中选择"柱形图"中的"簇状柱形图"，如图 2-2-87 所示，单击"确定"按钮。

② 修改图表类型为三维饼图。

单击已经创建好的"考试成绩各个等级人数"图表空白区域。此时，在功能区面板上，新增了一个"图表工具"选项卡。选择"图表工具–图表设计"→"类型"→"更改图表类型"按钮" "，在打开的对话框中选择"饼图"中的"三维饼图"，如图 2-2-88 所示，单击"确定"按钮。

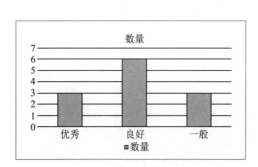

图 2-2-87　修改图表类型为柱形图

图 2-2-88　"更改图表类型"对话框

技巧与提示

当图表被选中后，功能区面板就会出现"图表工具"选项卡。该选项卡用于编辑图表，包括两个子选项卡：图表设计、格式，如图 2-2-89 所示。

图 2-2-89　"图表工具–图表设计"选项卡

① "图表工具–图表设计"选项卡：用于更改图表布局、更改颜色、图表样式修改、更改图表类型、更改数据源。

② "图表工具–格式"选项卡：用于设置所选的图表区域或图表元素的形状样式、艺术字样式、排列位置以及大小，如图 2-2-90 所示。

图 2-2-90　"图表工具–格式"选项卡

③ 修改图表布局。

选择图表，选择"图表工具–图表设计"→"图表样式"组中的样式3，更改后的图表外观如图 2-2-91 所示。

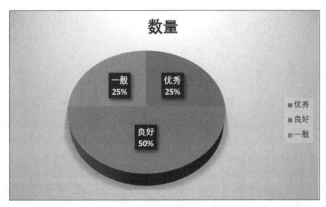

图 2-2-91 更改后的图表外观

④ 修改图例位置为底部。

选择图表，选择"图表工具–图表设计"→"图标布局"→"添加图表元素"→"图例"→"底部"命令。更改后的图表外观如图 2-2-92 所示。

⑤ 修改数据标签位置为外侧。

选择图表，选择"图表工具–图表设计"→"图标布局"→"添加图表元素"→"数据标签"→"数据标签外"命令。更改后的图表外观如图 2-2-93 所示。

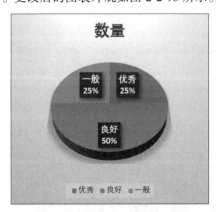

图 2-2-92 更改图例位置后的图表外观

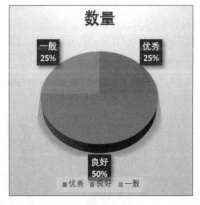

图 2-2-93 更改数据标签位置后的图表外观

技巧与提示

① 在图表的编辑过程中，除了通过"图表工具"选项卡找到我们所需的功能外，还可以在选定了图表区或图表上的元素后，通过右键菜单快速找到所需的功能。

② 当选定不同的对象后，右键菜单的内容也不尽相同。例如：当选择图表区域后，通过右键菜单，可以打开"设置图表区格式"对话框；当选择图表中的绘图区后，通过右键菜单，可以打开"设置绘图区格式"对话框；当选择了标题之类的包含文字的对象时，打开右键菜单的同时，还会打开一个小的文本编辑窗口，利用它可以快速修改文本样式。

步骤3：创建设置三维簇状柱形图

（1）创建三维簇状柱形图，展示学生各科成绩情况

选择数据区域 B2:B14，按住【Ctrl】键选择区域 E2:H14，选择"插入"→"图表"→"柱形图"→"三维柱形图"→"三维簇状柱形图"图。单击后，自动生成的图表效果如图 2-2-94 所示。

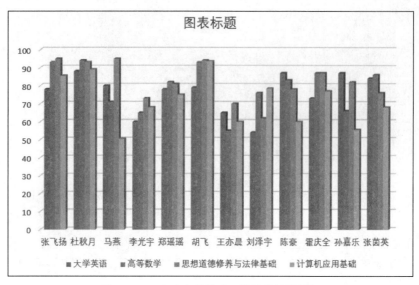

图 2-2-94　自动生成的"三维簇状柱形图"

（2）修改三维簇状柱形图表的外观样式

① 调整图表大小。

将鼠标移动到图表的任意一个角上，鼠标变成"⇖"状态，拖动鼠标将图表调整到合适的大小。

② 套用图表布局样式。

选择图表，选择"图表工具–图表设计"→"图表布局"→"快速布局"→"布局5"选项，图表外观就发生了变化，更改后的图表外观如图2-2-95所示。

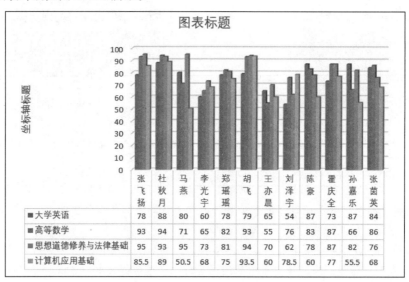

图 2-2-95　更改后的图表外观

③ 修改标题文字。

选择图表标题，修改内容为"电子商务2021班学生各科成绩情况"；选择纵坐标轴标题，修改内容为"分数"。

④ 修改图表区的背景墙和基底。

选择图表区，选择"图表工具–布局"→"背景"→"图表背景墙"→"其他背景墙选项"命令。在打开的"设置背景墙格式"对话框中，选择左侧的"填充"，在右侧选择填充效果为"图片或纹理填充"，再在"纹理"下拉框中选择"水滴"纹理（第一行第五列），设置如图2-2-96所示。

再选择"背景"→"图表基底"→"其他基底选项"命令。打开"设置基底格式"对话框,选择左侧的"填充",在右侧选择填充效果为"纯色填充",再在"颜色"下拉框中选择茶色,如图 2-2-97 所示。

图 2-2-96　设置图表区背景墙填充

图 2-2-97　设置图表区基底填充

⑤ 修改图表区域的轮廓和填充。

在图表区域中的空白区域右击,选择"设置图表区域格式"命令,在打开的对话框中选择"填充",设置填充效果为 45% 的浅蓝色的"纯色填充";选择"边框样式"。

⑥ 选择图表空白区域,选择"图表工具–格式"→"形状样式"→"彩色轮廓-橙色"强调颜色 2;"形状填充"选择标准色:浅蓝;选择"形状效果"→"发光"→"发光变体"的第一行第一列的效果。图表被添加了蓝色发光效果,最终实现图表如图 2-2-98 所示。

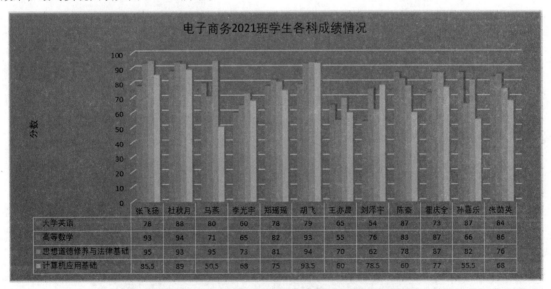
图 2-2-98　修改图表区域轮廓和填充后的图表效果

步骤 4:保存并退出工作簿

保存"电子商务 2021 班学生成绩表"、"计算成绩表各等级人数表"、"电子商务 2021 班学生各科成绩情况"图表、"成绩各等级人数的饼图"图表,关闭工作簿。至此,完成了图 2-2-82 所示效果的"电子商务 2021 班学生成绩表"相关图表的创建和编辑。

任务 7　打印成绩表

任务描述

工作表经编辑、排版和计算处理后，常常需要打印存档，在打印前应设置页面，并在屏幕中预览将要打印的效果。任务主要通过对 Excel 的页面、页边距、页眉页脚、工作表、打印选项进行设置操作，通过布局设置，打印出更精美的图表，使学生掌握页面设置和打印设置的相关知识，培养精益求精的工匠精神。

任务要求：

① "电子商务 2021 班学生成绩表"打印设置。

② 学生各科成绩柱形图的打印设置。

任务实现效果如图 2-2-99 所示。

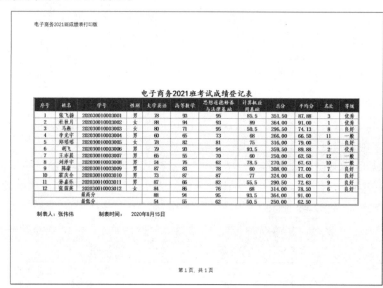

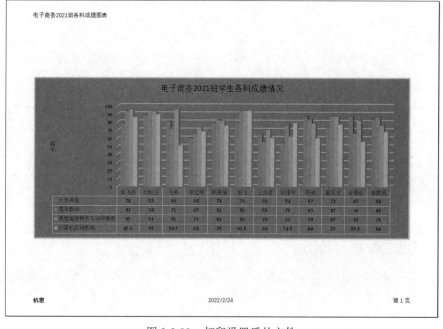

图 2-2-99　打印设置后的文件

任务分析

要完成图 2-2-99 所示的 Excel 表格打印效果,首先需要进行页面设置,设置表格页面、页边距、页眉页脚及工作表,设置完成后进行打印预览和打印,然后对图表的属性进行设定。本任务主要知识结构如图 2-2-100 所示。

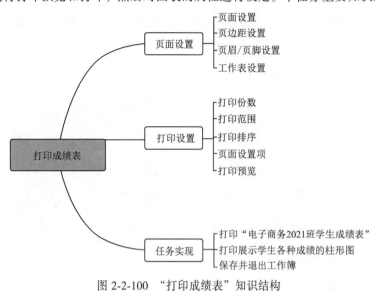

图 2-2-100 "打印成绩表"知识结构

本任务包含的主要内容:
① Excel 页面设置、页边距设置、页眉页脚及工作表设置。
② Excel 打印对话框设置。

相关知识

1. 页面设置

页面设置对话框可实现页面的设置、页边距的设置、页眉页脚的设置、工作表的设置,也可以跳转到打印设置窗口。选择"页面布局"→"页面设置"组的对话框启动器按钮,弹出"页面设置"对话框。

(1)页面设置

设置页面是在"页面设置"对话框中的"页面"选项卡中进行。如图 2-2-101 所示,在其中根据需要设置纸张方向、调整打印缩放比例、设置纸张大小等。纸张方向可以选择横向或纵向,在实际打印时,可以根据打印内容的宽度和高度,通过打印预览观察效果。纸张类型列表中提供了若干种标准纸张类型,打印时候应根据实际要求选择。

(2)页边距设置

单击"页面设置"对话框中的"页边距"选项卡,进行页边距设置。如图 2-2-102 所示,在对话框中可设定页面的上、下、左、右页边距大小,设置页眉、页脚与边距的距离,设置表格的居中方式等。

(3)页眉/页脚设置

单击"页面设置"对话框中的"页眉/页脚"选项卡,如图 2-2-103 所示,可通过" "下拉按钮快捷选择系统给定的页眉页脚,也可以通过"自定义页眉"、"自定义页脚"按钮自主设定页眉、页脚内容。图 2-2-104 和图 2-2-105 中"页眉"和"页脚"对话框中的"左"、"中"、"右"3 个编辑框分别表示在其中输入的内容将显示在页眉或页脚的左边、中间、右边。编辑框上方一排小按钮, 功能依次是格式文本、插入页码、插入页数、插入日期、插入时间、插入文件路径、插入文件名、插入数据表名称、插入图片、设置图片格式等。

图 2-2-101 "页面设置"对话框页面设置

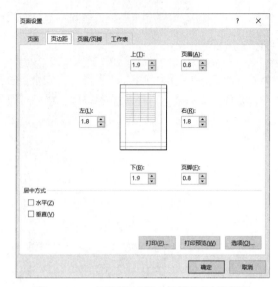

图 2-2-102 "页面设置"对话框页边距设置

图 2-2-103 "页面设置"对话框页眉/页脚设置

图 2-2-104 "页面设置"对话框页眉设置

图 2-2-105 "页面设置"对话框页脚设置

（4）工作表设置

单击"页面设置"对话框中的"工作表"选项卡，出现"工作表"设置窗口，如图 2-2-106 所示，主要设置打印区域和重复打印标题。打印区域默认是整个表格，如果只想打印表格中的部分区域，则需要设置打印区域。当表格很长，有很多页需要打印，顶端标题行选择标题后，打印可以在每页实现标题的重复打印。

图 2-2-106 "页面设置"对话框工作表设置

2．打印设置

单击"文件"→"打印"按钮，即可进入打印设置和预览对话框，可进行快捷的打印设置和打印预览。

（1）打印份数

打印份数说明被打印的目标将被打印出多少份。

（2）打印的目标范围

打印的目标范围可以是下列任何一种：工作簿中的全部工作表、处于活动状态的工作表、选定数据区域、选定的图表。

（3）打印的页数

可选定打印页码范围。

（4）打印对照排序

排序方式包括两种：

① 排序方式"1,1,1 2,2,2 3,3,3"指明打印时先打印出若干份目标对象的第 1 页，接着再打印出若干份目标对

象的第 2 页，依此类推，直至打印完全部页。

② 排序方式"1,2,31,2,31,2,3"指明打印时先打印出一份目标对象的第 1 页至最后一页，接着再打印出第二份目标对象的第 1 页至最后一页，依此类推，直至打印完指定的份数。

（5）纸张的方向

纸张方向可以选择横向或纵向，在实际打印时，可以根据打印内容的宽度和高度，通过打印预览观察效果。

（6）纸张的类型

纸张类型列表中提供了若干种标准纸张类型，打印时应根据实际要求选择。

（7）页边距

页边距用于调整页面内容和纸张边缘的距离。可以选择系统提供的几种默认边距方式，也可以自定义设置。

（8）缩放比例

缩放比例用于对被打印内容进行缩放。比例可以任意设置。

（9）打印预览

单击"文件"→"打印"按钮，在右侧预览打印的效果，如果看不清楚可以滚动鼠标滑轮进行缩放，查看页面布局和打印设置的预览情况，根据需要对页面进行调整。打印预览满意后即可单击"打印"按钮打印。

任务实现

步骤1：打印"电子商务2021班学生成绩表"

① 打开工作表"电子商务 2021 班学生成绩表"，选择"文件"→"打印"命令，此时窗口视图如图 2-2-107 所示。

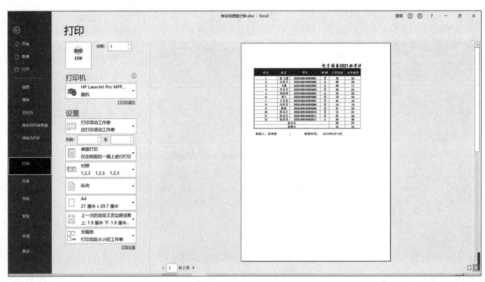

图 2-2-107　文件打印窗口

这是按照默认的纸张类型以及纸张方向显示出的打印预览效果。从窗口下方的页码处可以看到，目前工作表被分成了两页显示。这不是我们想要的效果。

② 在打印选项的"打印"区域，设置打印份数为 3。

③ 在打印选项的"设置"区域，设置"打印的目标范围"为默认的"打印活动工作表"。如果需要更改，可以打开选项的下拉列表进行选择，如图 2-2-108 所示。

④ 在"纸张类型"的下拉列表中选择"A4"。

⑤ 在"纸张方向"的下拉列表中选择"横向"。此时的打印预览效果如

图 2-2-108　打印的目标范围

图 2-2-109 所示。

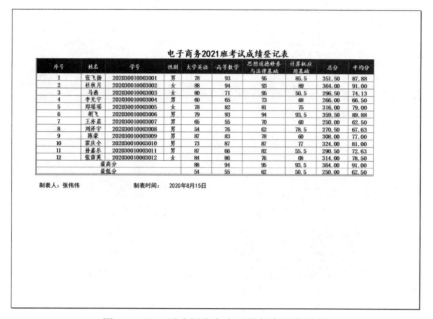

图 2-2-109　更改纸张方向后的打印预览效果

⑥ 调整内容的位置。在"设置"区域的右下角，单击"页面设置"命令。打开"页面设置"对话框。选择"页边距"选项卡，勾选"居中方式"中的"水平"、"垂直"复选框。单击"确定"按钮，如图 2-2-110 所示。

⑦ 添加页眉和页脚信息。

打开"页面设置"对话框，选择"页眉/页脚"选项卡，如图 2-2-111 所示。

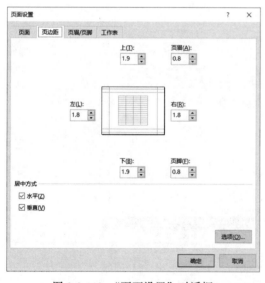

图 2-2-110　"页面设置"对话框

图 2-2-111　"页面设置"对话框-页眉/页脚设置

单击"自定义页眉"按钮，打开"页眉"对话框，如图 2-2-112 所示。在图示的位置处输入信息"电子商务 2021 班成绩表打印版"，单击"确定"按钮。

再在"页脚"处的下拉列表中选择"第 1 页，共 ? 页"选项，如图 2-2-113 所示，最后单击"确定"按钮。

设置完成后，文件的打印预览视图如图 2-2-114 所示。在打印选项的"打印机"区域，选择计算机连接的打印机后，单击"打印"按钮即可。

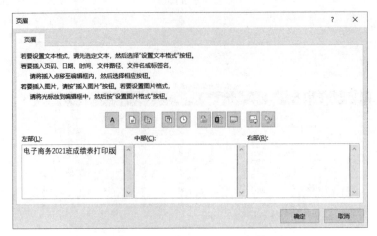

图 2-2-112　设置"页眉"对话框

图 2-2-113　添加页脚信息

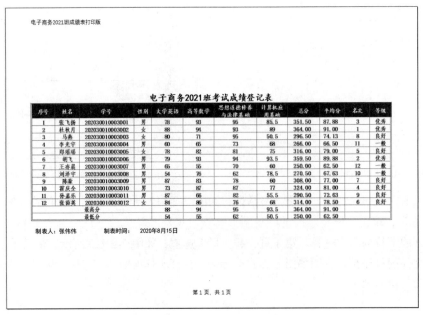

图 2-2-114　设置完成后的打印预览视图

步骤2：打印展示学生各科成绩的柱形图

① 打开上节课创建的"三维簇状柱形图—学生各科课程成绩情况"图所在的表。
② 选择图表区域，选择"文件"→"打印"命令，此时窗口视图如图2-2-115所示。

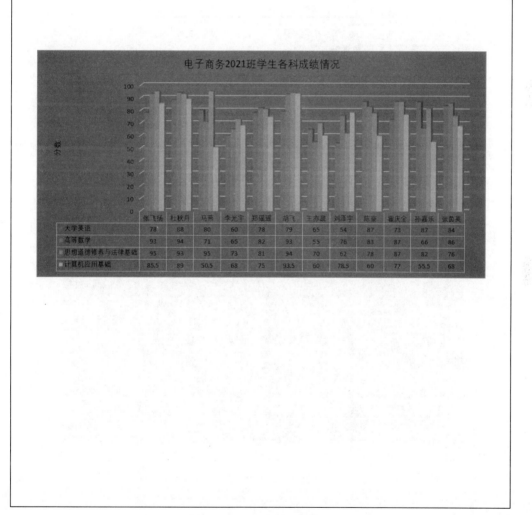

图 2-2-115　打印的目标范围

③ 在打印选项的"设置"区域，由于之前已选定图标区域，所以默认是"打印选定图表"。
④ 在打印选项的"打印"区域，设置打印份数为3。
⑤ 在"纸张类型"的下拉列表中选择"A4"。
⑥ 在"纸张方向"的下拉列表中选择"横向"。

⑦"页面设置"对话框添加页眉和页脚信息。

打开"页面设置"对话框，选择"页眉/页脚"选项卡，单击"自定义页眉"按钮，打开"页眉"对话框，页眉设置为"电子商务2021班各科成绩图表"，单击"确定"按钮。

再在"页脚"处的下拉列表中选择"机密"选项，如图2-2-116所示，最后单击"确定"按钮。

图 2-2-116 添加页脚信息

设置完成后，文件的打印预览视图如图2-2-117所示。在打印选项的"打印机"区域，选择计算机连接的打印机后，单击"打印"按钮即可。

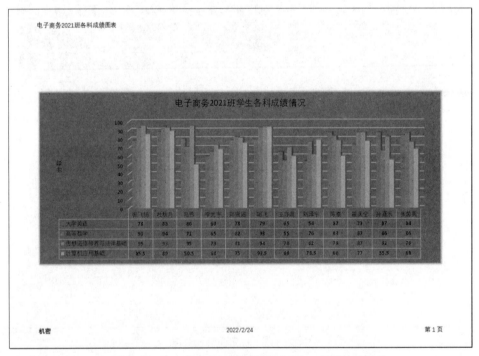

图 2-2-117 实现"成绩表三维簇状图图表"创建编辑操作

步骤3：保存并退出工作簿

保存"电子商务2021班学生成绩表"页面设置、"电子商务2021班学生各科成绩情况"图表页面设置，对打印页面"打印预览"。至此，完成了"电子商务2021班学生成绩表"相关页面的打印设置。

任务 8　使用 WPS 表格编辑处理超市销售情况表

　　WPS Office 完全兼容 Microsoft Office，还提供了适合中国用户的诸多特色功能，公司和个人使用较为普遍。WPS Office 提供的是统一的工作平台，将桌面三套件 WPS 文字、WPS 表格、WPS 演示整合在了一起。在 WPS Office 主界面首页，如图 2-2-118 所示，左侧为功能选项栏，除了打开和新建按钮外，WPS Office 还将常用的附加功能列在了这里。在功能选项栏旁边则是用户常用文档位置以及最近访问文档列表。而在最右侧则有个消息中心，通知用户云文档更新情况、待办事宜、备注事项以及天气预报。

图 2-2-118　WPS Office 主界面首页

　　通过 WPS Office 的"新建"按钮，我们可以像以前那样新建 WPS 文字、WPS 表格、WPS 演示文档、流程图、思维导图等。可以选择丰富的内置模板，不同以前的是，在 WPS Office 中，WPS 文字、WPS 表格和 WPS 演示可以在同一窗口下，而不是在独立的窗口下，用户可使用标签按钮来进行切换，通过标签图标选择各类文档，如图 2-2-119 所示。

图 2-2-119　"WPS Office"新建对象界面

　　WPS 表格与 Microsoft Office Excel 高度兼容，支持保存格式为 WPS 表格文件（*.et）、Excel 文件（*.xlsx）、Excel 97-2003 文件（*.xls）等格式，使用 WPS 表格能正常打开和编辑 Microsoft Office Excel 格式表格文件，如图 2-2-120 所示。通过 WPS Office 的"新建"按钮，选择新建表格后，有"新建空白文档"、"财务系统"和"产品销售情况分析"等，按照提示进行操作可应用软件提供的各种模板，正常情况下直接选择"新建空白文档"，接下来的操作与 Microsoft Office Excel 操作基本一致，如图 2-2-121 所示。

图 2-2-120　WPS 表格文件保存格式

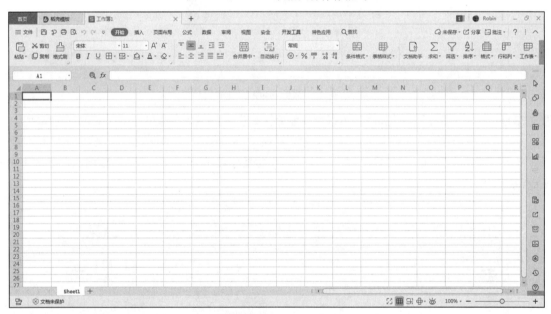

图 2-2-121　WPS 表格

 任务描述

视频
使用 WPS 表格
编辑处理超市
销售情况表

任务主要讲解了使用 WPS 表格实现"超市销售情况表"的创建、编辑、排版、计算处理、图表创建与编辑，系统讲解 WPS 表格处理的详细操作方法。通过任务的学习能掌握 WPS 表格基本操作及相关知识，进一步培养同学们对工具使用的知识迁移能力，进一步强化同学们对数据表格的处理能力。

任务要求：

① 按"超市销售情况表样张一"初始表样张创建表格并录入数据。

② 在表格第一行前插入新行，然后在 A1 单元格内输入内容：新安超市单日销售情况表，对 A1:F1 区域合并单元格，设置字体为微软雅黑，字号为 18，单元格填充背景色为蓝色（RGB 颜色模式：红色 0、绿色 0、蓝色 255），文字颜色为主题颜色：白色，背景 1。

③ 为 A2:F21 区域应用红色、单实线边框（RGB 颜色模式：红色 255、绿色 0、蓝色 0）。
④ 设置 D3:D21 区域的数字格式为：货币、保留 2 位小数、负数（N）选第三项。
⑤ 使用公式计算每类商品的销售额（计算规则：销售额=单价*数量），并填入列对应单元格中。
⑥ 设置 A22 单元格的文本控制为：自动换行，行高为固定值 28。
⑦ 在 B22 单元格使用 SUM 函数计算单日所有商品销售额的和。
⑧ 对 A2:F21 区域的数据根据单价数值按升序排序。
⑨ 根据商品名称列（B2:B21）和销售额列（F2:F21）数据制作三维簇状柱形图，图表标题为：日销售额，左侧显示图例。

"超市销售情况表样张一"初始表样张如图 2-2-122 所示，使用 WPS 表格编辑处理超市销售情况表后，任务实现效果如图 2-2-123 所示。

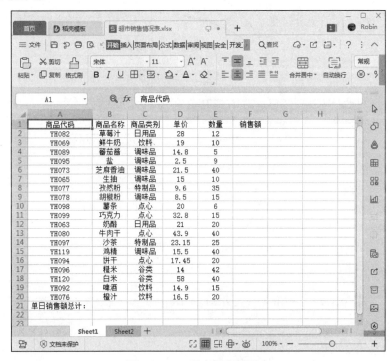

图 2-2-122　超市销售情况表

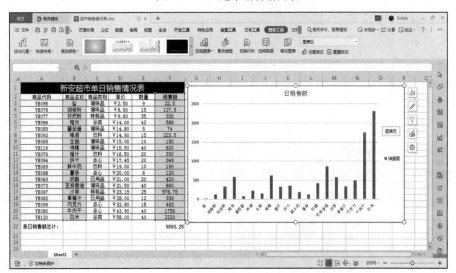

图 2-2-123　"超市销售情况表"编辑处理的实现效果

任务分析

WPS 表格与 Microsoft Office Excel 高度兼容，针对任务中的操作也与 Excel 2016 操作基本一致。首先启动 WPS Office 软件，创建"超市销售情况表"，再按照要求输入表格内数据、设置数字格式、编辑排版工作表，使用输入公式及函数调用方式计算处理表中相关数据，创建并编辑图表，直观展现各商品的日销售额情况。本任务主要知识结构如图 2-2-124 所示。

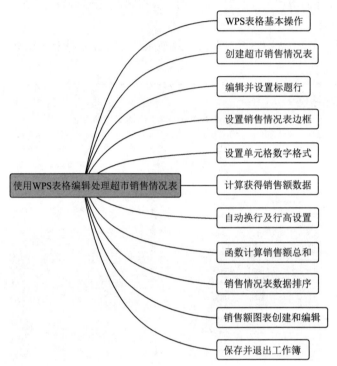

图 2-2-124 "使用 WPS 表格编辑处理超市销售情况表"知识结构

本任务包含的主要内容：
① WPS 表格的基本操作。
② 创建工作表。
③ 设置标题行、边框及单元格数字格式。
④ 使用函数计算表中数据。
⑤ 数据的排序。
⑥ 数据图表创建和编辑。

相关知识

1. WPS 表格的启动、保存和退出

（1）启动 WPS 表格

双击 WPS 快捷图标，启动 WPS Office，单击"新建"→"表格"→"新建空白文档"选项，自动新建了一个空白的工作簿，默认名称为"工作簿 1"。

（2）WPS 表格保存为 .xlsx 类型的 Excel 文件的方法

单击"文件"，在保存文档副本对话框中选择"Excel 文件（*.xlsx）"，在弹出的"另存为"对话框中更改文件名，并将文件目录设置到自己的文件夹中。

（3）退出 WPS 表格的常用方法

单击工作窗口左上角"保存"按钮，保存工作表。单击工作窗口右上角"关闭"按钮，关闭工作簿。

2. WPS 表格的工作簿

所谓工作簿是指在 WPS 表格环境中用来存储并处理工作数据的文件。一个工作簿文件就像一本书，可以包含一个或者多个工作表。所有通过 WPS 表格创建和处理的数据都是以工作簿文件的形式存放在计算机磁盘中。

3. WPS 表格的工作表

工作表是工作簿的基本单位，工作簿一般由若干个工作表组成，一个新的 WPS 表格工作簿默认包含一个工作表，默认名为 Sheet1，实际应用中可以根据需要对工作表进行增加、删除以及更名操作。一个工作表由 1 048 576 行和 16 384 列交叉而成的单元格组成。一个工作表相当于工作簿中的一页，工作表标签显示在工作窗口的左下角。

4. WPS 表格的单元格

单元格是工作表的基本单位，工作表中每个行列交叉处的小方格称为单元格，是填写数字和内容的位置，所有用户录入的数据以及处理的结果均是放在一个个的单元格中。每张工作表由 1 048 576 × 16 384 个单元格组成，行号由数字"1~1 048 576"表示；列号由字母"A~XFD"表示，列号和行号组合成单元格名称。

5. WPS 表格的工作窗口

WPS 表格启动后的程序主界面即工作窗口，如图 2-2-125 所示。下面结合窗口介绍其窗口的组成。

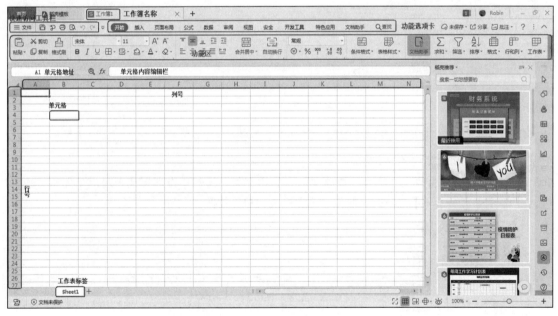

图 2-2-125　WPS 表格工作界面

工作区主要包括标题栏、快速访问工具栏、功能选项卡、功能区等部分组成。功能区位于标题栏下方，分别为"开始"、"插入"、"页面布局"、"公式"、"数据"、"审阅"、"视图"、"安全"、"开发工具"、"特色应用"和"查找"。每个选项卡中包含不同的功能区。功能区由若干组构成，每个组中由若干功能相似的命令组成。其中工作簿窗口位于编辑栏和状态栏之间，由工作表、行号、列号、单元格、滚动条和工作表标签组成，是 WPS 表格的主要输入和编辑区域。

6. 数据格式设置

单元格可以选择的内置数字格式类型共有 12 种类别，分别为常规、数值、货币、会计专用、日期、时间、百分比、分数、科学记数、文本、特殊和自定义。通过选中数据单元格，再右击选择"设置单元格格式"命令进行设置。

关于 WPS 表格其他相关知识及操作与 Excel 2016 基本一致，具体内容在任务实现步骤详解中做进一步介绍。

任务实现

步骤1：创建超市销售情况表

① 启动 WPS Office 后，单击"新建"→"表格"→"新建空白文档"选项，即启动 WPS 表格的编辑环境。

② 自动新建了一个空白的工作簿，默认名称为"工作簿1"。单击"文件"，在保存文档副本对话框中选择"Excel 文件（*.xlsx）"，在弹出的"另存为"对话框中更改文件名为"销售情况表"，并将文件目录设置到自己的文件夹中，如图 2-2-126 所示。

图 2-2-126　WPS 表格"另存为"对话框

③ 在工作表的相应单元格中录入数据。

工作表单元格的数据类型有文本类型、数值类型、货币类型，通过单击即可选中对应单元格，也可以通过【↑】、【↓】、【←】、【→】方向键切换相邻单元格录入相关数据。

步骤2：编辑并设置标题行

（1）在表格第一行前插入新行

选定第一行行号，选择"开始"→"行和列"→"插入单元格"→"插入行"命令，在选定的行之前会插入一新行,若选择了多行，则一次将插入多行。然后在 A1 单元格内输入内容：新安超市单日销售情况表，如图 2-2-127 所示。

（2）标题单元格设置字体格式

将区域 A1:F1 合并单元格，设置字体为微软雅黑，字号为18，单元格填充背景色为蓝色（RGB 颜色模式：红色0、绿色0、蓝色255），文字颜色为主题颜色：白色，背景1。

① 选中区域 A1:F1，选择"开始"→"合并居中"按钮，即可实现区域 A1:F1 合并单元格。

② 选中合并单元格 A1，选择"开始"选项卡字体设置栏右下角"字体设置"按钮 ，弹出"单元格格式"对话框"字体"选项卡，设置字体为微软雅黑，字号为18；主题颜色：白色，背景1，如图 2-2-128 所示。

③ 单击"单元格格式"的"图案"选项卡，单击"其他颜色"按钮，弹出"颜色"对话框，进行单元格底纹设置：蓝色（RGB 颜色模式：红色0、绿色0、蓝色255），如图 2-2-129 和图 2-2-130 所示。

图 2-2-127　插入行

图 2-2-128　"单元格格式"字体设置

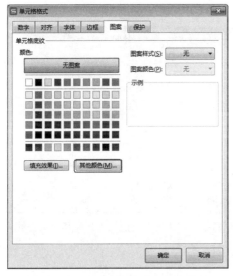

图 2-2-129　"单元格格式"图案设置

图 2-2-130　设置单元格底纹颜色

步骤 3：设置销售情况表边框

为 A2:F21 区域单元格应用红色、单实线边框（RGB 颜色模式：红色 255、绿色 0、蓝色 0）。

选中 A2:F21 区域，选择"开始"→"边框设置"按钮田，弹出"单元格格式"设置对话框的"边框"选项卡，进行边框样式颜色设置：红色、单实线边框（RGB 颜色模式：红色 255、绿色 0、蓝色 0），如图 2-2-131 所示。

步骤 4：设置单元格数字格式

设置 D3:D21 区域单元格的数字格式为：货币、保留 2 位小数、负数（N）选第三项。

选中 D3:D21 区域，选择"开始"选项卡数字设置栏组"数字设置 ↵"按钮，弹出"单元格格式"设置对话框，在"数字"选项卡中进行边框样式颜色设置：货币、保留 2 位小数、负数（N）选第三项，如图 2-2-132 所示。

步骤 5：计算获得销售额数据

使用公式计算每类商品的销售额（计算规则：销售额=单价*数量），并填入列对应单元格中。

选中 F3 单元格，在其中输入"=D3*E3"后按【Enter】键，即可计算出 F3 单元格内的"销售额"，如图 2-2-133 所示。使用智能填充柄向下引用公式的方式快速计算出 F4:F21 的销售额值，如图 2-2-134 所示。

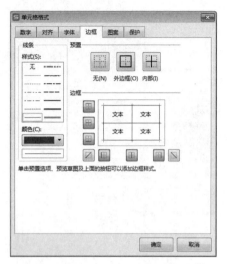

图 2-2-131 “单元格格式”边框设置

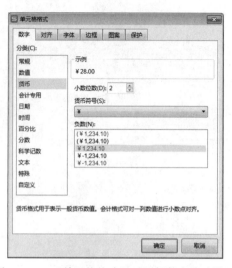

图 2-2-132 “单元格格式”对话框数字格式设置

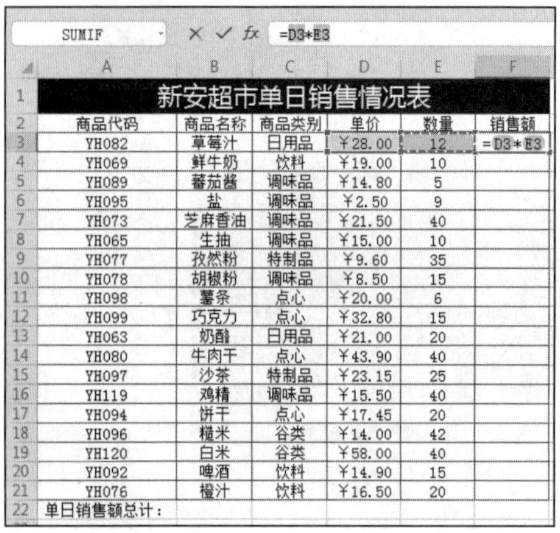

	A	B	C	D	E	F
1	新安超市单日销售情况表					
2	商品代码	商品名称	商品类别	单价	数量	销售额
3	YH082	草莓汁	日用品	¥28.00	12	=D3*E3
4	YH069	鲜牛奶	饮料	¥19.00	10	
5	YH089	番茄酱	调味品	¥14.80	5	
6	YH095	盐	调味品	¥2.50	9	
7	YH073	芝麻香油	调味品	¥21.50	40	
8	YH065	生抽	调味品	¥15.00	10	
9	YH077	孜然粉	特制品	¥9.60	35	
10	YH078	胡椒粉	调味品	¥8.50	15	
11	YH098	薯条	点心	¥20.00	6	
12	YH099	巧克力	点心	¥32.80	15	
13	YH063	奶酪	日用品	¥21.00	20	
14	YH080	牛肉干	点心	¥43.90	40	
15	YH097	沙茶	特制品	¥23.15	25	
16	YH119	鸡精	调味品	¥15.50	40	
17	YH094	饼干	点心	¥17.45	20	
18	YH096	糙米	谷类	¥14.00	42	
19	YH120	白米	谷类	¥58.00	40	
20	YH092	啤酒	饮料	¥14.90	15	
21	YH076	橙汁	饮料	¥16.50	20	
22	单日销售额总计:					

图 2-2-133 使用公式计算销售额

	A	B	C	D	E	F
1	新安超市单日销售情况表					
2	商品代码	商品名称	商品类别	单价	数量	销售额
3	YH082	草莓汁	日用品	¥28.00	12	¥336.00
4	YH069	鲜牛奶	饮料	¥19.00	10	¥190.00
5	YH089	番茄酱	调味品	¥14.80	5	¥74.00
6	YH095	盐	调味品	¥2.50	9	¥22.50
7	YH073	芝麻香油	调味品	¥21.50	40	¥860.00
8	YH065	生抽	调味品	¥15.00	10	¥150.00
9	YH077	孜然粉	特制品	¥9.60	35	¥336.00
10	YH078	胡椒粉	调味品	¥8.50	15	¥127.50
11	YH098	薯条	点心	¥20.00	6	¥120.00
12	YH099	巧克力	点心	¥32.80	15	¥492.00
13	YH063	奶酪	日用品	¥21.00	20	¥420.00
14	YH080	牛肉干	点心	¥43.90	40	¥1,756.00
15	YH097	沙茶	特制品	¥23.15	25	¥578.75
16	YH119	鸡精	调味品	¥15.50	40	¥620.00
17	YH094	饼干	点心	¥17.45	20	¥349.00
18	YH096	糙米	谷类	¥14.00	42	¥588.00
19	YH120	白米	谷类	¥58.00	40	¥2,320.00
20	YH092	啤酒	饮料	¥14.90	15	¥223.50
21	YH076	橙汁	饮料	¥16.50	20	¥330.00
22	单日销售额总计:					

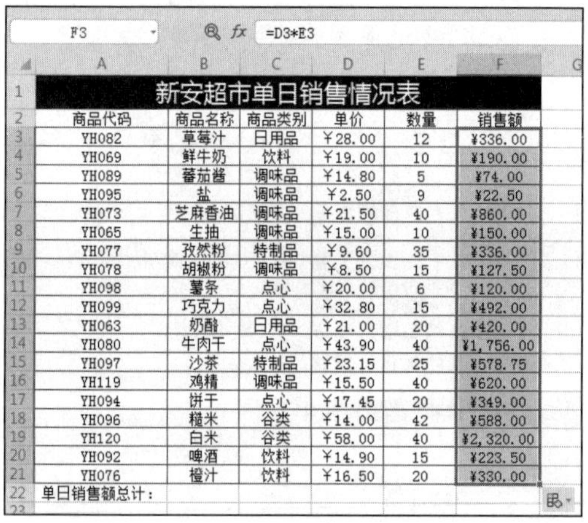

图 2-2-134 使用填充柄拖动计算其他销售额

步骤 6：自动换行及行高设置

设置 A22 单元格的文本控制为自动换行，行高为固定值 28。

① 选中 A22 单元格，选择“开始”选项卡对齐组“对齐设置”按钮，弹出“单元格格式”对话框，在“对齐”选项卡中进行对齐设置：在自动换行前单击选中“√”。

② 选中 A22 单元格，选择“开始”→“行和列”→“行高”命令，弹出“行高”对话框，输入数据 28，如图 2-2-135 所示。

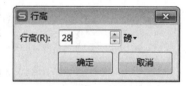

图 2-2-135 行高设置

步骤 7：函数计算销售额总和

在 B22 单元格使用 SUM 函数计算单日所有商品销售额的和。

选中 F22 单元格，选择“公式”选项卡“自动求和”按钮 Σ，进行快捷求和运算；或者选择“公式”选项卡“插入函数”按钮，弹出“插入函数”对话框，选择 SUM 函数，在 SUM 函数参数处选择 F3:F21，单击“确定”按钮，如图 2-2-136 和图 2-2-137 所示。

步骤 8：销售情况表数据排序

对 A2:F21 区域的数据根据单价数值按升序排序。

选中 A2:F21 区域，选择“数据”选项卡“排序”按钮，弹出“排序”对话框，设置主要关键字为单价，次序为升序，如图 2-2-138 所示。

图 2-2-136 "插入函数"对话框

图 2-2-137 "函数参数"设置对话框

图 2-2-138 "排序"对话框

步骤 9：销售额图表创建和编辑

根据商品名称列（B2:B21）和销售额列（F2:F21）数据制作三维簇状柱形图，图表标题为日销售额，左侧显示图例。

① 选中 B2:B21 区域，按住【Ctrl】键后再选择 F2:F21 区域，单击"插入"选项卡"图表"组的"全部图表"按钮，弹出"插入图表"对话框，选择"簇状柱形图"，单击"插入"按钮，如图 2-2-139 所示。

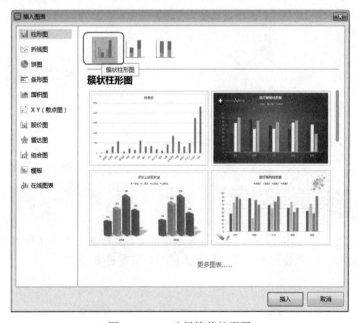

图 2-2-139 选择簇状柱形图

② 双击图表标题，直接修改为日销售额，选中图表，单击"添加元素"→"图例"→"右侧"命令，如图 2-2-140 所示。

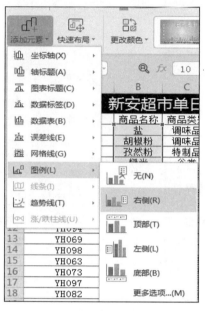

图 2-2-140 设置图例位置

③ 单击"确定"按钮，插入簇状柱形图成功，将图表移至合适位置，完成图表创建和编辑如图 2-2-141 所示。

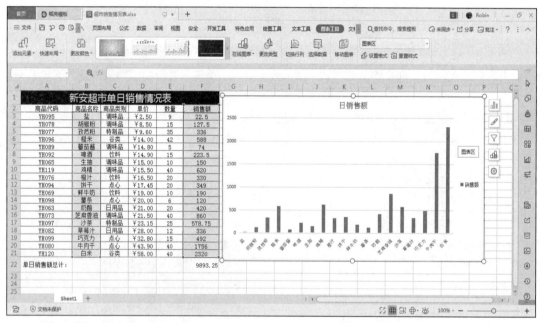

图 2-2-141 实现"超市销售情况表"创建和处理操作

步骤10：保存并退出工作簿

单击工作窗口左上角"保存"按钮，保存"超市销售情况表"工作表。单击工作窗口右上角"关闭"按钮，关闭工作簿。至此，图 2-2-141 所示效果的"超市销售情况表"编辑处理完成。

单 元 小 结

本单元通过前 7 个任务对 Excel 2016 的常用功能进行介绍，主要包括：数据的录入与编辑、单元格的格式设置，工作簿、工作表、单元格的基本操作，工作表编辑及格式化操作，公式和函数的使用，单元格的引用，数据的排序、筛选、分类汇总，图表的创建与编辑，电子表格打印输出等主要内容。通过最后一个任务对 WPS 表格的常用功能进行介绍并使用 WPS 表格实现超市销售情况表的创建、编辑、排版、计算处理、图表创建与编辑，系统讲解 WPS 表格处理表格的详细操作方法。

读者经过本单元的学习后，可以掌握 Excel 2016 的主要常用功能，可熟练使用 Excel 2016 实现表格的创建、编辑、排版、计算处理、图表插入及打印设置，同时具备 WPS 表格的创建、编辑以及数据处理的能力。

单 元 练 习

一、单选题

1. 关于 Excel 与 Word 在表格处理方面，最主要的区别是（　　）。
   A. 在 Excel 中能做出比 Word 更复杂的表格
   B. 在 Excel 中可对表格的数据进行汇总、统计等各种运算和数据处理，而 Word 不行
   C. Excel 能将表格中数据转换为图形，而 Word 不能转换
   D. 上述说法都不对

2. Excel 中要选取多个连续的工作表，在单击时按键盘上的（　　）键。
   A. 【Shift】　　　　B. 【Ctrl】　　　　C. 【Alt】　　　　D. 【Tab】

3. Excel 中要选取多个不连续的工作表，在单击时按键盘上的（　　）键。
   A. 【Shift】　　　　B. 【Ctrl】　　　　C. 【Alt】　　　　D. 【Tab】

4. 在 Excel 单元格内输入较多的文字需要换行时，按（　　）键能够完成此操作。
   A. 【Ctrl+Enter】　　B. 【Alt+Enter】　　C. 【Shift+Enter】　　D. 【Enter】

5. Excel 中，单元格地址是指（　　）。
   A. 每一个单元格　　　　　　　　B. 每一个单元格的大小
   C. 单元格所在的工作表　　　　　D. 单元格在工作表中的位置

6. Excel 中，当操作数发生变化时，公式的运算结果（　　）。
   A. 会发生改变　　　　　　　　　B. 不会发生改变
   C. 与操作数没有关系　　　　　　D. 会显示出错信息

7. Excel 中，公式中运算符的作用是（　　）。
   A. 用于指定对操作数或单元格引用数据执行何种运算
   B. 对数据进行分类
   C. 比较数据
   D. 连接数据

8. Excel 关于筛选掉的记录的叙述，下面（　　）是错误的。
   A. 不打印　　　　B. 不显示　　　　C. 永远丢失了　　　　D. 在预览时不显示

9. Excel 中 A:C 表示的是（　　）。
   A. 错误的表示方法　　　　　　　B. A 列和 C 列的所有单元格
   C. 不是 A 列和 C 列的所有单元格　D. A 列到 C 列的单元格区域

10. Excel 中 1:3 表示的是（　　）。
    A. 第 1 行到第 3 行的单元格区域　　B. 第 1 行和第 3 行所有单元格

C. 第1列到第3列的单元格区域　　　　　D. 第1列和第3列所有单元格

11. 设Excel工作表中A1单元的数据为TRUE，B1单元中的数据为FALSE，则条件函数=IF(A1,B1,3)的结果为（　　）。

    A. TRUE　　　　B. FALSE　　　　C. 3　　　　D. 4

12. 关于"填充柄"的说法不正确的是（　　）。

    A. 它位于活动单元格的右下角　　　　B. 它的形状是"+"字形
    C. 它可以填充颜色　　　　D. 只能填充内容，不能填充格式

13. 在Excel工作表中，利用C5单元格的填充柄形成单元格D5中的公式"=$B$2+C4"，则C5单元格中的公式为（　　）。

    A. =$A$2+B4　　　　B. $B$2+B4　　　　C. =$A$2+C4　　　　D. =$B$2+C4

14. 在Excel工作表中，不正确的单元格地址是（　　）。

    A. C$66　　　　B. $C66　　　　C. C6$6　　　　D. $C$66

15. Excel工作表中，单元格区域D2:E4所包含的单元格个数是（　　）。

    A. 5　　　　B. 6　　　　C. 7　　　　D. 8

16. Excel工作表中，（　　）是单元格的混合引用。

    A. B10　　　　B. $B$10　　　　C. B$10　　　　D. 以上都不对

17. Excel中选择不连续区域要按（　　）键。

    A. 【Shift】　　　　B. 【Alt】　　　　C. 【Ctrl】　　　　D. 【Esc】

18. Excel的"文件"菜单"打开"中列出的文件名表示（　　）。

    A. 最近操作过的工作簿清单　　　　B. 正在操作的工作簿清单
    C. 最近操作过的工作表清单　　　　D. 正在操作的工作表清单

19. Excel是一种（　　）软件。

    A. 文字处理　　　　B. 数据库　　　　C. 演示文档　　　　D. 电子表格

20. 下列关于Excel的叙述中，正确的是（　　）。

    A. Excel工作表的名称由文件名决定
    B. Excel允许一个工作簿中包含多个工作表
    C. Excel的图表必须与生成该图表的有关数据处于同一张工作表上
    D. Excel将工作簿的每一张工作表分别作为一个文件夹保存

21. 在Excel中，如果想输入当天日期，可按（　　）组合键。

    A. 【Ctrl+Shift+;】　　　　B. 【Ctrl+;】　　　　C. 【Alt+Ctrl+;】　　　　D. 【Shift+;】

22. 在Excel中，使用填充柄可以快速输入数据到单元格中，填充柄的位置在单元格选定框的（　　）。

    A. 左上角　　　　B. 左下角　　　　C. 右下角　　　　D. 右上角

23. 在新建的Excel 2016工作簿中，默认的工作表有（　　）个。

    A. 5个　　　　B. 1个　　　　C. 3个　　　　D. 2个

24. 图表工作表的工作表名称约定为（　　）。

    A. Sheet　　　　B. Chart　　　　C. Graph　　　　D. Xls

25. 以下单元格地址中，（　　）是相对地址。

    A. $A$1　　　　B. $A1　　　　C. A$1　　　　D. A1

26. 在Excel中，选中单元格，执行"删除单元格"命令时，（　　）。

    A. 将删除该单元格所在列　　　　B. 将删除该单元格所在行
    C. 将彻底删除该单元格　　　　D. 弹出"删除"对话框

27. 在Excel中，若单元格的数字显示为一串"#"符号，应采取的措施是（　　）。

A. 改变列的宽度，重新输入

B. 列的宽度调整到足够大，使相应数字显示出来

C. 删除数字，重新输入

D. 扩充行高，使相应数字显示出来

28. Excel设置的单元格水平对齐方式中不包括（　　）。
    A. 两端对齐　　　　B. 左对齐　　　　C. 分散对齐　　　　D. 合并对齐

29. 下面（　　）是Excel相对地址表示方式。
    A. F2　　　　　　　B. 2F　　　　　　C. 1A2　　　　　　D. $X6

30. 下面（　　）正确表示A1、A2、B1、B2四个单元格组成的区域。
    A. A1,B2　　　　　B. A1:B2　　　　　C. A1,A2,B1,B2　　D. B2:B1

31. 在Excel 2016中，单元格B2的列相对引用行绝对引用的混合引用地址为（　　）。
    A. $B$2　　　　　B. $B2　　　　　　C. B$2　　　　　　D. B2

32. Excel 2016主界面窗口中编辑栏上的"fx"按钮用来向单元格插入（　　）。
    A. 文字　　　　　　B. 数字　　　　　　C. 公式　　　　　　D. 函数

33. 在Excel 2016中，要统计一行数值的总和，可以使用的函数是（　　）。
    A. COUNT　　　　　B. AVERAGE　　　　C. MAX　　　　　　D. SUM

34. Excel 2016中，在单元格中输入公式，应首先输入的是（　　）。
    A. :　　　　　　　B. =　　　　　　　C. ?　　　　　　　D. ="

35. 在Excel 2016中，求一组数值中的平均值函数为（　　）。
    A. AVERAGE　　　　B. MAX　　　　　　C. MIN　　　　　　D. SUM

36. 在Excel中，工作表的D7单元格公式："=A7+$B$4"，若在第3行处插入一新行，则插入后原单元格中的内容为（　　）。
    A. =A8+$B$4　　　B. =A8+$B$5　　　C. =A7+$B$4　　　D. =A7+$B$5

37. 在Excel中插入图表后，如果数据表中数据进行了修改，则（　　）。
    A. 图表不受影响　　B. 图表也相应改动　C. 图表消失　　　　D. 系统出错

38. Excel中使用（　　）功能区建立图表。
    A. "格式"　　　　　B. "插入"　　　　　C. "数据"　　　　　D. "编辑"

39. 下列选项中（　　）不是Excel所能产生的图表类型。
    A. 柱形图　　　　　B. 条形图　　　　　C. 饼图　　　　　　D. 方形图

40. 在Excel中，在打印学生成绩单时，对不及格的成绩用醒目的方式表示（如用红色表示等），应使用（　　）。
    A. 查找　　　　　　B. 条件格式　　　　C. 数据筛选　　　　D. 定位

41. Excel中默认的打印纸张的规格是（　　）。
    A. A3　　　　　　　B. A4　　　　　　　C. B4　　　　　　　D. B5

42. 在Excel中打印命令的组合键是（　　）。
    A. 【Ctrl+P】　　　B. 【Ctrl+N】　　　C. 【Ctrl+O】　　　D. 【Ctrl+S】

43. 在Excel中的打印方向有（　　）。
    A. 横向　　　　　　B. 纵向　　　　　　C. 45°方向　　　　D. A和B都正确

44. 在打印工作前就能看到实际打印效果的操作是（　　）。
    A. 仔细观察工作表　B. 打印预览　　　　C. 按【F8】键　　　D. 分页预览

45. 在单元格中输入数字字符串00080（邮政编码）时，应输入（　　）。
    A. 0080　　　　　　B. "00080　　　　　C. '00080　　　　　D. 00080'

46. 在单元格中输入（　　），使该单元格显示0.3。

A. 6/20　　　　B. =6/20　　　　C. "6/20"　　　　D. ="6/20"

47. Excel 中，让某单元格里数值保留两位小数，下列（　　）不可实现。
   A. 选择"数据"→"有效数据"命令
   B. 选择单元格右击，在右键快捷菜单中选择"设置单元格格式"命令
   C. 选择工具条上的按钮"增加小数位数"或"减少小数位数"
   D. 选择"开始"→"数字"命令，在对话框中进行设置

48. Excel 中可以利用（　　）进行快速格式的复制。
   A. 剪切　　　　B. 复制　　　　C. 粘贴　　　　D. 格式刷

49. 在 Excel 2016 表格图表中，不存在的图形类型是（　　）。
   A. 条形图　　　B. 扇形图　　　C. 柱形图　　　D. 饼图

50. Excel 中图表的图例，不可以（　　）。
   A. 改变位置　　B. 改变大小　　C. 编辑　　　　D. 移出图表外

二、判断题

1. Microsoft Office Excel 2016 是 Microsoft 公司推出的 Office 系列办公软件中的电子表格处理软件，是办公自动化集成软件包的重要组成部分。（　　）
2. 启动 Excel 程序后，会自动创建文件名为"文档1"的 Excel 工作簿。（　　）
3. 启动 Excel 程序后，会自动创建文件名为"工作簿1"的 Excel 工作簿。（　　）
4. Excel 2016 和 WPS 表格均是微软公司 Office 2016 的成员。（　　）
5. Excel 的工作表名显示在窗口的左下角。（　　）
6. Excel 工作簿的扩展名是".XLSX"。（　　）
7. 在 Excel 中，单元格数据格式只包括数字格式。（　　）
8. 在 Excel 中，若用户在单元格中输入"(5)"表示数值5。（　　）
9. 在 Excel 单元格中，按【Alt+Enter】组合键，强制折行输入。（　　）
10. 默认情况，按【Enter】键向上移动活动单元格。（　　）
11. 一个工作簿中，包括多个工作表，在保存工作簿文件时，只保存有数据的工作表。（　　）
12. Excel 中处理并存储数据的基本工作单位称为单元格。（　　）
13. 正在处理的单元格称为活动单元格。（　　）
14. 打开某工作簿，进行编辑操作后，单击快速访问工具栏上的"保存"按钮，会弹出"另存为"对话框。（　　）
15. 编辑栏用于编辑当前单元格的内容。如果该单元格中含有公式，则公式的运算结果会显示在单元格中，公式本身会显示在编辑栏中。（　　）
16. 在 Excel 中，图表的大小和类型可以改变。（　　）
17. 如果工作表的数据比较多时，可以采用工作表窗口冻结的方法，使标题行或列不随滚动条移动。（　　）
18. 在 Excel 2016 数据列表的应用中，对数据的排序只能按列进行，如果指定列的数据有相同部分的情况，可以使用多列（次关键字）排序，Excel 2016 允许对不超过 3 列的数据进行排序。（　　）
19. 在 Excel 数据列表的应用中，分类汇总只适合于按一个字段分类，且数据列表的每一列数据必须有列标题，分类汇总前不必对分类字段进行排序。（　　）
20. "混合引用"可以只固定行或固定列，没有被固定的部分，依然会依据相对地址调整引用。（　　）

三、操作题

1. 请在 Excel 中对所给定的工作表完成以下操作，设置完成的样张如下图所示。

（1）将工作表Sheet1重命名为：实验室设备维修情况。

（2）将表中A1单元格中文字"2017年—2020年实验室设备维修（台次）"，设置字体：仿宋，字形：加粗，字号：16，合并单元格，居中对齐。

（3）在表中A8单元格内输入内容：合计，在第8行对应单元格使用SUM函数计算各实验室设备维修数量之和。

（4）设置表中A2:E2单元格区域的填充背景色：自定义颜色（RGB颜色模式：红色120，绿色120，蓝色200），文字颜色：主题颜色-白色，背景1。

（5）设置表中A2:E8单元格区域的边框：自定义颜色（RGB颜色模式：红色200，绿色120，蓝色0）单实线内、外边框，文本对齐方式：水平居中对齐。

（6）设置表中A2:E8区域单元格格式的行高：16，列宽：20。

（7）在表中对A2:E7区域的数据根据"2018年"列数值降序排序。

（8）在表中选择数据区域A2:E4制作簇状条形图，图表的标题：机房设备维修数量，添加数据标签，图例位置：靠上。

Excel样张

2. 请在Excel中对所给定的工作表完成以下操作，设置完成的样张如下图所示。

（1）将工作表Sheet1重命名为：水果价格月度数据。

（2）将表中A1:G1区域单元格合并，标题"水果集贸市场价格当期值(元/公斤)"居中，设置标题字体：楷体，字形：加粗，字号：18。

（3）在表中F2单元格输入内容：平均价格，在F列对应单元格使用AVERAGE函数计算各种水果前四个月的价格平均值。

（4）在表中G2单元格输入内容：补贴，在G列对应单元格使用IF函数计算水果价格的贴补，平均价格小于10元的补贴为2元，否则补贴为1元。

（5）设置表中A2:G2区域单元格的填充背景色：标准色-深红（RGB颜色模式：红色192，绿色0，蓝色0），文字颜色：主题颜色-白色，背景1。

（6）设置表中A2:G5区域单元格格式的行高：18，列宽：自动调整列宽。

（7）设置表中A2:G5区域单元格的边框：单实线内、外边框，文本对齐方式：水平居中对齐、垂直居中对齐，自动换行。

（8）在表中选择数据区域A2:E5制作带数据标记的折线图，图表的标题：市场价格图，图例位置：底部，添加数据标签。

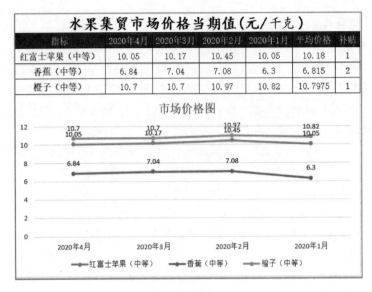

Excel 样张

3. 请在 Excel 中对所给定的工作表完成以下操作，设置完成的样张如下图所示。

（1）将工作表 Sheet1 重命名为：网站访问数据。

（2）在表的第一行前添加新行，然后在 A1 单元格填入文字，内容：下表为五月份前半月网站访问数据；设置字体：仿宋，字形：加粗，字号：18；居中对齐。

（3）在"网站访问数据"表中设置 A2:E2 区域单元格的填充背景色：标准色-红色（RGB 颜色模式：红色 255，绿色 0，蓝色 0），图案样式：6.25%灰色，文字颜色：主题颜色-茶色，背景 2。

（4）在"网站访问数据"表中 C 列对应单元格使用公式计算老访客数，老访客数=访客数-新访客数，注：新访客数在 Sheet2 表中。

（5）在"网站访问数据"表中 E 列对应单元格使用公式计算人均浏览量（访问深度），人均浏览量=浏览量/访客数，在 C20 单元格使用 COUNTIF 函数统计老访客数>=400 的天数。

（6）在"网站访问数据"表中 E3:E19 区域单元格中的数字格式：数值，保留 2 位小数、负数（N）选第三项。

（7）在"网站访问数据"表中设置 A2:E19 区域单元格的边框：自定义颜色（RGB 颜色模式：红色 200，绿色 120，蓝色 0）单实线内、外边框，文本对齐方式：水平居中对齐，自动换行。

（8）在"网站访问数据"表中设置 A2:E19 区域单元格格式的行高：18，列宽：25。

下表为五月份前半月网站访问数据				
统计日期	访客数	老访客数	浏览量	人均浏览量（访问深度）
5月1日	3,699	313	8,032	2.17
5月2日	3,497	364	7,410	2.12
5月3日	5,777	359	9,792	1.69
5月4日	3,442	417	6,717	1.95
5月5日	2,981	340	5,777	1.94
5月6日	5,136	322	10,712	2.09
5月7日	3,076	323	6,255	2.03
5月8日	2,849	311	6,015	2.11
5月9日	2,616	294	5,047	1.93
5月10日	2,339	278	4,930	2.11
5月11日	2,809	253	5,882	2.09
5月11日	2,809	253	5,882	2.09
5月12日	2,609	249	5,194	1.99
5月13日	15,682	294	45,917	2.93
5月14日	5,702	953	14,559	2.55
5月15日	3,282	628	8,981	2.74
5月16日	2,644	479	5,863	2.22
4				

Excel 样张

单元 3 演示文稿制作

【单元导读】

演示文稿是人们用来交流信息的一种重要工具，常用在教育培训、工作会议、企业宣传、论文答辩等场合中，它能生动形象地展示演示内容，准确地传递信息，善用演示文稿，可使得受众能很好地理解并掌握演示者的意图。

PowerPoint 2016 是一种功能强大的演示文稿制作软件。它通过幻灯片的文本格式编排、母版的设计、各类对象的引用、动画效果的设计，制作出图文并茂、感染力强的演示文稿。

【知识要点】

- 插入和格式化文本、形状和图片
- 幻灯片母版的设置方法
- 幻灯片切换方式
- 幻灯片动画的设置
- 审阅和发布演示文稿

任务 1　制作简单的演示文稿

任务描述

演示文稿是应用信息技术，将文字、图片、声音、动画、超链接等多种媒体有机结合在一起形成的多媒体幻灯片，广泛应用于教育培训、工作会议、企业宣传、论文答辩等场合中，学习制作多媒体演示文稿是信息技术课程的一个重要内容，PowerPoint 通常用 PPT 这个简称来表示。

某同学的毕业答辩演示文稿初稿如图 2-3-1 所示。本任务是要编辑完成这样一个演示文稿。

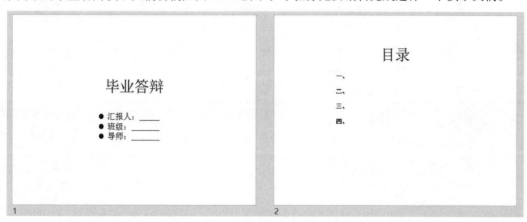

视频
制作简单的演示文稿

图 2-3-1　毕业答辩 PPT 初稿

任务要求：
① PowerPoint 2016 的启动、新建和退出。
② 了解 PowerPoint 2016 的窗口的组成。
③ 幻灯片简单内容的添加。
④ 幻灯片的删除、添加和移动。

任务分析

要完成演示文稿的创建，需要启动 PowerPoint 2016，在创建的新演示文稿中创建 2 张幻灯片，并且在各个幻灯片中输入相应的文字，并最终保存新建的演示文稿，本任务主要知识结构如图 2-3-2 所示。

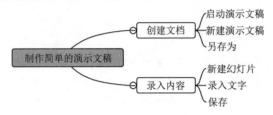

图 2-3-2 "制作简单的演示文稿"知识结构

本任务包含的主要内容：
① PowerPoint 2016 的启动和窗口的组成。
② 演示文稿的创建、保存和关闭。
③ 幻灯片的删除、添加和移动。

相关知识

1. PowerPoint 2016 的启动和退出

启动 PowerPoint 2016 与启动其他 Office 应用程序一样，单击"开始"→"所有程序"→"Microsoft Office"→"Microsoft Office PowerPoint 2016"命令，就可以启动 PowerPoint 2016 了，PowerPoint 2016 启动后主界面如图 2-3-3 所示。

图 2-3-3 PowerPoint 2016 的启动主界面

退出 PowerPoint 2016 非常简单，有以下两种方法可以选择。

方法一：直接单击软件窗口右上角的"关闭"按钮"✕"。

方法二：执行"文件"→"退出"命令。

2．PowerPoint 2016 的界面组成

PowerPoint 2016 的工作窗口如图 2-3-4 所示，主要由以下几个部分组成：

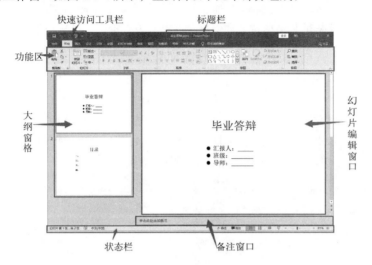

图 2-3-4　PowerPoint 2016 的工作窗口

（1）快速访问工具栏

快速访问工具栏用于快速执行一些操作，默认情况下该工具栏包括四个按钮："保存"、"撤销键入"、"重复键入"和"从头开始"。在该工具栏的按钮也可根据使用过程中的实际需要，添加和删除一些按钮。

（2）大纲窗格

大纲窗格用于查看每张幻灯片的整体效果，左侧显示幻灯片序号，在大纲窗格可以进行文本及其他各种效果的编辑，如背景及版式的设置，添加、删除、移动幻灯片等，它的文本与"大纲视图"中的文本是同步的。

（3）功能区

功能区位于标题栏下方，默认情况下由 12 个主选项卡组成，分别为"文件"、"开始"、"插入"、"设计"、"切换"、"动画"、"幻灯片放映"、"审阅"、"视图"、"加载项"、"帮助"和"特色功能"。每个主选项卡中包含不同的功能区。功能区由若干组构成，每个组中由若干功能相似的命令组成。

（4）备注窗口

可以为每张幻灯片添加备注，以方便他人在翻阅该演示文稿时了解相应内容。

（5）幻灯片编辑窗口

幻灯片编辑窗口位于窗口中央，在此区域内可以向幻灯片中输入或插入相关内容并编辑，是 PowerPoint 2016 的主要操作区域。

（6）状态栏

为了便于用户对演示文稿进行查看和编辑，PowerPoint 2016 提供了 4 种视图模式，每种视图都以不同的方式来显示工作效果。单击位于主窗口底部的状态栏对应位置或在"文件"选项卡的"演示文稿视图"的选项组中选择即可进入各种视图。

① 普通视图。

普通视图包含 3 种窗格：大纲窗格、幻灯片编辑窗格和备注窗口。通过使用普通视图样式，可在同一位置将演示文稿各种特征表现出来。拖动窗格边框可调整各自窗格的大小。

② 幻灯片浏览视图。

在幻灯片浏览视图中，用户可方便地在屏幕上同时看到演示文稿中的所有幻灯片，这些幻灯片是以缩略图的形式显示。

③ 幻灯片阅读视图。

阅读视图是将演示文稿作为适应窗口大小的幻灯片放映查看。

④ 灯片放映视图。

幻灯片放映视图中，演示文稿即从当前位置的幻灯片开始放映，单击，可从一张切换到下一张，直到演示文稿全部放映结束。

3．演示文稿的基本操作

（1）新建演示文稿

启动 PowerPoint 2016 应用程序以后，单击"文件"选项卡，选择"新建"选项，双击"空白演示文稿"选项即可创建一个默认版式的空演示文稿，在"联机模板和主题"区域，也可选择网络上的模板和主题，选择后单击"创建"按钮等待下载即可。新建演示文稿界面如图 2-3-5 所示。

图 2-3-5　新建演示文稿界面

（2）保存演示文稿

在演示文稿制作或修改完成以后，就需要保存演示文稿。在"文件"选项卡下，选择"保存"选项或"另存为"选项，或者单击快速访问工具栏中的"保存"按钮，可以保存演示文稿，演示文稿保存后系统默认的扩展名是".pptx"。

如果是第一次保存，将出现"另存为"对话框，可将建立的演示文稿保存在常用位置，若想保存在指定位置，单击"浏览"按钮，确定位置命名后单击"保存"按钮。

（3）打开演示文稿

在"文件"选项卡下选择"打开"选项，可选择打开常用的演示文稿，若想打开指定位置的演示文稿，单击"浏览"按钮，在"查找范围"框内打开演示文稿所在的文件夹，选中要打开的演示文稿后，单击"打开"按钮即可。

4. 幻灯片的基本操作

一个演示文稿中包含多张幻灯片，一般来说，对演示文稿中幻灯片的操作管理是在普通视图或幻灯片浏览视图下进行的（如果没有特别说明，以下操作均在普通视图下完成），其基本操作包括在演示文稿中添加、移动、复制以及删除幻灯片等。

（1）选择幻灯片

选择幻灯片可以单选一张幻灯片，也可以连续或不连续多选。

选择单张幻灯片的方法很简单，单击视图中的任意一张幻灯片的缩略图即可选中该幻灯片。被选中的幻灯片边框线条被加粗。

选中多张连续幻灯片。单击视图中需要选择的第一张幻灯片或最后一张幻灯片，然后按住【Shift】键，再按键盘中的【→】键或【←】键，可以选中左右相邻的多张幻灯片。

选中多张不连续幻灯片。单击视图中的需要选择的一张幻灯片，然后按住【Ctrl】键，再单击其他幻灯片，即可选中。

（2）插入幻灯片

在修改和管理演示文稿的过程中，常常要插入幻灯片，插入幻灯片可以在普通视图下的大纲窗格或幻灯片窗格或幻灯片浏览视图中进行操作，其具体方法如下：

① 单击所要插入新幻灯片的位置。

② 单击"开始"选项卡"幻灯片"组中的"新建幻灯片"下拉按钮，选择对应主题的幻灯片，如图 2-3-6 所示；或者在大纲窗格要添加幻灯片的位置右击，在弹出的快捷菜单中选择"新建幻灯片"命令，既可插入一张新幻灯片，如图 2-3-7 所示；或选中要插入的上一张幻灯片，在幻灯片上方右击，在弹出的快捷菜单中选择"新建幻灯片"命令，既可插入一张新幻灯片，如图 2-3-8 所示。

图 2-3-6　新建幻灯片 1

图 2-3-7　新建幻灯片 2

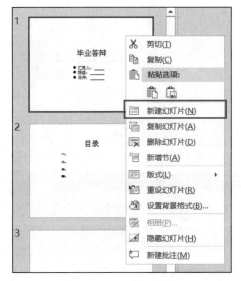

图 2-3-8　新建幻灯片 3

（3）复制、移动和删除幻灯片

复制、移动和删除幻灯片的操作可以通过快捷菜单、"开始"选项卡和键盘命令，这与 Office 中文本操作的方式一样，以下均按快捷菜单命令来完成。

复制移动幻灯片是通过剪贴板进行的，其操作步骤如下：

① 选中一张或多张幻灯片。

② 如果要复制幻灯片，在快捷菜单中选择"复制"命令将幻灯片复制到剪贴板中；如果要移动幻灯片，选择"剪切"命令将幻灯片移动到剪贴板中。

③ 单击要插入幻灯片的位置，选择"粘贴选项"命令下的内容粘贴幻灯片，即可完成幻灯片的复制或者移动。

删除幻灯片具体操作步骤如下：

① 在大纲窗格或浏览视图中，选中要删除的幻灯片。

② 选择"删除幻灯片"命令，或者按【Del】键，删除幻灯片。

任务实现

步骤1：创建演示文稿

① 在"开始"菜单中，单击 Microsoft office 组件中的 PowerPoint，启动软件。

② 软件启动后，单击"新建"，选择"空白演示文稿"，新建演示文稿，默认名称为"演示文稿 1"。单击快速访问工具栏上的"保存"按钮 ，在弹出的"另存为"对话框中更改文件名为"毕业答辩演示文稿初稿"，并将文件目录设置到自己的文件夹中，如图 2-3-9 所示。

图 2-3-9 "另存为"对话框

步骤2：录入演示文稿内容

① 在空白演示文稿"标题幻灯片"中的"单击此处添加标题"占位符中输入"毕业答辩"，在其下的"单击此处添加副标题"占位符中输入"汇报人……"，如图 2-3-10 所示。

② 在大纲窗格中右击，在弹出的快捷菜单中选择"新建幻灯片"命令。在出现的如图 2-3-11 所示的"标题和内容"幻灯片中输入文本。标题栏中输入"目录"，文本框中输入"一、"、"二、"等，每段文字以换行符结束。

③ 单击快速访问工具栏上的"保存"按钮，打开"文件"菜单，选择"关闭"命令关闭 PowerPoint 2016。

图 2-3-10 "标题"幻灯片

图 2-3-11 "标题和内容"幻灯片

任务 2 插入和格式化文本、形状和图片

任务描述

PowerPoint 2016 的主要工作就是制作和设计演示文稿，演示文稿的核心是幻灯片，用户可以在幻灯片中添加文字、形状、表格和音视频等大量内容。本任务就是在第一个任务建立好的演示文稿基础上，再利用 PowerPoint 2016 完成如图 2-3-12 所示的演示文稿。

图 2-3-12 毕业答辩 PPT

视频
插入和格式化文本、形状和图片

任务要求：
① 占位符的概念及文本框添加。
② 文本框格式的设置。
③ 在幻灯片中插入形状。
④ 在幻灯片中插入 SmartArt 图形。
⑤ 在幻灯片中插入图片和艺术字。

任务分析

要完成演示文稿的修改,在已创建的演示文稿中添加相应的文本框、形状和图片,编辑修改达到所需效果,并最终保存修改后的演示文稿,本任务知识结构如图 2-3-13 所示。

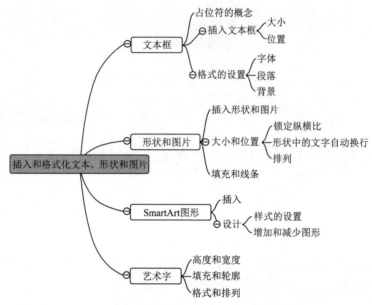

图 2-3-13 "插入和格式化文本、形状和图片"知识结构

本任务包含的主要内容:
① 占位符的概念。
② 文本框的插入及其格式的设置。
③ 形状和图片的插入及其格式的设置。
④ SmartArt 图形的插入及其格式的设置。
⑤ 艺术字的插入及其格式的设置。

相关知识

1. 输入幻灯片文本及格式设置

文本是演示文稿的主体,PowerPoint 2016 能帮助用户以多种灵活方式将文字添加到幻灯片中。在介绍输入文本之前,先了解占位符的概念。

在创建的幻灯片中,PowerPoint 2016 为用户预留了一些虚线方框即占位符,它表示先占住版面中的一个固定位置,在此有确定的内容等待用户添加。单击占位符就可以向幻灯片中添加文字。

在幻灯片中,除了使用文本占位符添加文本外,也可以使用文本框添加文本。操作步骤如下。

① 单击"插入"选项卡→"文本"选项组→"文本框"按钮,选择"绘制横排文本框"或"竖排文本框"命令。

② 拖动鼠标在幻灯片中"画"出一个文本框,然后在文本框内输入文字。若没有及时输入文字而转向其他操作,则文本框会消失,这时只能重新插入文本框。

③ 无论占位符还是文本框均可以通过鼠标操作改变其位置或大小,具体操作与 Word 中介绍的文本框一样。

当选择一个占位符后,在功能区中会出现"绘图工具–格式"选项卡,如图 2-3-14 所示,在此功能区中设置占位符的格式;也可右击占位符弹出一个快捷菜单,选择"设置形状格式"命令,在右侧出现"设置形状格式"

窗格，如图 2-3-15 所示，在此任务窗格中可以设置占位符的具体属性。文本框格式的设置也同样如此，占位符和文本框内文字的字体和段落格式与 Word 的设置基本相同。

图 2-3-14 "绘图工具–格式"选项卡

图 2-3-15 "设置形状格式"窗格

 技巧与提示

PowerPoint 2016 中没有改写方式。不管是在文本占位符中，还是在文本框中，都不能按【Inset】键将插入方式切换为改写方式。所有的输入内容都是从插入点之后插入文本中。PowerPoint 2016 中取消了很多对话框，大部分选项可以直接单击生成效果，为了避免误操作导致的效果无法更改，可以多使用【Ctrl+Z】组合键进行撤销使其恢复原状。

2．在幻灯片中插入形状和图片

PowerPoint 2016 提供通过"插入"或者占位符方式在幻灯片中添加形状和来自文件中的图片，并对其格式设置，使得幻灯片更加美观。

（1）插入形状

选择"插入"→"插图"→"形状"按钮，如图 2-3-16 所示，在弹出的选项中选择合适的形状后完成形状的插入。

（2）插入图片

选择"插入"→"图像"→"图片"按钮，如图 2-3-17 所示，在弹出的"插入图片"对话框中选择合适的图片后，单击"确定"按钮完成图片的插入。

（3）设置形状和图片格式

选中待修改的形状与图片，在其上方右击，在弹出快捷菜单中选择"设置图片格式"命令，在右侧窗格中出现多个选项，常见的有如"填充与线条"、"效果"、"大小与属性"和"图片"，常见的"锁定纵横比"、"形状中的文字自动换行"等就是在这里进行设置。

3．在幻灯片中插入 SmartArt 图形

幻灯片中，为了使效果更加醒目，可以利用 PowerPoint 2016 提供的 SmartArt 图形功能，如图 2-3-18 所示。

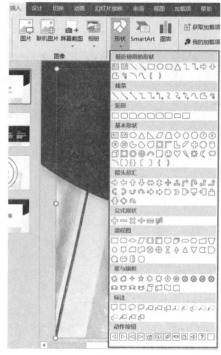

图 2-3-16　插入形状

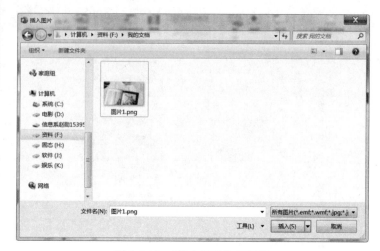

图 2-3-17　"插入图片"对话框

（1）创建 SmartArt 图形

在幻灯片中出现的 SmartArt 图形中左边的文本窗格中相应位置添加文字和图片。

（2）编辑 SmartArt 图形

在工作表中插入 SmartArt 图形后，用户可以根据实际需要调整图形中形状的数量，更改图形的布局，操作方法如下：

选中 SmartArt 图形，选择"SmartArt 工具–设计"→"创建图形"→"添加形状"下拉按钮选择要插入的位置，完成图形形状的添加，如图 2-3-19 所示。

图 2-3-18　插入 SmartArt 图形

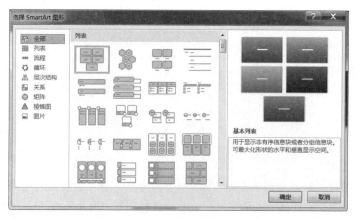

图 2-3-19　选择"SmartArt 图形"对话框

（3）格式化 SmartArt 图形

① 更改 SmartArt 图形样式。

选择要更改的图形，选择"SmartArt 工具–设计"→"SmartArt 样式"组中的样式，如"强烈效果"，也可以单击"其他"按钮，出现更多可供选择的样式，如图 2-3-20 所示。

图 2-3-20　编辑 SmartArt 样式

② 调整形状、样式等内容。

在 SmartArt 图形中选择要更改形状的图形，选择"SmartArt 工具–格式"选项卡下的命令，可修改形状和形状样式，如图 2-3-21 所示。

图 2-3-21　编辑 SmartArt 格式

4. 在幻灯片中插入艺术字

（1）插入艺术字

插入艺术字，单击"插入"→"文本"→"艺术字"下拉列表中的某一项，如图 2-3-22 所示。

（2）格式化艺术字

插入默认文字内容为"请在此放置您的文字"，选中艺术字后可对艺术字的形状和样式进行编辑，如图 2-3-23 所示。用户在其中输入需要的内容，如"谢谢观看"，利用鼠标调整大小并拖动该艺术字形状至适当位置。单击"绘图工具–格式"→"艺术字样式"→"文本效果"下拉列表，选择需要的效果，如"转换"→"跟随路径"→"拱形"效果，如图 2-3-24 所示。

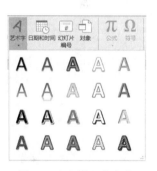

图 2-3-22　插入艺术字

图 2-3-23　形状及艺术字样式

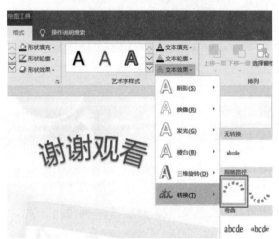

图 2-3-24　更改艺术字样式

步骤1：建立图片背景

① 启动 PowerPoint 2016，打开任务一创建的"毕业答辩演示文稿初稿".pptx 演示文稿。

② 选中第一张幻灯片，单击"插入"→"图片"按钮，在文档中找到图片后单击"插入"按钮，如图 2-3-25 所示。选中图片，单击"绘图工具–格式"→"大小"组的对话框启动器按钮，打开"设置图片格式"任务窗格，取消选中"锁定纵横比"复选框，如图 2-3-26 所示，调整图片大小使之覆盖全部幻灯片背景，单击"绘图工具–格式"→"排列"→"下移一层"→"置于底层"命令。

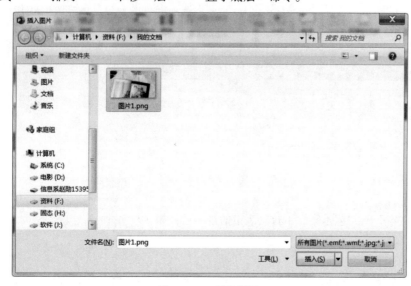

图 2-3-25　插入图片　　　　　　　　图 2-3-26　设置图片格式

③ 单击"插入"选项卡→"插图"组→"形状"列表→"矩形"，绘制完成后选中图形，在"设置形状格式"窗格中"颜色"设为白色，"透明度"设为 10%，如图 2-3-27 所示，调整图片大小使之覆盖全部幻灯片背景，单击"绘图工具–格式"→"排列"→"下移一层"命令直至文字全部出现，如图 2-3-28 所示。

图 2-3-27　"设置形状格式"窗格　　　　图 2-3-28　"下移一层"命令

④ 参照第③步骤，在幻灯片上方插入红色椭圆和白色矩形：圆角，效果如图 2-3-29 所示。

图 2-3-29 "毕业答辩"效果图

步骤 2：插入并编辑文本框

① 选中第一张幻灯片，单击"插入"选项卡→"文本"组→"文本框"按钮，选择"横排文本框"命令。当鼠标形状变为十字形时，拖拉鼠标至幻灯片合适位置画出文本框。并在文本框中输入"论新时代大学生人生观、价值观养成"，选中文本框，在"绘图工具–格式"→"大小和位置"→"文本框"→选中"形状中的文字自动换行"的√，如图 2-3-30 所示。

② 参照第①步骤，添加内容为"**大学"的文本框。

③ 修改文本框文字格式及段落格式，选中文本框或者文本框中的文字，参照 Word 中字体及段落格式的设置，分别设置第一张幻灯片"毕业答辩"为微软雅黑、12 号字体，"汇报人：班级：指导教师："为微软雅黑、16 号字体，"**大学"为微软雅黑、18 号字体，"论新时代大学生人生观、价值观养成"为微软雅黑、36 号字体；第二张幻灯片"目录"为微软雅黑、66 号字体，"CONTENT"为微软雅黑、18 号字体；第三张幻灯片"引言"为微软雅黑、54 号字体，副标题为微软雅黑、24 号字体，第一张幻灯片效果如图 2-3-31 所示。

图 2-3-30 形状中的文字自动换行

图 2-3-31 "论文标题"效果图

步骤 3：插入 SmartArt 图形

① 选中第二张幻灯片，单击内容占位符中的"插入 SmartArt 图形"按钮，在弹出的"选择 SmartArt 图形"对话框中选择"全部"中的"基本列表"选项，如图 2-3-32 所示，单击"确定"按钮，删除一个多余的图形，保留四个图形并调整完成后，达到图 2-3-33 的效果。

② 选中四个 SmartArt 图形，选择"SmartArt-设计"选项卡→"SmartArt 样式"组→"强烈效果"样式。

③ 单击"插入"选项卡→"插图"组→"形状"列表→"矩形"形状，绘制完成后选中图形，在"绘图工

具-格式"选项卡"设置形状格式"窗格"填充与线条"中"颜色"设为红色,调整图片大小使之覆盖全部 SmartArt 图形,单击"绘图工具-格式"选项卡→"排列"组→"下移一层"按钮,直至 SmartArt 图形全部出现。

④ 添加图形中的文字,插入适当形状后最终效果如图 2-3-33 所示。

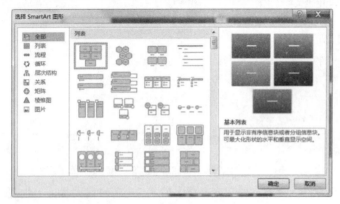

图 2-3-32　选择 SmartArt 图形

图 2-3-33　论文目录效果图

步骤 4:创建第三张幻灯片

通过步骤 1 到步骤 3 的学习,读者应当已经掌握了图形的插入及其格式的设置,文本框的插入及其格式的设置。根据步骤 1 到步骤 3 的方式,完成第三张幻灯片的制作。

步骤 5:插入并编辑艺术字

① 在左侧大纲窗格,选中第一张幻灯片,右击并选择"复制幻灯片"命令。

② 将光标移至大纲窗格最后,空白处右击并选择"粘贴幻灯片"命令,形成第四张幻灯片,删除第四张幻灯片所有文本框。

③ 选中"插入"选项卡→"文本"组→"艺术字"下拉列表中的"填充:红色,主题色 1;阴影"选项。将"请在此放置您的文字"改为"谢谢观看"。

④ 利用鼠标调整大小并拖动该艺术字形状至适当位置。单击"绘图工具-格式"选项卡→"艺术字样式"组→"文本效果"下拉列表,选择需要的效果,如"转换"→"跟随路径"→"拱形"效果,如图 2-3-34 所示。

图 2-3-34　"谢谢观看"效果图

任务 3　演示文稿的动画及切换设计

任务描述

制作演示文稿后就需要在屏幕上放映,通过放映效果、放映方式的设置可以使演示文稿充满表现力,更加吸引观众的注意力。本任务主要是在放映幻灯片时,实现幻灯片的切换有过渡动画效果,同时幻灯片之间可以非连续跳转,以实现用户在放映时从当前幻灯片切换到指定的位置。为幻灯片中的元素添加动画,进一步增强幻灯片的演示效果。

任务要求：

① 添加单击时自左以"覆盖"方式切换到另一张幻灯片。

② 单击第二张幻灯片"目录"中对应内容，如"人生观基本理论"，幻灯片将自行切换到对应标题幻灯片中，如第四张幻灯片。

③ 第二张幻灯片的目录 01～04 文本框分别以不同进入动画方式连续出现在幻灯片中。

④ 第三、四、五、六张幻灯片中的两个圆圈添加"椭圆"的动作路径的动画方式。

⑤ 第七张幻灯片中的艺术字在单击 2 秒后以"旋转"的方式退出。

视频

演示文稿的动画及切换设计

任务分析

要完成演示文稿效果的展示，需在已创建的演示文稿中的幻灯片切换方式进行设置，对于幻灯片中的文本框、形状和图片等对象，通过添加动画的方式给予对象动态效果，并最终保存修改后的演示文稿，本任务知识结构如图 2-3-35 所示。

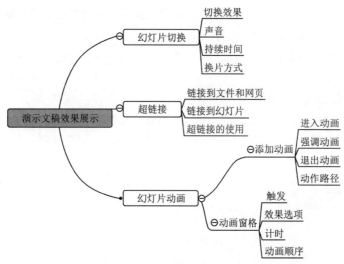

图 2-3-35 "演示文稿效果展示"知识结构

本任务包含的主要内容：

① 设置幻灯片切换效果。

② 设置演示文稿的超链接。

③ 设置幻灯片动画。

相关知识

1. 设置幻灯片切换效果

幻灯片切换就是幻灯片放映时进入和离开屏幕的方式，既可以为一组幻灯片设置一种切换方式，也可以为每一张幻灯片设置切换效果。设置幻灯片切换效果的操作步骤如下：

（1）添加切换效果

在 PowerPoint 2016 中，预设了细微型、华丽型和动态内容三种类型的预设效果，具体添加方法是先选中准备设置切换效果的幻灯片，单击"切换"选项卡→"切换到此幻灯片"组中的某一个切换方案，如图 2-3-36 所示。

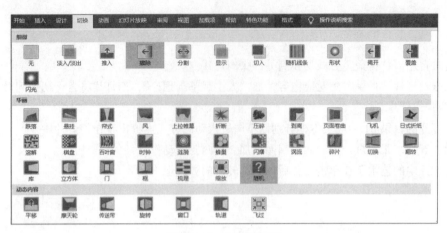

图 2-3-36　幻灯片切换

添加完成后返回幻灯片页面中，用户可以预览刚刚设置的幻灯片切换效果，也可以通过"切换"选项卡→"预览"组→"预览"按钮显示切换效果。设置了切换效果的幻灯片在幻灯片窗格中，该幻灯片编号的下方带有 * 标记。

PowerPoint 2016 为许多（并非所有）切换效果提供了效果选项，不同方案的选项是不同的，例如"覆盖"方案中的效果选项有"自右侧"等 8 个效果选项，如图 2-3-37 所示。

当为一张幻灯片选中某个切换方案后，可以单击"切换"选项卡→"计时"组→"应用到全部"按钮，将该方案应用到演示文稿中的所有幻灯片。

（2）设置切换持续时间及声音

在放映幻灯片过程中，用户可以根据不同的需要改变幻灯片切换效果的持续时间，先选中要切换的幻灯片，在"切换"选项卡→"计时"组→"持续时间"微调框中调整幻灯片的切换时间，系统默认值为"00.01"，值越小则切换的速度就越快，如图 2-3-38 所示。

图 2-3-37　"覆盖"效果选项　　　　　图 2-3-38　幻灯片计时

用户可以根据不同的需要改变幻灯片切换效果的声音，先选中要切换的幻灯片，在"切换"选项卡→"计时"组→"声音"的下拉框中调整幻灯片的切换声音，系统默认值为"无声音"。

（3）设置幻灯片切换方式

为了灵活地控制幻灯片之间的切换，PowerPoint 2016 为用户提供了单击和以指定的时间切换幻灯片。

单击"切换"选项卡→"计时"组→"换片方式"中的"单击鼠标时"复选框，在放映幻灯片时，利用单击的方式实现幻灯片的切换。

单击"切换"选项卡→"计时"组→"换片方式"中的"设置自动换片时间"复选框，在其后的微调框中输入时间，如"00:03.00"，表示在3秒之后幻灯片在依顺序播放情况下自动切换到下一张幻灯片。

（4）删除切换效果

用户如果对设置的幻灯片切换效果不满意，可以将其删除。选择准备删除切换效果的幻灯片，选中"切换"选项卡→"切换到此幻灯片"组→"切换方案"中的"无"方案，如果需要删除所有幻灯片的切换效果，则继续单击"切换"选项卡→"计时"组→"应用到全部"按钮。

2．设置超链接和动作按钮

幻灯片的放映一般是按照给定顺序进行的，如果要实现幻灯片跳转放映，需要使用超链接和动作按钮。这种跳转不仅可以快速地跳转到演示文稿的某一张幻灯片，还可以跳转到其他演示文稿、Word文档、Excel表格、Internet上的某个地址或某个文件等。

（1）超链接设置

所谓超链接是指在幻灯片里面设置一个具有跳转功能的按钮，实现幻灯片从当前位置切换到指定地点。

选中超链接起点（起点可以是任何对象，常见的是文本和图形），单击"插入"选项卡→"链接"组→"链接"按钮或右击在快捷菜单中选择"超链接"命令，即可在"插入超链接"对话框中进行设置，如图2-3-39所示。

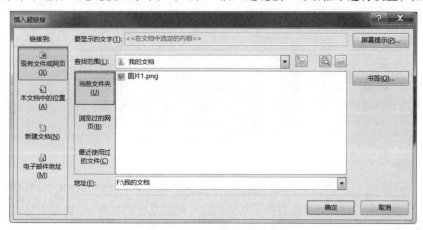

图2-3-39 "插入超链接"对话框

在"链接到"列表中选择要插入的超链接类型。若是链接到已有的文件或Web页上，则单击"现有文件或网页"图标；若要链接到当前演示文稿的某个幻灯片，则单击"本文档中的位置"图标；若要链接一个新演示文稿，则单击"新建文档"图标；若要链接到电子邮件，可单击"电子邮件地址"图标。

在"要显示的文字"文本框中显示的是超链接起点的文本内容，也可以更改。在"地址"列表框中显示的是所链接文档的路径和文件名，在其下拉列表框中，还可以选择要链接的网页地址。单击"屏幕提示"按钮，会弹出提示框，可以输入在放映幻灯片时，当鼠标指向该超链接时出现的提示信息。

设置了超链接的文本将带有下画线，并且文本颜色也会发生变化。若要删除超链接，先将鼠标定位在有超链接的文字上，右击并在快捷菜单中选取"删除超链接"命令，即可删除超链接。

超链接只有在幻灯片放映视图下才能实现其跳转功能，幻灯片放映状态下，当鼠标经过超链接起点时，光标变成小手形状，单击就实现了超链接的跳转功能。

（2）动作按钮设置

为了增加演示文稿的操作性，可以在幻灯片中加入一些动作按钮，也可以实现在播放演示文稿时切换到其他幻灯片或直接退出演示文稿播放操作等操作。

首先要插入动作按钮，单击"插入"选项卡→"插图"组→"形状"按钮，如图2-3-40所示，在下拉列表"动作按钮"中选取合适的按钮，如图2-3-41所示。

图 2-3-40 插入"形状"

图 2-3-41 动作按钮

在幻灯片的合适位置拖动十字光标呈一个按钮的形状后,弹出"操作设置"对话框,在"超链接到"列表框中选择跳转的位置选项,单击"确定"按钮就可在幻灯片中看到动作按钮,如图 2-3-42 所示。

图 2-3-42 "操作设置"对话框

3. 设置幻灯片动画

PowerPoint 2016 为用户提供了进入、强调、退出、动作路径等几十种内置动画效果,用户可以通过为幻灯片中的各类对象添加、设置与删除动画效果的方法来增加幻灯片的互动性和多彩性,进而丰富演示文稿放映的效果。

(1)添加动画效果

先选中要设置动画效果的对象,在"动画"选项卡→"动画"列表框中选择需要的动画,也可单击列表框右侧滚动条下端"其他"按钮展开其他预设动画效果,如图 2-3-43 所示。

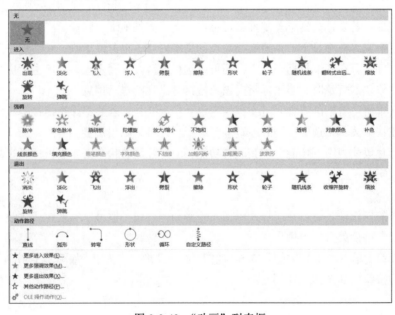

图 2-3-43 "动画"列表框

其中"进入"样式是指对象出现在幻灯片中的效果;"强调"是指对象显示后为突出其内容的动画效果;"退出"是指对象退出幻灯片的效果;"动作路径"是指对象沿着一定的路径运动的动画效果。四类样式除了列表框中列举的样式外,可以单击列表框下对应的选项打开具有更多样式的对话框。

对象的动画效果添加后,在该对象所在的占位符的左上侧出现一个带有数字的标记,用来显示动画顺序。如果是"动作路径"中的样式,还会出现一条绿色箭头表示开始,红色箭头表示结束的路径。单击"动画"选项卡→"预览"按钮可以观看幻灯片的动画效果。

(2)设置动画效果

为对象添加了动画效果后,用户可以根据需要设置动画效果、动画开始的方式、动画速度及重复播放的次数等内容。

对于一个已经设置动画样式的对象,其动画效果根据动画样式的不同而不同,具体方法是单击"动画"选项卡→"效果选项"下拉列表,会出现根据特定样式而定的具体效果。例如,针对"随机线条"样式表中的效果选项样式,具体的效果有"水平"和"垂直"两大类,如图 2-3-44 所示。

动画开始的方式主要有三种,分别是"单击时"、"与上一动画同时"和"上一动画之后"。设置方法为"动画"选项卡→"计时"组→"开始"后的下拉按钮。"单击时"表示单击幻灯片开始该对象的动画;后两种表示该对象的动画与同一张幻灯片中的其他动画结合使用。但如果该动画设置了触发器,则以触发器中的设置优先,同时该对象的动画标志由数字变为 。

动画速度分别由"动画"选项卡→"计时"组下的"持续时间"和"延迟"后的微调按钮中的值控制。"持续时间"表示指定播放动画的时间长度;"延迟"表示触发动画开始的方式后的多少秒后播放动画,如图 2-3-45 所示。

图 2-3-44 "随机线条"效果选项

图 2-3-45 "计时"组

PowerPoint 2016 为已设置动画的对象提供了重复动画的功能。单击"动画"选项卡→"高级动画"组→"动画窗格"按钮,在幻灯片的右侧出现了动画窗格,如图 2-3-46 所示,单击列表中特定对象动画效果右侧的下拉按钮,在弹出的菜单中选择"计时"命令,弹出"飞入"对话框,如图 2-3-47 所示。

图 2-3-46 动画窗格

图 2-3-47 "计时"选项卡

（3）改变动画顺序

在 PowerPoint 2016 中，一张幻灯片内可能存在多个对象的多种动画方案，也可能同一个对象具有多个动画方案，因此需要根据实际播放要求调整各个对象或同一对象的不同动画效果放映的顺序。

单击"动画"选项卡→"高级动画"组→"动画窗格"按钮，打开动画窗格，选中准备调整动画顺序对象，在动画窗格右上方的"重新排序"区域中单击"向上"按钮或"向下"按钮，调整对象动画效果的播放顺序，如图 2-3-48 所示。

图 2-3-48　动画窗格

（4）删除动画效果

如果用户不需要幻灯片的动画效果，可以通过多种方法将其删除。

选择要删除动画方案的对象，在"动画"选项卡→"动画"组→"动画方案"列表框中选择方案"无"，则将该对象所设置的所有动画效果全部删除。

如果只想删除某一种具体的动画方案，可以选择该方案的数字标记或者在动画窗格中选择要删除的动画方案，按【Delete】键，直接删除该动画方案。

任务实现

步骤1：幻灯片切换方式设置

选择任意幻灯片，单击"切换"选项卡→"切换到此幻灯片"组→"切换方案"中的"覆盖"选项，再单击"切换"选项卡→"切换到此幻灯片"组→"效果选项"下拉列表，选择"自左侧"选项，如图 2-3-49 所示，在"计时"组选择"单击鼠标时"复选框，"持续时间"设为"02.00"，单击"计时"组→"应用到全部"按钮。

图 2-3-49　幻灯片切换方式

步骤2：生成超链接

选择第二张幻灯片，选中"人生观基本理论"文本框，单击"插入"选项卡→"链接"组→"链接"按钮或者右击"超链接"命令，在打开的"插入超链接"对话框中，选择"链接到"中的"本文档中的位置"下的第 4 张幻灯片，单击"确定"按钮，如图 2-3-50 所示。依次为其余 3 个文本插入超链接到第 3、5、6 张幻灯片中。

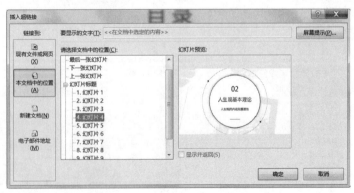

图 2-3-50　链接到本文档中的位置

步骤 3：动画效果的设置

① 选择第二张幻灯片，选择 "目录"文本框，单击"动画"选项卡→"动画"组→"动画样式"中的"淡化"样式，效果选项为"作为一个对象"，如图 2-3-51 所示，选择"计时"组"开始"的下拉按钮中"与上一动画同时"选项，"持续时间"设为"01.00"，确保动画自动出现。

② 选择 "01 引言"文本框，单击"动画"选项卡→"动画"组→"动画样式"中的"飞入"样式，效果选项为"自左侧"，单击"计时"组"开始"下拉列表框中"与上一动画之后"选项，"持续时间"设为"01.00"，如图 2-3-52 所示，确保文本框在"目录"后自动出现。

图 2-3-51　效果选项

图 2-3-52　"计时"组

③ 按照以上方法依次为"02 人生观基本理论"、"03 价值观基本理论"和"04 正确的路径分析"3 个文本框添加不同的动画样式。

步骤 4："动作路径"动画效果的设置

① 选择第三张幻灯片，选择"圆圈"形状，单击"动画"选项卡→"动画"组→"动画样式"中的"动作路径-形状"样式，效果选项为"圆"，调整动画路径的虚线圆圈与"圆圈"形状保持重叠，如图 2-3-53 所示，绿色箭头为路径开始处，红色箭头为路径结束处。单击"计时"组"开始"下拉列表框中"与上一动画同时"选项，"持续时间"设为"05.00"，确保动画效果。

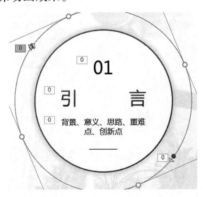

图 2-3-53　动作路径-形状

② 重复第①步骤，在对角处设置一个新的"动作路径-形状-圆"动画效果，依然选择"与上一动画同时"选项，"持续时间"设为"05.00"。

③ 重复第①②步骤，设置好第四、五、六张幻灯片的"动作路径-形状-圆"的动画效果。

步骤 5："退出"动画效果的设置

① 选择第七张幻灯片，选择艺术字文本框，单击"动画"选项卡→"动画"组→"动画样式"中的"退出-旋转"样式，选择"计时组"中"开始"下拉列表框中"单击时"选项，"延迟"设为"02.00""持续时间"设为"05.00"。

② 单击"动画"选项卡→"动画"组右下角的"显示其他效果选项"按钮,弹出"旋转"对话框,在"声音"下拉列表框中选择"鼓掌"选项,如图 2-3-54 所示,最后单击"确定"按钮。

图 2-3-54　声音效果的设置

任务 4　幻灯片母版设计

任务描述

PowerPoint 2016 制作的演示文稿是由多张幻灯片构成的,当完成幻灯片的内容后可以对其进行进一步的编辑和美化,保持多张幻灯片的风格统一,使演示文稿更加漂亮美观,控制幻灯片外观的方法主要有主题和母版。本任务就是利用主题和幻灯片母版设计来统一幻灯片风格。

任务要求:
① 幻灯片母版的应用。
② 添加幻灯片项目符号与编号。
③ 演示文稿主题的应用。
④ 幻灯片版式的设置。
⑤ 为幻灯片添加页眉与页脚。
⑥ 幻灯片背景的设置。

视频
幻灯片母版设计

任务分析

要统一幻灯片的整体风格,需要了解幻灯片版式的意义,掌握幻灯片母版的使用,自定义幻灯片版式的格式,本任务知识结构如图 2-3-55 所示。

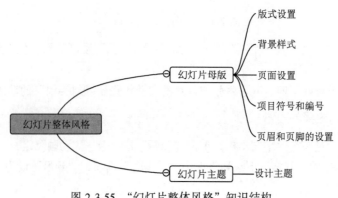

图 2-3-55　"幻灯片整体风格"知识结构

本任务包含的主要内容：
① 幻灯片母版的应用。
② 利用幻灯片母版插入幻灯片编号。
③ 应用已有的演示文稿主题。

1. 认识幻灯片母版

母版是定义演示文稿中所有幻灯片或其他内容页面格式的幻灯片视图，它用于设置每张幻灯片的版式格式，通过定义母版的格式，来统一演示文稿中幻灯片使用此母版的外观。在 PowerPoint 2016 中有 3 个主要的母版，它们分别是幻灯片母版、讲义母版及备注母版。幻灯片母版有多种版式，主要由占位符边框、幻灯片区、显示项目符号、日期区、页脚区和数字区组成，如图 2-3-56 所示。

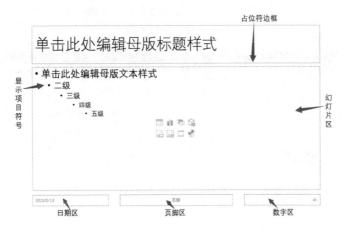

图 2-3-56 幻灯片母版组成

（1）幻灯片版式

创建演示文稿之后，用户会发现新创建的幻灯片都是"标题幻灯片"版式。为了丰富幻灯片的内容，PowerPoint 2016 为幻灯片提供了 11 种默认版式，如图 2-3-57 所示。

版式类别	说明
标题幻灯片	包括主标题和副标题
标题和内容	主要包括标题与正文
节标题	主要包括标题与文本
两栏内容	主要包括标题与两栏文本
比较	主要包括标题与两个正文和两栏文本
仅标题	只包含标题
空白	空白幻灯片
内容与标题	主要包括标题、正文与文本
图片与标题	主要包括图片与文本
标题与竖排文字	主要包括标题与竖排正文
垂直排列标题与文字	主要包括垂直排列标题与正文

图 2-3-57 11 种版式列表

新建幻灯片时，单击"开始"→"幻灯片"→"新建幻灯片"下拉列表，就会出现 11 种可供选择的幻灯片版式；也可通过"开始"→"幻灯片"→"版式"下拉列表，或者右击，在快捷菜单中的"版式"选项来重设已经建立的幻灯片版式，如图 2-3-58 所示。

在幻灯片普通视图下，选择"视图"→"母版视图"→"幻灯片母版"按钮，打开"幻灯片母版"视图，如图 2-3-59 所示。

图 2-3-58　幻灯片版式

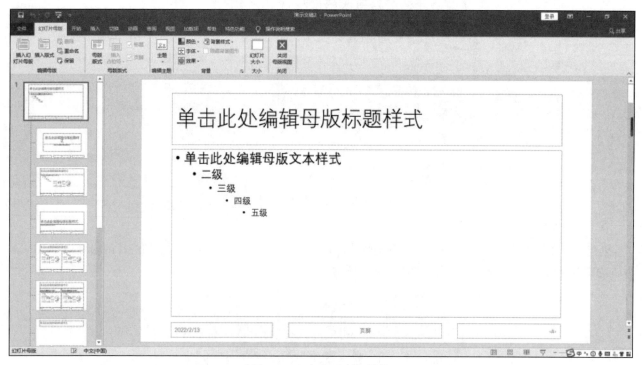

图 2-3-59　幻灯片母版效果

（2）使用幻灯片母版

默认情况下，PowerPoint 2016 为用户提供具有 11 种版式的幻灯片母版，单击"视图"→"母版视图"→"幻灯片母版"按钮，进入母版视图。

单击"幻灯片母版"功能区，进入母版视图后，可以对默认的母版版式进行设置，包括文字的格式化、背景设置、页面设置等，如图 2-3-60 所示。

图 2-3-60　"幻灯片母版"功能区

对于不需要的母版，可以将其删除以便于对母版进行管理和维护。在母版视图下，选择要删除的幻灯片母版，单击"幻灯片母版"→"编辑母版"→"删除"按钮，或者直接按【Delete】键，删除不需要的幻灯片母版。

2. 设置幻灯片母版

利用幻灯片母版可以设置背景样式、文本格式、项目符号和编号、插入日期、幻灯片编号和页眉页脚等内容，以美化幻灯片。

（1）设置母版背景样式

以图 2-3-61 所示的一张原始幻灯片为例，设定版式为标题幻灯片并输入内容，可以利用幻灯片母版简化操作。进入母版视图后，在左侧选择准备设置背景的幻灯片母版"标题幻灯片"，单击"幻灯片母版"→"背景"→"背景样式"下拉按钮，选择"样式 6"，设置字体为"暗香扑面"，调整主标题的位置并且更改字的颜色为蓝色，大小为 60，同样调整副标题的位置并且更改字的颜色为红色，大小为 30，效果如图 2-3-62 所示。

图 2-3-61 "标题"原始幻灯片

图 2-3-62 母版效果幻灯片

这样在幻灯片母版中，就将"标题幻灯片"的版式设置完成，关闭母版视图，原始幻灯片效果如图 2-3-63 所示。此时再选择"新建幻灯片"→"标题幻灯片"选项，新建的标题幻灯片就和母版中设置的格式完全一样，如图 2-3-64 所示。此时只需更改主副标题的内容，就可以批量新建多个具有统一格式的标题幻灯片了。

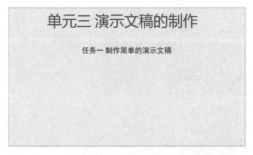
图 2-3-63 设置母版后的"标题"幻灯片效果

图 2-3-64 再次新建"标题幻灯片"

（2）设置母版项目符号

在幻灯片母版视图中，选择准备设置项目符号的幻灯片母版，选中母版中副标题文字，单击"开始"→"段落"→"项目符号"下拉按钮或在文字上右击并选择"项目符号"命令，如图 2-3-65 所示，选择"加粗空心方形项目符号"样式，如图 2-3-66 所示。

（3）设置日期、编号和页眉页脚

在 PowerPoint 2016 母版中的日期区、编号区和页脚区可以分别进行相关设置。进入幻灯片母版视图，选择要设置的母版，单击"插入"→"文本"→"页眉页脚"按钮，在弹出的"页眉页脚"对话框中的"幻灯片"选项卡下，选中"日期和时间"、"幻灯片编号"和"页脚"复选框，在"页脚"输入框中输入"单元三 演示文稿制作"，如图 2-3-67 所示。单击"应用"按钮，完成日期、编号和页脚的设置，效果如图 2-3-68 所示。

图 2-3-65 "项目符号"命令

图 2-3-66 "项目符号与编号"对话框

图 2-3-67 "页眉和页脚"对话框

图 2-3-68 插入页脚的幻灯片效果图

3. 使用演示文稿主题

用户也可以通过更改主题的方法为幻灯片设计统一的风格,选择"设计"选项卡,在主题中可以选择多种主题风格,如图 2-3-69 所示。

图 2-3-69 "主题"样式

任务实现

步骤1：幻灯片版式设置

① 启动 PowerPoint 2016，选择"开始"→"幻灯片"→"版式"→"标题幻灯片"选项，或者选择"开始"→"幻灯片"→"新建幻灯片"→"标题幻灯片"选项。

② 在标题和副标题中分别填入文本，"单元三 演示文稿的制作"和"任务一 制作简单的演示文稿"，如图 2-3-70 所示。

图 2-3-70 "标题幻灯片"初始效果

步骤2：幻灯片母版格式设置

① 单击"视图"→"母版视图"→"幻灯片母版"按钮，进入母版视图，选择"标题幻灯片"母版。

② 单击"幻灯片母版"→"背景"→"背景样式"下拉按钮，选择"样式6"，设置字体为"暗香扑面"，调整主标题的位置并且更改字的颜色为蓝色，大小为60，同样调整副标题的位置并且更改字的颜色为红色，大小为30。

③ 单击"插入"→"文本"→"页眉页脚"按钮，在弹出的"页眉和页脚"对话框中选中"幻灯片编号"复选框，单击"应用"按钮。

④ 选中母版中副标题文字，在文字上右击并选择"项目符号"命令，选择"加粗空心方形项目符号"，如图 2-3-71 所示。

图 2-3-71 "标题幻灯片"母版设置

步骤 3：批量生成幻灯片

① 关闭幻灯片母版，幻灯片如图 2-3-72 所示。

② 单击"开始"→"幻灯片"→"新建幻灯片"→"标题幻灯片"，在标题和副标题中输入相应的内容，生成效果如图 2-3-73 所示。

图 2-3-72 "标题幻灯片"效果图　　　　图 2-3-73 批量生成多个幻灯片

任务 5　审阅和放映演示文稿

任务描述

演示文稿的审阅是对幻灯片进行校对和批注，便于对文档进行检查，减少错误率，确保文档的正确性。演示文稿放映是整个演示文稿创作的最后一步，这一步做得出色，将会给人留下深刻的印象。本任务就是检查校对并放映演示文稿。

任务要求：

① 演示文稿的审阅。

② 演示文稿的放映。

任务分析

要完成演示文稿的放映，其放映控制主要包括放映方式的设置、放映过程的掌握即时间的设置，本任务知识结构如图 2-3-74 所示。

视频

审阅和放映演示文稿

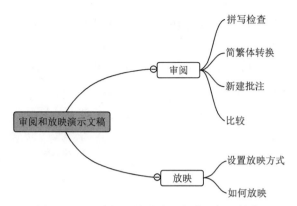

图 2-3-74 "审阅和放映演示文稿"知识结构

本任务包含的主要内容：
① 掌握演示文稿的校对和批注。
② 设置放映方式。

相关知识

1. 演示文稿的审阅

（1）幻灯片校对

拼写检查主要是用来检查文档中是否存在语法错误，一般在文字下方以波浪线的形式出现。这个功能在 PPT 中使用率较低，这是由于演示文稿主要讲究简化，需要避免大段的文字出现，也避免了过多的语法错误，所以这个功能使用率并不高，幻灯片"审阅"选项卡如图 2-3-75 所示。

图 2-3-75 幻灯片"审阅"选项卡

（2）文字翻译和中文简繁转换

翻译，是内嵌于软件的一种翻译检索工具，主要依托的是第三方翻译平台，使用该工具可以自由查找各国的语言。

中文简繁转换，当用户想要输入繁体字，或者看到的文件是繁体字，可以利用这个功能进行转换，如图 2-3-76 和图 2-3-77 所示是简转繁的效果。

图 2-3-76 简体状态

图 2-3-77 繁体状态

（3）新建批注

批注可以在演示文稿中对内容进行说明或者备注，选择"新建备注"后，会出现标志，将标志移动到需要备注的位置即可，在页面的右边可以添加和查看备注的内容，如图 2-3-78 所示。

（4）比较

比较功能可以对其他文档进行比对，显示比对结果。当多名用户修改了同一个文件，可以利用比较功能查看修改后的不同内容，"修订"窗格如图 2-3-79 所示。

图 2-3-78 "批注"窗格　　　　　　图 2-3-79 "修订"窗格

2．演示文稿的放映

（1）设置放映方式

在 PowerPoint 2016 中，用户可以根据需要设置不同的幻灯片放映方式。设置幻灯片的放映方式，可以使用"设置放映方式"对话框。单击"幻灯片放映"→"设置"→"设置幻灯片放映"按钮，弹出如图 2-3-80 所示的对话框。

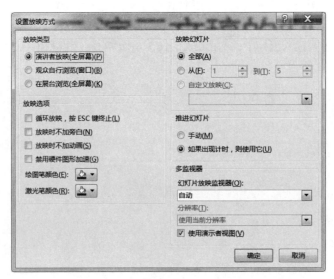

图 2-3-80 "设置放映方式"对话框

在"放映类型"选项组中列出了3种不同的放映方式,可根据需要选择一种放映方式。选中"演讲者放映"单选按钮,可以将幻灯片全屏幕显示,这种方式是系统默认的放映方式;选中"观众自行浏览"单选按钮,幻灯片出现在小窗口内,同时可进行移动、复制、编辑及打印幻灯片的操作,该放映方式适合于召开网络会议和在网络上共享演示文稿;选中"在展台浏览"单选按钮,则可以自动循环放映幻灯片,适合于在无人管理的情况下自动运行演示文稿。

在"放映选项"选区中,选择一种放映方式。如果选中"循环放映,按 Esc 键终止"复选框,则在放映过程中,当最后一张幻灯片放映结束后,会自动跳转到第一张幻灯片继续播放;如果选中"放映时不加旁白"复选框,则在放映幻灯片的过程中不播放任何旁白;若选中"放映时不加动画"复选框,则在放映幻灯片的过程中,先前设定的动画效果将不起作用。

(2)设置放映时间

在放映幻灯片时,为了实现按原先预定好的时间连续放映,可以通过设置排练计时的方法让幻灯片自动放映,也可以人工为每张幻灯片设置切换时间来控制放映时间。

排练计时是经常使用的一种设定时间的方法,选择"幻灯片放映"→"设置"→"排练计时"按钮,系统自动切换到幻灯片放映视图,同时自动显示"预演"工具栏,如图 2-3-81 所示。

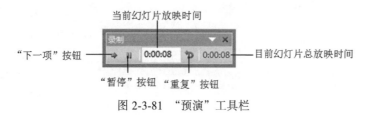

图 2-3-81 "预演"工具栏

步骤1:幻灯片审阅

启动 PowerPoint 2016,单击"审阅"→"校对"→"拼写检查"按钮,对有误的拼写错误进行改正,对需要批注的地方新建批注。

步骤2:幻灯片放映

单击"幻灯片放映"→"设置"→"设置幻灯片放映"按钮,在弹出的"设置放映方式"对话框中选择"演讲者放映"单选按钮,放映幻灯片选择"全部"单选按钮。放映时可以使用快捷键【F5】进行放映,也可使用【Shift+F5】组合键从当前幻灯片进行放映。

任务6 使用 WPS 编辑"开学第一课"演示文稿

任务描述

在生活中 PowerPoint 是经常接触到的一类办公文件,可以用来制作 PowerPoint 的软件也有很多种,除了 Microsoft Office 办公软件之外,WPS Office 也是经常用到的软件之一。

本任务展示的是某位学校辅导员教师在给学生进行"开学第一课"宣讲时的前两张幻灯片,本任务要使用 WPS 演示软件来完成这样一份演讲课件的编辑工作,如图 2-3-82 所示。

视频

使用 WPS 编辑"开学第一课"演示文稿

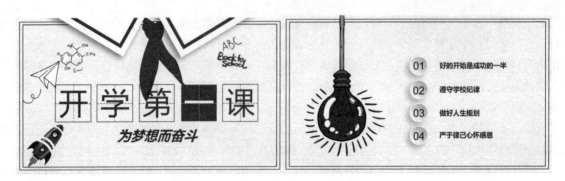

图 2-3-82 "开学第一课"演示文稿效果

任务分析

要完成"开学第一课"演示文稿的编辑工作,需要掌握 WPS 演示软件的基本使用方法。首先打开 WPS 演示软件创建新文档,然后添加文本框、图片,设置文字和图片的格式,为幻灯片添加背景,设置幻灯片的切换方式,添加动画效果,本任务知识结构如图 2-3-83 所示。

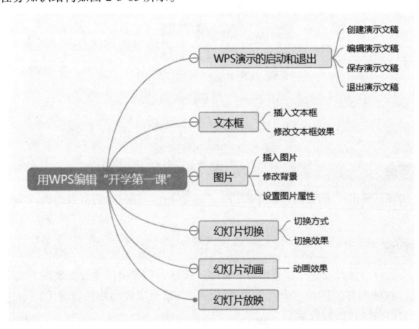

图 2-3-83 使用 WPS 编辑"开学第一课"知识结构

本任务包含的主要内容:
① 使用 WPS 演示软件创建演示文稿、保存演示文稿、编辑演示文稿。
② WPS 演示中背景的设置,文本框及图片的插入和编辑。
③ WPS 演示中幻灯片的切换、动画效果的添加。

相关知识

1. WPS 演示的启动和退出

(1) 启动 WPS 演示的方法
① 在"开始"菜单中单击"WPS Office"命令。WPS Office 启动后的主界面如图 2-3-84 所示。

图 2-3-84　WPS Office 工作窗口

② 选择"新建演示"→"新建空白演示"选项，此时进入 WPS 演示窗口，如图 2-3-85 所示。

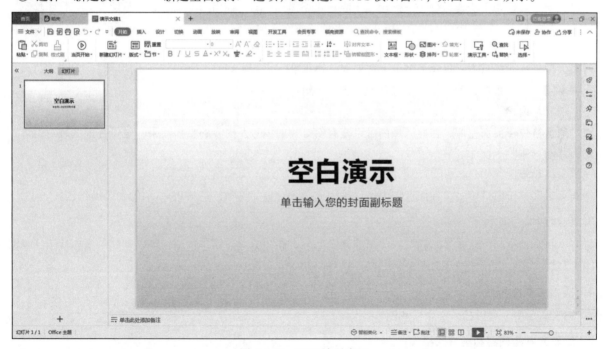

图 2-3-85　WPS 演示窗口

（2）退出 WPS 演示可使用以下两种方法之一

方法一：直接单击窗口右上角的"关闭"按钮 ❌ 。

方法二：单击左上角"文件"→"退出"命令。

2．WPS 演示的界面组成

如图 2-3-86 所示，WPS 演示窗口主要由以下几个部分组成：

图 2-3-86　WPS 演示窗口

（1）演示标题

默认演示名称为"演示文稿1"，可以保存为自定义的名称。

（2）"文件"按钮

"文件"下拉菜单中，包含了"新建"、"打开"、"保存"、"另存为"、"打印"等众多功能命令。一般需要对文件进行打开、关闭、另存、打印等操作时，可使用其下拉菜单中。

（3）快速访问工具栏

快速访问工具栏用于快速执行一些操作，一般包含"保存"、"输出为PDF"、"打印"、"打印预览"、"撤销"、"重复"。实际使用中，可以根据需要添加或删除其他命令。

（4）功能区选项卡

功能区位于标题栏下方，包含了多个主选项卡："开始"、"插入"、"设计"、"切换"、"动画"、"放映"、"审阅"、"视图"等。每个主选项卡包含若干组命令。

（5）幻灯片窗格

幻灯片窗格位于界面左侧，在此区域内可以查看幻灯片的编号及内容的整体效果，也可在此区域对幻灯片进行新建、移动、删除等操作。

（6）文档编辑区

文档编辑区位于窗口中央，在此区域内可以输入或插入对象并编辑，是WPS演示的主要操作区域。

3．创建和保存演示

打开 WPS Office 后，单击"新建"→"新建演示"→"新建空白演示"选项，可以创建一个新演示，单击快速访问工具栏"保存"按钮或【Ctrl+S】组合键可以保存文档。

4．插入文本框和图片

在 WPS 演示中，可以插入文本框和图片。

5．编辑文本框内容和图片的格式

同 PowerPoint 相似，WPS 演示软件也可以非常便捷地设置文本框内容的样式，也可对图片进行样式的修改。

6．插入符号、图形

在 WPS 演示中，可以插入各种符号、图形，并对它们进行各种编辑。

7．设置幻灯片切换方式

在 WPS 演示中可以对幻灯片的切换方式进行编辑，包括效果、声音、速度、换片时间等，为幻灯片的切换添加动态效果。

8. 为幻灯片中的对象添加动画效果

在 WPS 演示中可以对幻灯片中的对象添加动画效果，如对文本框或图片添加"飞入"的动态效果，动画效果中的效果属性也可具体设置，包括方向、速度、单击时效果等。

 任务实现

步骤 1：创建"开学第一课"演示文稿

启动 WPS Office，选择 WPS 演示，新建空白演示，并将其保存到自己的文件夹中，命名为"开学第一课"，类型选择为"pptx"，如图 2-3-87 所示。

图 2-3-87　保存演示文稿

步骤 2：为幻灯片插入文本框和图片并编辑

① 在第一张空白演示文稿中单击"插入"→"形状"→"矩形"→"矩形"图形，在文稿中适当位置画出矩形，在"绘图工具"选项卡，依次设置"填充"为白色，"轮廓"为蓝色，"线型"为 2.25 磅。根据此方法，在蓝色矩形中添加一个红色轮廓的矩形，如图 2-3-88 所示。

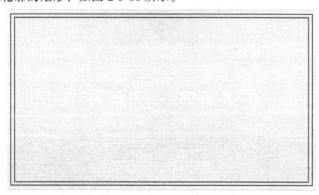

图 2-3-88　插入矩形

② 在素材文件夹中，找到本案例的图片素材，单击"插入"→"图片"→"本地图片"命令，如图 2-3-89 所示，选择对应图片后将图片插入到文档中，修改图片大小使其符合相应要求，如图 2-3-90 所示。

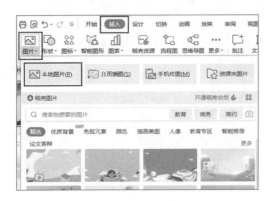
图 2-3-89　插入图片

图 2-3-90　图片背景效果

③ 单击"插入"→"形状"→"矩形"→"矩形"图形，绘制矩形，单击"绘图工具"选项卡，依次设置"填充"为白色，"轮廓"为蓝色，"线型"为 3 磅，这样得到一个蓝色方框。在方框边框中间插入直线，选中直线，依次设置"轮廓"为蓝色，"线型"为 1.5 磅，"虚线线型"为短划线，依照此方法可再添加垂直虚线，这样得到一个田字格。单击"插入"→"文本框"→"横向文本框"命令，在田字格上方画出形状，输入文字，将文字设置"字体"为宋体，"颜色"为蓝色，大小适应田字格，如图 2-3-91 所示。依据上述方法，为后续四个字添加田字格，其中"一"字设置"填充"为蓝色，"轮廓"为白色。在田字格下方添加文本框，文字为"为梦想而奋斗"，设置"字体"为微软雅黑，"颜色"为红色，最终效果如图 2-3-92 所示。

图 2-3-91　添加"田字格"

图 2-3-92　第一张幻灯片效果图

④ 在幻灯片窗格选中第一张幻灯片，右击并选择"复制"命令，在空白位置右击并选择"粘贴"命令，得到一个同样的幻灯片，删除文本框和图片，得到第二张幻灯片的背景。单击"插入"→"形状"→"椭圆"图形，按住【Shift】键画出圆的形状，这样得到一个圆形。选中圆形，在右侧"对象设置"窗格中依次设置"填充"为渐变填充，"线型"为实线，"颜色"为白色，"宽度"为 2 磅，如图 2-3-93 所示。依次插入文本框，圆形的文字设置"字体"为微软雅黑，"颜色"为深红，"大小"为 38 磅，条目的文字设置"字体"为微软雅黑，"颜色"为蓝色，"大小"为 24 磅，加粗，最终效果如图 2-3-94 所示。

图 2-3-93　图形填充设置

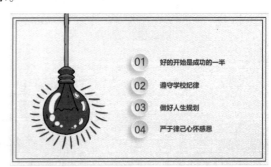
图 2-3-94　第一张 PPT 效果图

步骤3：设置幻灯片切换方式

① 单击"切换"选项卡，选择"平滑"切换效果，如图2-3-95所示。

图2-3-95 "平滑"切换效果

② 在功能区选择速度为3秒，选择"单击鼠标时换片"复选框，应用到全部，如图2-3-96所示，这样所有的幻灯片的切换方式都统一设置完毕。

图2-3-96 幻灯片效果设置

步骤4：设置幻灯片动画效果

① 选择第一张幻灯片，选择幻灯片中的红领巾图片，单击"动画"选项卡下效果下拉箭头中"飞入"效果，如图2-3-97所示，同样方法设置另外几个图片的动画效果，其中火箭的"动画属性"设置为"自左下部"，在右侧的动画窗格可以查看动画具体信息，如图2-3-98所示。

图2-3-97 动画"飞入"

图2-3-98 动画窗格

② 依次选中幻灯片中的文本框和田字格，可以对动画效果依次设置为"缩放"和"回旋"，播放设置为"在上一动画之后"进入下一个动画。

步骤5：幻灯片的放映

单击功能区"放映"选项卡→"放映设置"按钮，弹出"设置放映方式"对话框，可对放映的方式进行设置，如图2-3-99所示。放映时可以使用快捷键【F5】进行放映，也可使用【Shift+F5】组合键从当前位置开始放映，放映时会全屏显示并处于不可编辑状态，放映时可以看到幻灯片切换和动画的效果。

图 2-3-99 "设置放映方式"对话框

单 元 小 结

本单元通过前 5 个任务对 PowerPoint 2016 的常用功能进行介绍，主要包括：演示文稿的新建、保存、关闭；幻灯片的新建、移动、删除；通过幻灯片版式及母版的设计统一幻灯片的风格；文本框、图片、图形的插入和编辑；为增加幻灯片放映的效果可对幻灯片的切换进行设置；为幻灯片中的对象添加动画效果；超链接的使用；演示文稿的审阅和放映等内容。通过最后一个任务对另一主流软件 WPS 演示的常用功能进行概要介绍。

读者经过学习和练习后，可以掌握 PowerPoint 2016 的主要常用功能，具备使用 PowerPoint 2016 进行演示文稿的编辑与修改能力。

单 元 练 习

一、单选题

1. PowerPoint 是 Microsoft 公司提供的一个（　　）。
   A．数据库软件　　　B．演示文稿软件　　　C．电子表格处理软件　　　D．文字处理软件
2. PowerPoint 2016 文档默认的文件扩展名是（　　）。
   A．pptx　　　　　　B．docx　　　　　　　C．xlsx　　　　　　　　　D．txt
3. PowerPoint 中"视图"这个名词表示（　　）。
   A．一种图形　　　　　　　　　　　　　　B．显示幻灯片的方式
   C．编辑演示文稿的方式　　　　　　　　　D．一张正在修改的幻灯片
4. PowerPoint 中（　　）模式可以实现在其他视图中实现一切编辑功能。
   A．普通视图　　　　B．大纲视图　　　　　C．幻灯片视图　　　　　　D．幻灯片浏览视图
5. PowerPoint 中，如果想要把文本插入到某个占位符，正确的操作是（　　）。
   A．单击标题占位符，将插入点置于占位符内　　B．单击菜单栏中的"插入"按钮
   C．单击菜单栏中的"粘贴"按钮　　　　　　　D．单击菜单栏中的"新建"按钮
6. PowerPoint 2016 中，在幻灯片的占位符中添加标题文本的操作在 PowerPoint 窗口的（　　）。
   A．幻灯片区　　　　B．状态栏　　　　　　C．大纲区　　　　　　　　D．备注区
7. PowerPoint 中，下列关于幻灯片的占位符中插入文本的叙述正确的有（　　）。
   A．插入的文本一般不加限制　　　　　　　B．插入的文本文件有很多条件

C. 标题文本插入在状态栏进行　　　　　　　D. 标题文本插入不可以在大纲区进行

8. PowerPoint 中，用文本框在幻灯片添加文本时，在"插入"选项卡中应选择（　　）。
   A. 图片　　　　　B. 文本框　　　　　C. 影片和声音　　　　　D. 表格

9. PowerPoint 中，怎样在自选的图形上添加文本？（　　）。
   A. 右击插入的图形，再选择添加文本即可
   B. 直接在图形上编辑
   C. 另存到图像编辑器编辑
   D. 用粘贴在图形在上加文本

10. PowerPoint 中，在幻灯片的占位符中添加的文本有什么要求？（　　）。
    A. 只要是文本形式就行　　　　　　　　B. 文本中不能含有数字
    C. 文本中不能含有中文　　　　　　　　D. 文本必须简短

11. PowerPoint 中，用自选图形在幻灯片中添加文本时，在菜单栏中选（　　）菜单。
    A. 视图　　　　　B. 插入　　　　　C. 格式　　　　　D. 工具

12. PowerPoint 中，下列有关移动和复制文本的叙述中，正确的有（　　）。
    A. 文本剪切的组合键是【Ctrl+P】
    B. 文本复制的组合键是【Ctrl+V】
    C. 文本复制和剪切是有区别的
    D. 单击"粘贴"按钮和用组合键【Ctrl+C】的效果是一样

13. （　　）是幻灯片层次结构中的顶层幻灯片，用于存储有关演示文稿的主题和幻灯片版式的信息，包括背景、颜色、字体、效果、占位符大小和位置。
    A. 版式　　　　　B. 幻灯片母版　　　C. 幻灯片放映　　　D. 超链接

14. 在 PowerPoint 中，下列对幻灯片的超链接叙述错误的是（　　）。
    A. 可以链接到外部文档
    B. 可以链接到某个网址
    C. 可以在链接点所在文档内部的不同位置进行链接
    D. 一个链接点可以链接两个以上的目标

15. PowerPoint 2016 提供了多种（　　），它包含了相应的字体、颜色和背景样式等，可供用户快速生成风格统一的演示文稿。
    A. 版式　　　　　B. 主题　　　　　C. 模板　　　　　D. 母版

16. 不属于幻灯片视图的是（　　）。
    A. 普通视图　　　B. 浏览视图　　　C. 放映视图　　　D. 页面视图

17. 在（　　）视图中不可以对幻灯片进行移动、复制、删除等操作。
    A. 普通视图下的大纲视图　　　　　　　B. 普通视图下的幻灯片视图
    C. 幻灯片浏览视图　　　　　　　　　　D. 幻灯片放映视图

18. 要在选定的幻灯片版式中输入文字，应（　　）。
    A. 直接输入文字
    B. 首先单击占位符，然后输入文字
    C. 首先删除占位符中的系统显示的文字，然后才可输入文字
    D. 首先删除占位符，然后才可输入文字

19. 下列各项中，（　　）不是控制幻灯片外观一致的方法。
    A. 母版　　　　　B. 模板　　　　　C. 主题　　　　　D. 幻灯片视图

20. 使用键盘选择幻灯片时，按住（　　）键可以选择不连续的几张幻灯片。

A. 【Ctrl】　　　　B. 【Shift】　　　　C. 【Esc】　　　　D. 【Enter】

21. 在PowerPoint中，欲在幻灯片中出现幻灯片编号，需要（　　）。
   A. 在幻灯片的页面设置中设置
   B. 在幻灯片的页眉和页脚中设置
   C. 在幻灯片母版中设置
   D. 在幻灯片母版和幻灯片的页眉/页脚中做相应的设置

22. 在PowerPoint中，下面描述正确的是（　　）。
   A. 幻灯片的放映必须以从头到尾的顺序播放
   B. 所有幻灯片的切换方式可以是一样的
   C. 每个幻灯片中的对象不能超过10个
   D. 幻灯片和演示文稿是一个概念

23. 为幻灯片添加动画效果时，下列（　　）说法是错误的。
   A. 在PowerPoint中，可以为单个对象添加单个动画效果
   B. 在PowerPoint中，可以为单个对象添加多个动画效果
   C. 在PowerPoint中，可以为图表单个类别或单个元素单独添加动画效果
   D. 在PowerPoint中，可以将图表动画效果按类别或元素进行分类

24. 在"幻灯片切换"功能区中，可以设置的选项有（　　）。
   A. 切换速度　　　B. 换页方式　　　C. 声音　　　D. 以上均可

25. 在PowerPoint幻灯片放映时，用户可以利用指针在幻灯片上写字或画画，这些内容（　　）。
   A. 自动保留在演示文稿中
   B. 放映结束时可以选择保留在演示文稿中
   C. 不可以选择墨迹颜色
   D. 不可以擦除痕迹

26. 在PowerPoint中，幻灯片（　　）是一张特殊的幻灯片，包含已设定格式的占位符，这些占位符是为标题、主要文本和所有幻灯片中出现的背景项目而设置的。
   A. 模板　　　　B. 母版　　　　C. 版式　　　　D. 样式

27. 在幻灯片的"动作设置"对话框中，其设置的超链接对象不允许是（　　）。
   A. 下一张幻灯片　　　　　　　　B. 一个应用程序
   C. 其他的演示文稿　　　　　　　D. 幻灯片中的某一对象

28. 如果要改变幻灯片的大小和方向，可以选择"设计"选项卡中的（　　）。
   A. 格式　　　　B. 页面设置　　　　C. 关闭　　　　D. 保存

29. 在PowerPoint 2016文档中，可以全选的组合键是（　　）。
   A. 【Ctrl+O】　　B. 【Ctrl+C】　　C. 【Ctrl+N】　　D. 【Ctrl+A】

30. PowerPoint的"设计模板"包含（　　）。
   A. 预定义的幻灯片版式
   B. 预定义的幻灯片背景颜色
   C. 预定义的幻灯片样式和配色方案
   D. 预定义的幻灯片动画

31. PowerPoint的"超链接"命令可实现（　　）。
   A. 幻灯片之间的跳转　　　　　　B. 演示文稿幻灯片的移动
   C. 中断幻灯片的放映　　　　　　D. 在演示文稿中插入幻灯片

32. 如果将演示文稿置于另一台不带PowerPoint系统的计算机上放映，那么应该对演示文稿进行（　　）。

A. 复制　　　　　　B. 打包　　　　　　C. 移动　　　　　　D. 打印

33. 想在一个屏幕上同时显示两个演示文稿并进行编辑,如何实现?(　　)。
    A. 无法实现
    B. 打开一个演示文稿,选择"插入"菜单中"幻灯片(从大纲)命令"
    C. 打开两个演示文稿,选择"视图"菜单中"全部重排"按钮
    D. 打开两个演示文稿,选择窗口菜单中"缩至一页"

34. 在(　　)模式下可对幻灯片进行插入,编辑对象的操作。
    A. 幻灯片视图　　　　　　　　　　B. 大纲视图
    C. 幻灯片浏览视图　　　　　　　　D. 备注页视图

35. 在(　　)方式下能实现一屏显示多张幻灯片。
    A. 幻灯片视图　　　　　　　　　　B. 大纲视图
    C. 幻灯片浏览视图　　　　　　　　D. 备注页视图

36. 下列中(　　)不是工具栏的名称。
    A. 插入　　　　　　　　　　　　　B. 设计
    C. 动画效果　　　　　　　　　　　D. 视图

37. 在(　　)模式下,不能使用"视图"菜单中的演讲者备注选项添加备注。
    A. 幻灯片视图　　　　　　　　　　B. 大纲视图
    C. 幻灯片浏览视图　　　　　　　　D. 备注页视图

38. 在当前演示文稿中要新增一张幻灯片,采用(　　)方式。
    A. 选择"文件"菜单中的"新建"命令
    B. 选择"编辑"菜单中的"复制"和"粘贴"命令
    C. 选择"插入"菜单中的"新建幻灯片"命令
    D. 选择"插入"菜单中的"幻灯片(从大纲)"命令

39. 如果要播放演示文稿,可以使用(　　)。
    A. 幻灯片视图　　　　　　　　　　B. 大纲视图
    C. 幻灯片浏览视图　　　　　　　　D. 幻灯片放映视图

40. 在(　　)视图下,可以方便地对幻灯片进行移动、复制、删除等编辑操作。
    A. 幻灯片浏览　　　　　　　　　　B. 幻灯片
    C. 幻灯片放映　　　　　　　　　　D. 普通

41. 要在幻灯片上显示幻灯片编号,必须(　　)。
    A. 选择"插入"菜单中的"页码"命令
    B. 选择"文件"菜单中的"页面设置"命令
    C. 选择"视图"菜单中的"页眉和页脚"命令
    D. 以上都不行

42. 下列各项中,(　　)不能控制幻灯片外观一致。
    A. 母版　　　　　　B. 模板　　　　　　C. 背景　　　　　　D. 幻灯片视图

43. 在幻灯片母版中插入的对象,只能在(　　)中修改。
    A. 幻灯片视图　　　B. 幻灯片母版　　　C. 讲义母版　　　　D. 大纲视图

44. 在空白幻灯片中不可以直接插入(　　)。
    A. 文本框　　　　　B. 文字　　　　　　C. 艺术字　　　　　D. Word表格

45. 幻灯片内的动画效果,通过"幻灯片放映"菜单的(　　)命令来设置。
    A. 动作设置　　　　　　　　　　　B. 自定义幻灯片放映

C. 动画预览　　　　　　　　　　　　D. 幻灯片切换

46. 设置幻灯片放映时间的命令是（　　）。
   A. "幻灯片放映"菜单中的"预设动画"命令
   B. "幻灯片放映"菜单中的"动作设置"命令
   C. "幻灯片放映"菜单中的"排练计时"命令
   D. "插入"菜单中的"日期和时间"命令

47. 要在选定的幻灯片中输入文字，应（　　）。
   A. 直接输入文字
   B. 先单击占位符，然后输入文字
   C. 先删除占位符中系统显示的文字，然后才可输入文字
   D. 先删除占位符，然后再输入文字

48. PowerPoint中，当新插入的剪贴画遮挡住原来的对象时，下列说法不正确的是（　　）。
   A. 可以调整剪贴画的大小
   B. 可以调整剪贴画的位置
   C. 只能删除这个剪贴画，更换大小合适的剪贴画
   D. 调整剪贴画的叠放次序，将被遮挡的对象提前

49. 关于PowerPoint，下列说法正确的是（　　）。
   A. 启动PowerPoint后只能建立或编辑一个演示文稿文件
   B. 启动PowerPoint后可以建立或编辑多个演示文稿文件
   C. 运行PowerPoint后不能编辑多个演示文稿文件
   D. 在新建一个演示文稿之前，必须先关闭当前正在编辑的演示文稿文件

50. 以下（　　）不是动画效果的分类。
   A. 进入效果　　　B. 退出效果　　　C. 强调效果　　　D. 插入效果

二、多选题

1. PowerPoint可以用于（　　）。
   A. 学术交流　　　B. 产品展示　　　C. 制作讲课内容　　　D. 制作商业演示广告

2. 普通视图下包括（　　）。
   A. 大纲/幻灯片切换窗格　B. 幻灯片窗格　　　C. 备注窗格　　　D. 任务窗格

3. PowerPoint中，母版的几种类型分别是（　　）。
   A. 幻灯片母版　　　B. 标题母版　　　C. 讲义母版　　　D. 备注母版

4. PowerPoint中，页面设置可以设置（　　）。
   A. 幻灯片大小　　　B. 演示文稿大小　　　C. 演示文稿方向　　　D. 幻灯片方向

5. PowerPoint中，超链接可以链接到（　　）。
   A. 本文档的任意一张幻灯片　　　B. 文件
   C. 网页　　　D. 电子邮件地址

6. 在使用了版式之后，幻灯片标题（　　）。
   A. 可以修改格式　　　B. 不可以修改格式
   C. 可以移动位置　　　D. 不可以移动位置

7. PowerPoint中"设置放映方式"中，可以进行设置的是（　　）。
   A. 演示文稿的循环放映方式　　　B. 演示文稿幻灯片的放映范围
   C. 幻灯片的换片方式　　　D. 设置播放的背景音乐

8. 设置幻灯片切换时，可以进行的操作是（　　）。

  A. 切换效果   B. 切换速度
  C. 换片方式   D. 切换声音

9. "幻灯片设计"任务窗格包括（　　）。
  A. 自定义动画   B. 动画方案
  C. 配色方案   D. 设计模版

10. 幻灯片上可以插入（　　）多媒体信息。
  A. 图片   B. 影片   C. 声音   D. 剪贴画、动画

11. PowerPoint 中页眉和页脚的设置包括（　　）。
  A. 幻灯片编号   B. 日期
  C. 页眉文字信息   D. 页脚文字信息

12. 为某对象设置好动画后，想看此项设置的效果，可以（　　）。
  A. 单击"自定义动画任务窗格中的播放"按钮
  B. 单击普通视图幻灯片选项卡的动画播放标志
  C. 单击幻灯片窗格中的播放动画标志
  D. 单击幻灯片浏览视图中的动画标志

13. 在使用幻灯片放映视图放映演示文稿的过程中，要结束放映可（　　）。
  A. 按【Esc】键   B. 右击，从快捷菜单中选"结束放映"命令
  C. 按【Ctrl+E】键   D. 按【Enter】键

14. 以下（　　）是无法打印出来的。
  A. 幻灯片中的图片   B. 幻灯片中的动画
  C. 母版上设置的标志   D. 幻灯片的展现时间

15. 不属于演示文稿放映方式的是（　　）。
  A. 演讲者放映（全屏幕）   B. 观众自行浏览（窗口）
  C. 在展台浏览（全屏幕）   D. 定时浏览（全屏幕）

三、操作题

1. 打开 PPT1.pptx，按照要求完成下列操作并以该文件名（PPT1.pptx）保存演示文稿，样张如下图所示。
（1）设置整个 PowerPoint 文档主题为暗香扑面。
（2）设置第一张幻灯片的版式为标题幻灯片，添加标题内容为"涌现的在线教育"，设置标题文字字体字号为楷体、48磅。
（3）为第二张幻灯片的内容文本框添加段落项目编号（项目编号为"1." "2." "3."）。
（4）设置第三张幻灯片的图片进入动画效果为擦除、效果选项自顶部、延迟1秒。
（5）设置第四张幻灯片的内容文本框形状格式图案填充为5%。
（6）设置所有幻灯片切换效果为显示、自动换片时间3秒。

2. 打开 PPT2.pptx，按照要求完成下列操作并以该文件名（PPT2.pptx）保存演示文稿,样张如下图所示。
（1）将第一张幻灯片的版式修改为标题幻灯片，添加标题内容为"想长寿，要远离几种习惯!"，设置标题文字的字体、字号为宋体、40磅，文字加粗，字体颜色为红色（设置RGB颜色模式：红色255，绿色0，蓝色0）。
（2）设置第二张幻灯片的图片进入动画效果为旋转、延迟1.5秒。
（3）设置第三张幻灯片的内容文本框段落行距为双倍行距。
（4）为第四张幻灯片的内容文本框添加段落项目符号（项目符号为加粗空心方形□）。
（5）在第四张幻灯片中插入一个2行2列表格。
（6）设置所有幻灯片切换效果为形状、效果选项为放大，自动换片时间为2秒。

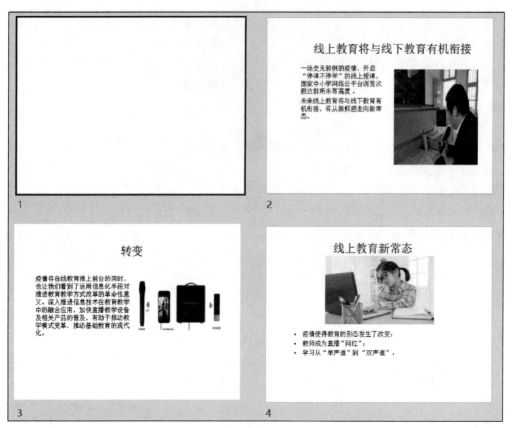

PPT1 样张

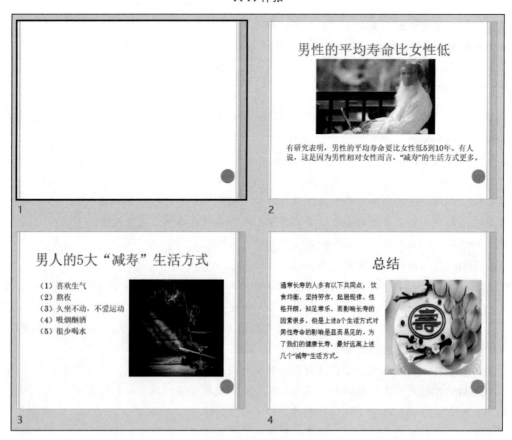

PPT2 样张

3. 打开 PPT3.pptx，按照要求完成下列操作并以该文件名（PPT3.pptx）保存演示文稿，样张如下图所示。

（1）设置整个 PowerPoint 文档主题为暗香扑面。

（2）将第一张幻灯片的版式修改为标题幻灯片，添加标题内容为"冬至有趣习俗"，设置标题文字的字体字号为楷体、66 磅。

（3）设置第二张幻灯片的内容文本框段落间距为段前 12 磅，段后 6 磅。

（4）为第二张幻灯片内的图片添加超链接，链接到网址 www.sina.com.cn。

（5）设置第三张幻灯片的图片动画进入为棋盘、延迟 1.5 秒。

（6）删除第四张幻灯片。

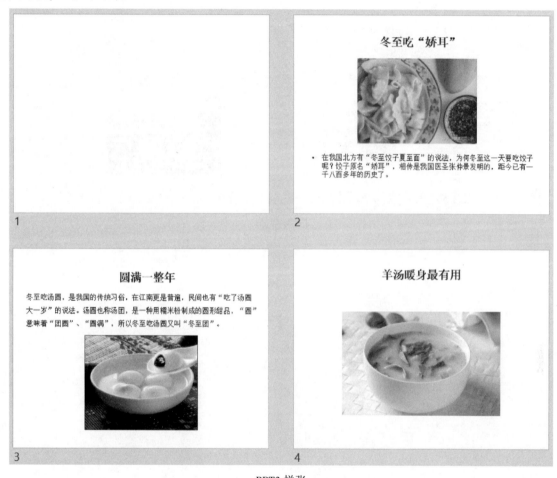

PPT3 样张

4. 打开 PPT4.pptx，按照要求完成下列操作并以该文件名（PPT4.pptx）保存演示文稿，样张如下图所示。

（1）设置整个 PowerPoint 文档设计主题为波形。

（2）将第一张幻灯片的版式修改为标题幻灯片，添加标题内容为"晒太阳的好处"，设置标题文字的字体、字号为华文楷体、54 磅。

（3）设置第二张幻灯片的内容文本框段落间距为段前 12 磅，段后 6 磅。

（4）为第二张幻灯片内的图片添加超链接，链接到网址 www.baidu.com。

（5）设置第三张幻灯片的图片动画效果为浮入、在上一动画之后延迟 2 秒开始。

（6）删除第五张幻灯片。

PPT4 样张

第3篇 信息技术的应用

本篇导读：

随着信息技术的高速发展，人工智能、物联网、大数据、云计算、5G、虚拟现实等新一代信息技术在科学研究领域及社会生活中都得到了广泛的应用。

本篇主要介绍计算机网络应用与信息检索、新一代信息技术的概念及应用、信息素养与社会责任等知识。

单元 1 计算机网络应用与信息检索

【单元导读】

新一代信息技术的应用与迅速发展,离不开计算机网络的支撑,因此网络已成为信息社会的命脉和重要基础。

本单元主要介绍计算机网络的基础知识、Internet 应用、信息检索、精准检索数据、论文检索数据库使用等知识。

【知识要点】

- 认识计算机网络
- Internet 基本知识
- 信息检索概念
- 使用搜索引擎精准检索数据
- 使用知网、万方检索学术论文

任务 1 认识计算机网络

任务描述

随着计算机技术的迅速发展,计算机的应用渗透到各个技术领域,社会的信息化、数据的分布式处理、资源共享等各种应用都推动计算机朝群体化方向发展。通过将多台计算机连接起来形成网络,可实现相互通信和资源共享。

任务要求:需要学习和掌握网络的定义、网络的分类、IP 地址基础、域名系统等网络基础知识;

任务分析

进一步了解计算机网络的组成、功能、分类,理解计算机网络的拓扑结构、网络协议、IP 地址。通过本任务进一步巩固计算机 IP 地址的正确配置及连网方法,实现连通网络。"认识计算机网络"知识结构如图 3-1-1 所示。

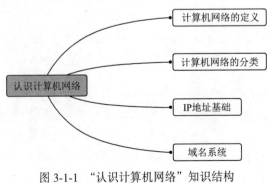

图 3-1-1 "认识计算机网络"知识结构

相关知识

1. 计算机网络的定义

计算机网络是指将地理位置不同而功能相对独立的多个计算机（或智能设备）通过通信设备和线路连接起来，在网络操作系统、网络管理软件及网络通信协议的管理和协调下，实现资源共享和信息传递的系统。从而使众多的计算机可以方便地互相传递信息，共享硬软件、数据信息等资源。

2. 计算机网络的分类

由于计算机网络自身的特点，其分类方法有多种。根据不同的分类原则，可以得到不同类型的计算机网络。

（1）按覆盖范围分类

按网络所覆盖的地理范围的不同，计算机网络可分为局域网(LAN)、城域网（MAN）和广域网(WAN)。

① 局域网：局域网（Local Area Network，LAN）是指在较小地理范围内由多台计算机或数据终端设备互联而成的通信网络，一般在几千米以内。局域网组网的范围一般较小，如在一个办公室内，或一栋楼，或一个企业。

② 城域网：城域网（Metropolitan Area Network，MAN）在地域上一般是覆盖一个城市范围的大型计算机网络。规模介于广域网和局域网之间，主要是提供通用和公共的网络架构，将城市内不同地点的主机、数据库，以及 LAN 等互相连接起来。

③ 广域网：广域网（WAN，Wide Area Network，WAN）是在一个覆盖广阔地域范围的计算机通信网络，覆盖的范围可以从几十公里到几千公里，它是一个可跨越市、省、国家甚至覆盖全球的远程网络。

（2）按网络拓扑结构分类

网络中的每一台计算机都可以看作是一个节点，通信线路可以看作是一根连线，网络的拓扑结构就是网络中各个节点相互连接的形式。常见的拓扑结构有星状结构、树状结构、环状结构和总线结构，如图 3-1-2 所示。

- 星状：有一个中心节点，其他节点与中心节点构成点到点连接。
- 树状：一个根结点、多个中间分支节点和叶子节点构成。
- 环状：所有节点连接成一个闭合的环，结点之间为点到点连接。
- 总线：所有节点挂接到一条总线上，任何一个站点发送的数据都能通过总线传播。同时能被总线上的其他站点接收到，可见总线结构的网络是一种广播网络。

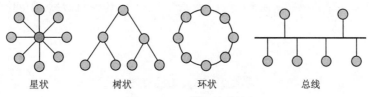

图 3-1-2 网络拓扑结构

3. IP 地址

（1）什么是 IP 地址

IP 地址是每一台机器接入 Internet 时，都会被分配一个唯一的地址用于在全球范围内识别，我们称之为"IP 地址"，它用来实现 Internet 上不同主机之间的通信。当网络中的主机之间进行通信时，传递的数据包都会有附加信息，这些附加信息就包含发送主机的 IP 地址和接收主机的 IP 地址。IP 地址就像我们生活中的电话号码一样，每一个都是唯一的。所以通过 IP 地址就可以访问到每一台主机。IP 地址由 4 部分数字组成，每部分数字对应于一个 8 位二进制数字，在各部分之间用小数点分开。

IP 地址由 4 个字节、共 32 位二进制数值组成，包括类别、网络标识和主机标识三个部分。为方便用户使用，采用"点分十进制"表示法，即将 4 个字节的二进制数值转换成 4 个十进制数值，每个数值的取值范围为 0~255，每组数值之间用"."隔开。如 11000000.10101000.00000000.00000001，这就是一个 IP 地址，但是这样的二进制数值不方便输入和记忆，因此我们都是改成十进制数值来表示。在 8 位数值中，如果转换成十进制，00000000 最小，值为 0。11111111 最大，值为 255，所以说，在用十进制表示的 IP 地址中，最小数为 0，最大数为 255。

（2）IP 地址分类

IP 地址分为 A、B、C、D、E 五类，其中 A、B、C 类地址是主要供用户使用的地址，为主类地址。D 类和 E 类为次类地址，D 类专供多目标传递的组播地址，E 类用于扩展备用地址，如表 3-1-1 所示。

表 3-1-1　IP 地址的分类

类　　型	IP 地址范围	应　　用
A 类	0.0.0.0—126.255.255.255	大型网络
B 类	128.0.0.0—191.255.255.255	中等规模网络
C 类	192.0.0.0—223.255.255.255	校园网等
D 类	224.0.0.0—239.255.255.255	组播地址
E 类	240.0.0.0—255.255.255.255	扩展备用地址

4．域名系统

Internet 上的每一台计算机都有自己的唯一的 IP 地址，但是记忆 IP 地址非常困难。为了方便人们记忆，Internet 采用域名来标识计算机，然后通过 DNS（域名系统）翻译成 IP 地址。从 1985 年起，在 IP 地址的基础上开始向用户提供域名系统（Domain Name System，DNS）服务，即用字符为主机起一个有意义的名字。域名有若干个分量构成，每个分量之间用"."隔开，每一级域名都由英文字母和数字组成，级别最低的域名在最左边，级别最高的域名写在最右边，域名的级数通常不多于 5 个，完整的域名不超过 255 个字符，其基本结构如下所示。

域名格式：主机名.子域名.顶级域名（子域名可以是多级结构）

例如："搜狐"的 WWW 服务器的域名是 www.sohu.com。

把域名也分成如下部分，意义分别是：

① 主机名：表示提供的服务，如：www 表示 Web 服务，mail 表示 mail 服务。

② 机构名：表示机构名称，如：sina 表示新浪。

③ 顶级域名：包括类别顶级域名和地理顶级域名，表示机构的性质或地理区域。

顶级域名之下是二级域名，二级域名通常由互联网信息中心（NNC）授权给其他单位或组织自己管理。

任务实现

步骤 1：设置 IP

① 在"开始"菜单旁边的搜索框中搜索"控制面板"，然后单击"打开"命令，打开"控制面板"窗口。

> **注意**
>
> 控制面板有以下几种打开方式：①右击"此电脑"图标，然后在弹出的快捷菜单中选择"属性"命令，在打开的窗口的左上角单击"控制面板"选项，打开"控制面板"主页，如图 3-1-3 所示；②同时按下【Win+I】组合键，打开"设置"界面，搜索"控制面板"即可。③按下【Win+R】组合键，打开"运行"窗口，在文本框中输入 control 后单击"确定"按钮即可，打开的"控制面板"窗口如图 3-1-4 所示。

图 3-1-3 打开控制面板方式

图 3-1-4 "控制面板"窗口

② 在"控制面板"窗口中单击"网络和 Internet"下的"查看网络状态和任务"选项，打开"网络和共享中心"窗口，如图 3-1-5 所示。

③ 在"网络和共享中心"窗口中单击"更改适配器设置"链接，如图 3-1-6 所示，即可弹出"本地连接"窗口。

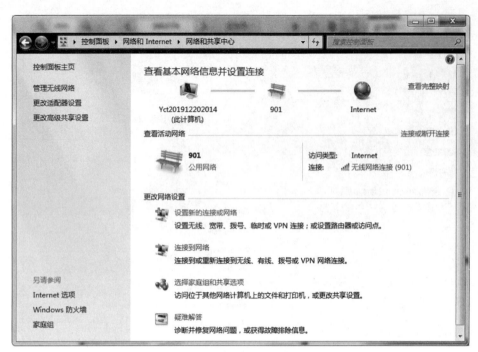

图 3-1-5 "网络和共享中心"窗口

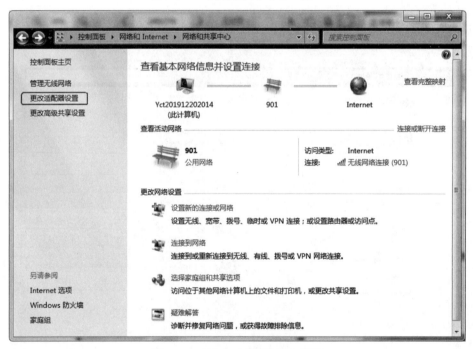

图 3-1-6 "更改适配器设置"链接

④ 右击"本地连接"对话框,单击"属性"按钮,打开"本地连接 属性"对话框。在"本地连接 属性"对话框中,双击"此连接使用下列项目"列表中的"Internet 协议版本 4(TCP/IPv4)"选项,如图 3-1-7 所示,打开"Internet 协议版本 4(TCP/IPv4)属性"对话框。

⑤ 在"Internet 协议版本 4(TCP/IPv4)属性"对话框中选中"使用下面的 IP 地址(S)"单选按钮,在"IP 地址(I):"、"子网掩码(U):"、"默认网关(D):"文本框中分别输入 IP 地址、子网掩码及默认网关地址。在"使用下面的 DNS 服务器地址(E):"输入 DNS 服务器地址,如图 3-1-8 所示。

图 3-1-7 "本地连接 属性"对话框

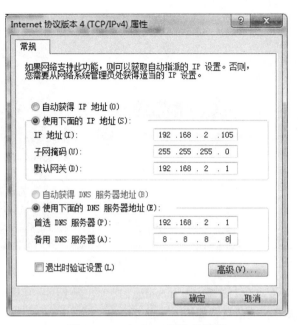

图 3-1-8 TCP/IPv4 属性对话框

技巧与提示

此处设置可按实验室具体情况输入对应的 IP 地址、子网掩码、默认网关地址、DNS 服务器地址。也可以直接单击"自动获得 IP 地址（D）"、"自动获得 DNS 服务器地址（E）"单选按钮，如图 3-1-9 所示。

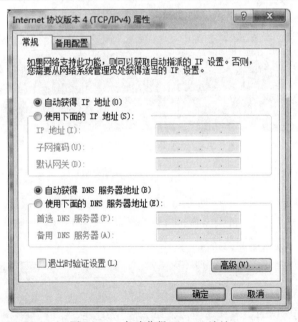

图 3-1-9 自动获得 IP/DNS 地址

步骤 2：查看计算机的网卡信息

① 单击"开始"→"运行"按钮，或者使用【Win+R】组合键，弹出"运行"对话框，在输入框中输入"cmd"，单击"确定"按钮，如图 3-1-10 所示进入 Windows 命令行状态，如图 3-1-11 所示。

图 3-1-10 "运行"对话框

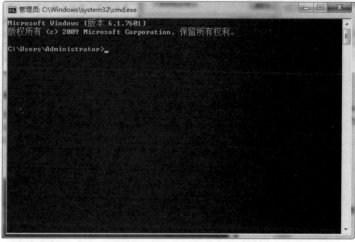

图 3-1-11 Windows 命令行状态

② 在命令行中输入"ipconfig"命令,按【Enter】键即可以查看计算机的网卡地址及 IP 地址、子网掩码、默认网关等相关信息,如图 3-1-12 所示。

图 3-1-12 查看计算机的网卡信息

步骤 3:测试网络的连通性

① 测试本机连网情况,单击"开始"→"运行"按钮,或者使用【Win+R】组合键弹出"运行"对话框,在输入框中输入"cmd",单击"确定"按钮,进入 Windows 命令行状态。在命令行中输入:ping 192.168.2.1,按【Enter】键后,可以根据应答信息判断本机连通网关情况,如图 3-1-13 所示。

图 3-1-13 查看网络的连通性

② 测试局域网连通情况，在 Windows 命令行中输入：ping 192.168.2.138，按【Enter】键后，可以查看在局域网中的连通情况，如图 3-1-14 所示。

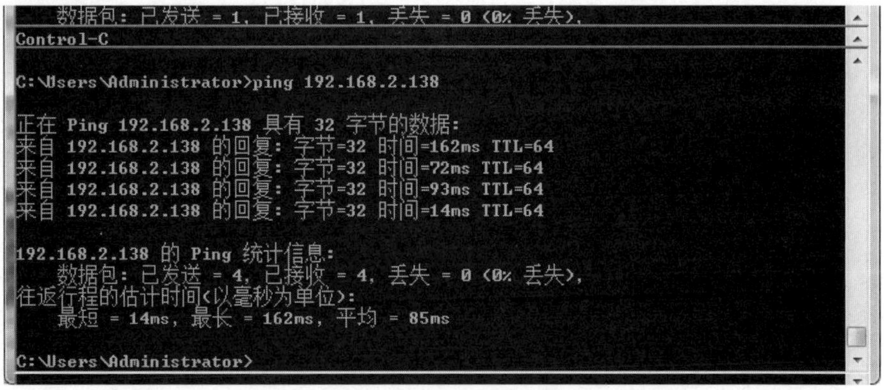

图 3-1-14　查看局域网连通情况

③ 测试外网连通情况，在 Windows 命令行中输入：ping www.baidu.com，按【Enter】键后，可以查看计算机连接外网情况，如图 3-1-15 所示。

图 3-1-15　测试外网联通情况

任务 2　Internet 基础知识

任务描述

随着社会科技、文化和经济的发展，特别是计算机网络技术和通信技术的日新月异，Internet 获得迅猛的发展，它发展成一个全球的计算机互联网络，由许多的子网互联而成，实现了全球信息资源的共享，人们可以从互联网上找到数百万对人们有用的信息。

任务要求：理解 Internet 的基本概念，了解 Internet 的常用工具与应用。会为当前计算机设置默认浏览器以及浏览器首页，会为浏览器设置默认搜索引擎。

任务分析

进一步了解 Internet 的基本概念和 Internet 的常用工具与应用。通过本任务掌握设置默认浏览器、默认搜索引擎和浏览器首页的设置。本任务知识结构如图 3-1-16 所示。

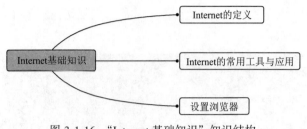

图 3-1-16 "Internet 基础知识"知识结构

1. Internet 的定义

Internet 是由许多小的网络（子网）互联而成的一个逻辑网，每个子网中连接着若干台计算机（主机）。Internet 以相互交流信息资源为目的，基于一些共同的协议，并通过许多路由器和公共互联网连接而成，是一个信息资源共享的集合。

事实上，Internet 已经不仅仅是一个计算机网络，而是一个异常庞大的、实用的、可以共享的信息资源库。全球各地的人都可以使用 Internet 通信并共享信息资源，可以收发电子邮件，可以免费享用大量的信息资源，可以创建个人网站，可以欣赏视听资料，可以网上就医，可以刷脸支付……。

2. Internet 的常用工具与应用

（1）WWW（World Wide Web）万维网

WWW 是基于客户机/服务器方式的信息发现技术和超文本技术的综合。WWW 服务器通过超文本标记语言（HTML）把信息组织成为图文并茂的超文本，利用链接从一个站点跳到另个站点。WWW 是存储在 Internet 计算机中、数量巨大的文档的集合。这些文档称为页面，它是一种超文本（Hypertext）信息，可以用于描述超媒体。

（2）浏览器

浏览器是用来检索、展示以及传递 Web 信息资源的应用程序。Web 信息资源由统一资源标识符（URL）所标记，它是一张网页、一张图片、一段视频或者任何在 Web 上所呈现的内容。使用者可以借助超级链接，通过浏览器浏览互相关系的信息。

（3）电子邮件

电子邮件是一种用电子手段提供信息交换的通信方式，是互联网应用最广的服务。通过网络的电子邮件系统，用户可以以低廉的价格、快速的方式与世界上任何一个角落的网络用户联系。电子邮件可以包含文字、图像、声音等多种形式。同时，用户可以得到大量免费的新闻、专题邮件，并轻松实现信息搜索。电子邮件的存在极大地方便了人与人之间的沟通与交流，促进了社会的发展。

（4）FTP（File Transfer Protocol）文件传输

在文件传输协议 FTP 的支持下，可以把文件从远程计算机复制到本地计算机上或把本地计算机的文件传送到远程计算机。其目的是实现文件共享，提供一种非直接使用远程计算机的方式，为用户提供透明和可靠高效传送文件数据的服务。

（5）社交媒体

社交媒体（Social Media）指互联网上基于用户关系的内容生产与交换平台，主要包括社交网站、微博、微信、博客、论坛、播客等。社交媒体在互联网的沃土上蓬勃发展，其传播的信息已成为人们浏览互联网的重要内容。截至 2021 年，全球使用社交媒体的人数超过 39.6 亿。

（6）二维码

二维码又称二维条码，常见的二维码为 QR Code（Quick Response Code），是一个近几年来移动设备上超流行的一种编码方式，它比传统的 Bar Code 条形码能存储更多的信息，也能表示更多的数据类型。二维码是用某种特定的几何图形按一定规律在平面（二维方向上）分布的黑白相间的记录数据符号信息的图形；在代码编制上巧妙地利用构成计算机内部逻辑基础的"0""1"比特流，使用若干个与二进制相对应的几何形体来表示文字数值信息，通过图像输入设备或光电扫描设备自动识读以实现信息自动处理。

任务实现

步骤1：设置默认浏览器

① 启动360浏览器，如图3-1-17所示。

图3-1-17　360浏览器

② 选择"菜单"→"设置"命令，如图3-1-18所示。

③ 设置默认浏览器。

在"基本设置"中选择"默认浏览器"，单击将360安全浏览器设置为默认浏览器，如图3-1-19所示。

图3-3-18　360浏览器菜单

图3-1-19　设置默认浏览器

步骤2：设置默认搜索引擎

在图3-1-19中单击"管理搜索引擎"按钮，我们可以看到"360"为默认搜索引擎，鼠标先移动到"百度"一行上，再单击"设为默认搜索引擎"按钮，即可将"百度"设为默认搜索引擎。

步骤3：设置浏览器首页

在"基本设置"中选择"启动时打开"组，单击"修改主页"按钮，在弹出的"主页设置"对话框中输入导航网站"hao123"的网址www.hao123.com，单击"确定"按钮，即可将导航网站"hao123"设为浏览器首页。

图 3-1-20　设置默认搜索引擎

图 3-1-21　设置浏览器首页

任务 3　信息检索

以知识经济为显著特征的信息社会,已成为社会发展的一种趋势。我们今天所处的时代称为"信息社会"。什么是信息?信息是消息,人们在学习、工作、日常生活中随时随地都在接收和利用信息。信息是资源,它具有使用价值;信息是财富,且是无价之财富;信息是生产力要素,更是一种不可估量的促进生产力发展的新动力。

因此，人类社会的发展，科学技术的进步，都离不开信息资源的开发和利用。我们怎样快速地查找信息和有序地整理信息？信息检索是最快的途径。

信息检索是人们进行信息查询和获取的主要方式，是查找信息的方法和手段，是信息化时代人们基本的信息素养之一。掌握网络信息的高效检索方法，是现代信息社会对高素质技术技能人才的基本要求。

任务要求：了解信息检索的相关知识，掌握信息检索的基本流程。

任务分析

进一步了解信息检索的相关知识，通过"信息检索"知识结构图（见图3-1-22），进一步学习巩固了解信息检索的定义、类型以及检索流程。

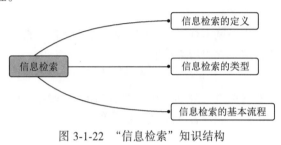

图3-1-22 "信息检索"知识结构

相关知识

1. 信息检索的定义

信息检索（Information Retrieval）是用户进行信息查询和获取的主要方式，是查找信息的方法和手段。狭义的信息检索仅指信息查询（Information Search）。即用户根据需要，采用一定的方法，借助检索工具，从信息集合中找出所需要信息的查找过程。广义的信息检索是信息按一定的方式进行加工、整理、组织并存储起来，再根据信息用户特定的需要将相关信息准确地查找出来的过程，又称信息的存储与检索。一般情况下，信息检索指的就是广义的信息检索。

2. 信息检索的类型

（1）按存储与检索对象划分

按存储与检索对象的不同，信息检索可分为文献检索、数据检索和事实检索。

① 文献检索是指根据学习和工作的需要获取文献的过程。近代认为文献是指具有历史价值的文章和图书或与某一学科有关的重要图书资料，随着现代网络技术的发展，文献检索更多的是通过计算机技术来完成。

② 数据检索即把数据库中存储的数据根据用户的需求提取出来。数据检索的结果会生成一个数据表，既可以放回数据库，也可以作为进一步处理的对象。

③ 事实检索是情报检索的一种类型。广义的事实检索既包括数值数据的检索、算术运算、比较和数学推导，也包括非数值数据（如事实、概念、思想、知识等）的检索、比较、演绎和逻辑推理。

以上三种信息检索类型的主要区别在于：数据检索和事实检索是要检索出包含在文献中的信息本身，而文献检索则检索出包含所需要信息的文献即可。

（2）按存储的载体和实现查找的技术手段划分

按存储的载体和实现查找的技术手段的不同，信息检索可分为手工检索、机械检索和计算机检索。

① 手工检索一种传统的检索方法，即以手工翻检的方式，利用工具书（包括图书、期刊、目录卡片等）来检索信息的一种检索手段。手工检索不需要特殊的设备，用户根据所检索的对象，利用相关的检索工具就可进行。手工检索的方法比较简单、灵活，容易掌握。

② 机械检索指利用计算机检索数据库的过程，优点是速度快，缺点是回溯性不好，且有时间限制。

③ 计算机检索指人们在计算机或计算机检索网络的终端机上，使用特定的检索指令、检索词和检索策略，从计算机检索系统的数据库中检索出需要的信息，继而再有终端设备显示或打印的过程。其中发展比较迅速的计算机检索是"网络信息检索"，也即网络信息搜索，是指互联网用户在网络终端，通过特定的网络搜索工具或通过浏览的方式，查找并获取信息的行为。

（3）按检索途径划分

按检索途径的不同，信息检索可分为直接检索和间接检索。

① 直接检索指通过直接阅读，浏览一次文献或三次文献从而获得所需资料的过程。

② 间接检索指借助检索工具或利用二次文献查找文献资料的过程。

3. 信息检索的基本流程

进行信息检索，一般来说要经过以下基本程序：分析检索课题，选择检索系统及数据库，确定检索词，构建检索提问式，上机检索并调整检索策略，输出检索结果。

（1）分析检索课题

检索人员在接到用户的检索课题时应首先分析研究课题，全面了解课题的内容以及用户对检索的各种要求，从而有助于正确选择检索系统及数据库，制定合理的检索策略等。

（2）选择检索系统及数据库

在全面分析检索课题的基础上，根据用户要求得到的信息类型、时间范围、课题检索经费支持等因素综合考虑后，选择检索系统和数据库。正确选择数据库，是保证检索成功的基础。

（3）确定检索词

检索词是表达文献信息需求的基本元素，也是计算机检索系统中进行匹配的基本单元。检索词选择正确与否，直接影响着检索结果。在全面了解检索课题的相关问题后，提炼主要概念与隐含概念，排除次要概念，以便确定检索词。

（4）构建检索提问式

检索提问式是计算机信息检索中用来表达用户检索提问的逻辑表达式，由检索词和各种布尔逻辑算符、位置算符、截词符以及系统规定的其他组配连接符号组成。检索提问式构建得是否合理，将直接影响查全率和查准率。

（5）上机检索并调整检索策略

构建完检索提问式后，就可以上机检索了。检索时，应及时分析检索结果是否与检索要求一致，根据检索结果对检索提问式作相应的修改和调整，直至得到比较满意的结果。

（6）输出检索结果

根据检索系统提供的检索结果输出格式，选择需要的记录以及相应的字段，将结果显示在显示器屏幕上、存储到磁盘或直接打印输出，网络数据库检索系统还提供电子邮件发送，至此，整个检索过程完成。

任务4　使用搜索引擎精准检索数据

任务描述

随着数据库技术和检索技术的发展与进步，信息以多种形式呈现，信息收集的途径也越来越多。信息收集的途径主要包括搜索引擎、发现服务系统、信息数据库、开放获取等。

搜索引擎根据一定的策略、运用特定的计算机程序从互联网上搜集信息，在对信息进行组织和处理后，为用户提供检索服务，将用户检索的相关信息展示给用户。

任务要求：理解搜索引擎的基本概念，了解搜索引擎的类型和常用的中文搜索引擎。能通过"百度"搜索引擎查找网站和评测信息。

任务分析

为了进一步了解搜索引擎的相关知识，通过"搜索引擎精准检索数据"的知识结构图（见图 3-1-23），读者进一步学习巩固搜索引擎的基本概念、类型，了解常用的中文搜索引擎，并会通过"百度"搜索引擎查找网站和评测信息。

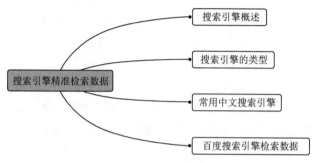

图 3-1-23 "搜索引擎精准检索数据"知识结构

相关知识

1. 搜索引擎概述

搜索引擎是指根据一定的策略、运用特定的计算机程序从互联网上采集信息，在对信息进行组织和处理后，为用户提供检索服务，将检索的相关信息展示给用户的系统。搜索引擎是工作于互联网上的一门检索技术，它旨在提高人们获取搜集信息的速度，为人们提供更好的网络使用环境。

搜索引擎本质上是一个计算机应用软件系统，或者说是一个网络应用软件系统，从网络用户的角度看，它根据用户提交的自然语言查询词或短语，返回一系列与该查询相关的网页信息，供用户进一步判断和选取。搜索引擎一般包括 3 个子系统，即"网页搜集系统"、"预处理系统"和"查询服务系统"。

2. 搜索引擎的类型

按照信息搜集方法和服务提供方式不同，搜索引擎主要可分为三大类:全文搜索引擎（Full Text Search Engine）、目录式搜索引擎（Search Index Directory）和元搜索引擎（Meta Search Engine）。

① 全文搜索引擎是名副其实的搜索引擎，百度是具有代表性的全文搜索引擎之一。

② 目录式搜索引擎的目录索引以人工方式或半自动方式搜集，由编辑人员查看信息后，人工形成信息摘要，并将信息置于事先确定的分类框架中，提供按目录分类的网站链接列表。用户完全可以不用关键词查询，仅靠分类目录也可以找到需要的信息。目录索引中，国内具代表性就是新浪、搜狐等。

③ 元搜索引擎接收用户查询请求后，同时在多个搜索引擎上搜索，并将结果返回给用户。

3. 常用的中文搜索引擎

（1）百度（https://www.baidu.com）

百度是全球最大中文搜索引擎、最大中文网站。2000 年 1 月 1 日，百度的创始人李彦宏、徐勇创建了百度公司。百度以自身的"超链分析"核心技术，使中国成为美国、俄罗斯、和韩国之外，全球仅有的 4 个拥有搜索引擎核心技术的国家之一。作为全球领先的中文搜索引擎，百度每天响应来自 100 余个国家和地区的数十亿次搜索请求，是网民获取中文信息的最主要入口。

百度支持多种检索功能，首先，百度支持"+"（AND）、"-"（NOT）、"|"（OR）。如果检索框中的两个关键词之间用空格隔开，则默认为"+"连接。其次，百度提供相关搜索功能，用户可以先输入一个简单词语进行搜索，百度搜索引擎会提供"相关搜索"作为参考，单击任何一个相关搜索词，都能得到那个相关搜索词的搜索结果。第三，提供限定检索。"site："表示在指定网站内搜索，如"电话 site:www.baidu.com"表示在百度网站内搜索和"电话"相关的资料；"intitle："表示在标题中搜索；"inurl："表示在URL中搜索。第四，百度提供高级搜索，高级搜索可以很方便地帮助构建较为精准的检索式。

（2）搜狗搜索（https://www.sogou.om）

2004年8月，搜狐公司推出全球首个第三代互动式中文搜索引擎——搜狗搜索，2013年腾讯SOSO的并入，搜狗搜索重置了行业格局，成为中国第二大搜索引擎，网页数量达到百亿以上，每天5亿的更新。

搜狗输入法占据国内输入法市场的头把交椅；搜狗与微信2010年6月开始合作，搜狗微信搜索可对微信公众号搜索，一搜即达；搜狗推出了搜狗明医、搜狗知乎、搜狗英文搜索、搜狗指数、搜狗学术等多样化的产品和服务。

（3）搜网全能搜（https://www.sowang.com）

搜网（https://www.sowang.com）是中文搜索引擎指南网站，通过搜索引擎目录，全方位介绍各类中文搜索引擎并提供其链接。搜网全能搜汇集了国内多个特色搜索引擎，在其检索页面下，用户可以同时实现对多个搜索引擎的检索，免去在各大搜索引擎转换的麻烦。

此外，360搜索（https://www.so.com）、中国搜索（https://www.chinaso.com）、移动浏览器UC优视与阿里巴巴组建的神马搜索（https://m.sm.cn）、今日头条都力图拓展中国搜索引擎市场。

任务实现

步骤1：打开"百度"网站首页

打开"360浏览器"，在地址栏输入"www.baidu.com"，进入"百度"首页，如图3-1-24所示。

图3-1-24 "百度"网站首页

步骤2：在"设置"中选择"高级检索"窗口

在百度主页右上角单击"设置"链接，在下拉列表中选择"搜索设置"命令，打开对话框如图3-1-25所示。

第3篇 信息技术的应用 285

图 3-1-25 "高级检索"窗口

在"包含全部关键词"中输入"北京冬奥会",在"关键词位置"选择"仅网页标题中"单选按钮,在"站内搜索"中输入"cctv.com",如图 3-1-26 所示。

图 3-1-26 设置检索信息

步骤 3:查询检索结果

单击"高级搜索"按钮,即可进行检索,并得到搜索结果,如图 3-1-27 所示。

图 3-1-27 检索结果

任务 5　使用知网、万方检索学术论文

任务描述

互联网在全球的迅速发展，为信息资源的数字化、网络化提供了契机。网络成为现代信息资源存储、交流和利用的主要媒介，信息资源网络化已成为一种趋势。综合性学术信息检索系统作为数据库技术在网络环境下的新发展，表现出一定的优势。

21 世纪初期，国内主要的学术型网络数据库逐步发展成为综合性信息检索系统，升级成为知识服务平台，满足科研机构、企业和个人用户对多元信息服务产品的需求。2002 年底，中国知网整合 4000 多种学术期刊，建成国内首个学术期刊全文检索数据库《中国期刊全文数据库》。万方数据在数字化期刊子系统之后，相继开发出《中国学位论文全文数据库》《中国学术会议论文全文数据库》等 20 多种数据库产品，从 2006 年开始，万方数据致力于对各种网络数据库进行整合，通过深加工实现知识服务。

任务要求：了解主要的中文综合性学术信息检索系统，掌握基本的布尔逻辑检索，并能灵活运用基本的布尔逻辑检索在知网上检索相关信息。

任务分析

进一步了解相关的综合性学术信息检索系统知识。读者通过"使用知网、万方检索学术论文"的知识结构图（见图 3-1-28），进一步学习了解中国知网、万方数据知识服务平台、维普资讯、超星平台，掌握基本的布尔逻辑检索，会在知网上检索相关文献。

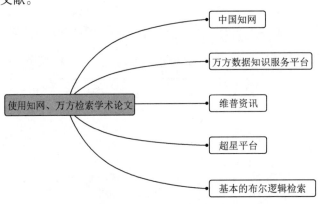

图 3-1-28　"使用知网、万方检索学术论文"知识结构

相关知识

1. 中国知网（CNKI）

CNKI 工程即中国知识基础设施工程，是采用现代信息技术，建设适合于我国的可以进行知识整合、生产、网络化传播扩散和互动式交流合作的一种社会化知识基础设施的国家级大规模信息化工程，由清华大学、清华同方发起，始建于 1999 年 6 月。在党和国家领导以及教育部、中宣部、科技部、新闻出版总署、国家版权局、国家发改委的大力支持下，在全国学术界、教育界、出版界、图书情报界等社会各界的密切配合和清华大学的直接领导下，CNKI 工程集团经过多年努力，采用自主开发并具有国际领先水平的数字图书馆技术，建成了世界上全文信息量规模最大的"CNKI 数字图书馆"。《中国知识资源总库》作为 CNKI 的资源基础，目前已容纳包括 CNKI 系列数据库和来自国内外的加盟数据库 2 600 多个，全文和各类知识信息数据超过了 5 000 万条，是目前全球最大的知识资源全文数据库集群。CNKI 推出的中文系列数据库主要有：《中国期刊全文数据库》、《中国重要报纸全文数

据库》《中国博硕士学位论文全文数据库》和《国内外重要会议论文全文数据库》等。每个数据库都提供了初级检索、高级检索和专业检索这三种检索功能,最常用的功能是高级检索功能即表单式检索功能。但如果检索式稍微复杂的话,可以使用其专业检索功能。

2. 万方数据知识服务平台

万方数据知识服务平台源自万方数据资源系统(ChinaInfo),是北京万方数据股份有限公司在中国科学技术信息研究所数十年积累的全部信息服务资源的基础上建立起来的,是以科技信息为主,集经济、金融、社会、人文信息为一体,实现网络化服务的信息资源系统。自1997年8月对外开放,其丰富的信息资源在国内外产生了较大的影响。近年,万方数据在汇集和整合原有数据的基础上,推出了万方数据知识服务平台,更加强调文献资源的品质和数量、检索技术的智能化以及服务的增值等。目前,万方数据知识服务平台收录范围包括期刊、会议、学位论文、标准、专利和名录等,内容覆盖社会科学和自然科学等各个专业领域,主要有《数字化期刊全文库》《中国学位论文全文数据库》《中国学术会议论文全文数据库》《中国专利数据库》《万方视频数据库》等。

3. 维普资讯

维普信息资源系统是由重庆维普资讯有限公司研制开放的网络信息资源。1989年,维普中文科技期刊篇名数据库研建成功,收录期刊2 000余种,以软盘形式开设向全国用户发行,开创了中国信息产业数据库建设的先河;1992年,研究开发出我国第一张中文数据库光盘,不仅在中文信息存储介质中有重大突破,在中文数据处理、盘片制作、软件开发以及光盘数据库的推广应用等方面为业界提供了可借鉴的经验,推动了我国信息产业的发展。到2020年9月,维普资讯数据系统累计收录期刊14 000余种,现刊9 000余种,文献7 025万条。维普资讯推出的中文系列数据库主要有:《中文期刊服务平台》《维普考试服务平台》等。

4. 超星平台

超星平台由北京世纪超星信息技术发展有限责任公司投资建设,该公司成立于1993年,2000年创办超星数字图书馆,长期从事图书、文献、教育资源数字化工作,是国内专业的数字图书资源提供商和学术视频资源制作商之一。超星平台已成为数字资源加工、采集、管理以及应用的重要平台,拥有《超星电子图书数据库》《超星期刊》《超星学术视频数据库》《读秀知识库》《超星发现》等。

5. 基本布尔逻辑检索

布尔逻辑检索是利用布尔代数中的逻辑与(and,用"*"表示)、逻辑或(or,用"+"表示)和逻辑非(not,用"–"表示)等算符,对计算机进行逻辑运算,以找到所需文献的方法。它是计算机检索中使用频率最高、使用面最广泛的一种技术。

① 逻辑与(and):用来表示所连接的各个检索项的交际,有助于缩小检索范围,提高查准率。如"A and B and C"表示文献中同时含有A、B和C这三个词。不同的数据库中代表"与"的符号有所不同,主要有"AND""and""&""*"以及空格等。

② 逻辑或(or):用来表示所连接的各个检索项的并集,通常用来连接同义词、近义词或同一种物质的不同种叫法,有助于扩大检索范围,提高查全率。如"(A or B) and C"表示文献中含有A或B其中之一,但必须包含C,它的检索效果等同于"(A and C) or (B and C)"。不同的数据库用以表示"或"的符号有"OR""or""|""+"等。

③ 逻辑非(not):用来排除文献中不希望出现的词,有助于缩小检索范围,提高查准率。如"A and B not C"表示文献中同时含有A和B,但不含有C。不同的数据库中用来表示"非"的符号主要有"NOT""not""!""–"等。

任务实现

步骤1:打开"知网"网站首页

打开"360浏览器",在地址栏输入"www.cnki.net",进入"中国知网"首页,如图3-1-29所示。

图 3-1-29 "中国知网"首页

步骤 2：将搜索选项更改为"篇名"

在"中国知网"首页内，将搜索栏左边搜索选项由默认"主题"改为"篇名"，如图 3-1-30 所示。

图 3-1-30 设置搜索选项

步骤 3：使用"逻辑与"方法查找文献

在搜索栏内输入"人工智能*大数据"进行查找，单击页面"总库框"内"中文选项"，通过查看结构，共检索出 1 000 多篇中文文献，如图 3-1-31 所示。

图 3-1-31　使用"逻辑与"检索文献

步骤 4：使用"逻辑或"方法查找文献

在搜索栏内输入"人工智能 + 大数据"进行查找，单击页面"总库框"内"中文选项"，通过查看结构，共检索出 1 000 多篇中文文献，如图 3-1-32 所示。

图 3-1-32　使用"逻辑或"检索文献

步骤 5：使用"逻辑非"方法查找文献

在搜索栏内输入"人工智能-大数据"进行查找，单击页面"总库框"内"中文选项"，通过查看结构，共检索出 2 万多篇中文文献，如图 3-1-33 所示。

图 3-1-33　使用"逻辑非"检索文献

步骤 6：根据检索结果，下载文献

① 查看检索出的文献，勾选要下载的文献标题，单击"批量下载"，进入下载页面，如图 3-1-34 所示。

图 3-1-34　批量下载文献

② 在"下载页面"中，单击"批量下载"将 es6 文件下载到本地，请确保您已经安装了最新版"知网研学（原 E-Study）"客户端，如图 3-1-35 所示。

图 3-1-35　文献下载页面

单 元 小 结

本单元简单介绍了计算机网络的基本知识，Internet 应用、信息检索、精准检索数据、论文检索数据库使用等知识，使得读者对计算机网络的概念、功能、分类、IP 地址有基本的了解。通过具体任务为计算机配置网络并设置 IP 地址，对浏览器设置和信息检索各种方式进行展示，能切实掌握信息检索，并运用到以后的日常工作中，提高工作效率。

单 元 练 习

一、单选题

1. 最早出现的计算机网是（　　　）。
   A. Internet　　　　　B. NSFnet　　　　　C. ARPAnet　　　　　D. Ethernet
2. 计算机网络的特点是（　　　）。
   A. 运算速度快　　　　B. 资源共享　　　　C. 精度高　　　　　　D. 内存容量大
3. 计算机网络按照通信范围可分为（　　　）。
   A. 中继网、局域网、广域网　　　　　　　B. 局域网、城域网、广域网
   C. 电缆网、城域网、广域网　　　　　　　D. 局域网、以太网、广域网
4. 局域网的英文缩写为（　　　）。
   A. WAN　　　　　　　B. LAN　　　　　　C. ISDN　　　　　　　D. MAN
5. 计算机网络的拓扑结构是指（　　　）。
   A. 通过网络中结点和通信线路之间的几何关系
   B. 互相通信的计算机的逻辑关系
   C. 互连计算机的层次划分

D. 网络的通信线路的物理连接方法

6. 下列不属于网络拓扑结构形式的是（　　）。
   A. 星状　　　B. 环状　　　C. 总线　　　D. 分支

7. DNS 的中文含义是（　　）。
   A. 邮件系统　　　B. 域名系统　　　C. 服务器系统　　　D. 域名服务系统

8. HTTP 协议称为（　　）。
   A. 网络协议交换　　　B. 超文本传输协议
   C. 顺序包交换协议　　　D. 传输控制协议

9. C 类 IP 地址适用于（　　）。
   A. 大型网络　　　B. 中等规模网络　　　C. 校园网　　　D. 组播

10. 下列各项中，IP 地址不正确的是（　　）。
    A. 31.112.72.4　　　B. 41.96.11.140　　　C. 68.42.4.124　　　D. 122.268.12.6

11. Internet Explorer 是（　　）。
    A. 浏览器软件　　　B. 远程登录软件
    C. 网络文件传输软件　　　D. 收发电子邮件软件

12. 下面关于 WWW 的描述不正确的是（　　）。
    A. WWW 是 Word Wide Web 的缩写，通常称为"万维网"
    B. WWW 是 Internet 上最流行的信息检索系统
    C. WWW 不能提供不同类型的信息检索
    D. WWW 是 Internet 上发展得最快的应用

13. （　　）是全球最大的中文电子图书资源数据库。
    A. 超星数字图书馆　　　B. 书生之家数字图书馆
    C. 北大方正 Apabi 数字图书馆　　　D. OPAC

14. 信息检索系统的功能为：报道文献信息、存储文献信息和（　　）
    A. 揭示文献信息　　　B. 检索文献信息　　　C. 宣传文献信息　　　D. 介绍文献信息

15. 超星电子图书提供快速检索和高级检索两种检索方式，利用快速检索可以按图书的单项模糊查询，这些查询包括（　　）。
    A. 书名、作者、索书号和出版日期　　　B. 书名、作者、索书号和出版社
    C. 书名、作者、分类号和出版社　　　D. 书名、版本、索书号和出版社

16. 搜索引擎提供的检索结果通常包括（　　）。
    A. 网页　　　B. 网站　　　C. HTML　　　D. A 和 B

17. 广义的信息检索包含两个过程：（　　）。
    A. 检索与利用　　　B. 存储与检索　　　C. 存储与利用　　　D. 检索与报道

18. 利用文献后面所附的参考文献进行检索的方法称为（　　）。
    A. 追溯法　　　B. 直接法　　　C. 抽查法　　　D. 综合法

19. 如果需要检索某位作者的文献被引用的情况，应该检索（　　）。
    A. 分类索引　　　B. 作者索引　　　C. 引文索引　　　D. 主题索引

20. 每个被收录的网页，在百度都存有一个纯文本的备份，称为（　　）。
    A. 百度文档　　　B. 百度相似搜索　　　C. 百度快照　　　D. 百度百科

二、多选题

1. 在数据库检索中，当检出的文献数量很大时，可能的原因是：（　　）。
   A. 检索词概念太泛，不具体　　　B. 没有选取合适的数据库

  C. 没有限定的时间、文献类型   D. 使用模糊检索模式

2. 基本布尔逻辑检索有（　　）。

  A. 逻辑与   B. 字符连接   C. 逻辑或   D. 逻辑非

3. 搜索引擎的特点有（　　）。

  A. 收录、加工信息的范围广   B. 速度快，能及时向用户提供新增信息

  C. 准确性较差   D. 检索结果很少

4. VLAN 的主要作用有（　　）。

  A. 保证网络安全   B. 抑制广播风暴

  C. 简化网络管理   D. 提高网络设计灵活性

5. 决定局域特性的主要技术要素是（　　）。

  A. 网络拓扑   B. 网络应用   C. 传输介质   D. 介质访问控制方法

6. IP 协议是（　　）

  A. 网际层协议   B. 和 TCP 协议一样，都是面向连接的协议

  C. 传输层协议   D. 面向无连接的协议，可能会使数据丢失

7. 子网掩码为 255.255.255.0，其含义是（　　）。

  A. 无效的子网掩码

  B. IPv4 的 32 位二进制网中所含主机数位 256

  C. C 类网的默认子网掩码

  D. A、B 类网络的子网掩码，每个子网中所含主机数为 254

8. 按照网络拓扑结构分类，网络类型有（　　）。

  A. 星状结构   B. 树状结构   C. 环状结构   D. 总线结构

9. 信息检索的类型按存储和检索对象划分有（　　）。

  A. 文献检索   B. 数据检索   C. 事实检索   D. 手工检索

10. 常用的中文搜索引擎有（　　）。

  A. 百度   B. 360 搜索   C. 搜狗搜索   D. 搜网全能搜

三、操作题

1. 为计算机进行浏览器设置：

（1）将百度浏览器设为默认浏览器；

（2）将百度浏览器中的默认搜索引擎设为百度；

（3）将导航网站"hao123"设为浏览器首页。

2. 通过信息检索，寻找合适的移动硬盘。移动硬盘要求如下：2 TB 固态移动硬盘，具备指纹识别、硬件加密功能。

3. 利用知网平台，通过信息检索方法，查找人工智能结合大数据技术在物联网方向的学术文献。

单元 2 新一代信息技术概念与应用

【单元导读】

新一代信息技术产业是国家加快培育和发展的七大战略性新兴产业之一，是以物联网、云计算、大数据、人工智能为代表的新兴技术，它既是信息技术的纵向升级，也是信息技术的横向渗透融合。新一代信息技术无疑是当今世界创新最活跃、渗透性最强、影响力最广的领域，正在全球范围内引发新一轮的科技革命，并以前所未有的速度转化为现实生产力，引领科技、经济和社会。

本单元主要介绍物联网、云计算、大数据、人工智能、虚拟现实、区块链、量子信息技术概念及其应用领域等知识。

【知识要点】
- 物联网概念及其应用领域
- 云计算概念及其应用领域
- 大数据概念及其应用领域
- 人工智能概念及其应用领域
- 虚拟现实概念及其应用领域
- 区块链概念及其应用领域
- 量子信息技术概念及其应用领域

任务1 物联网概念及其应用领域

任务描述

物联网是一个基于互联网、传统电信网等的信息承载体，它让所有能够被独立寻址的普通物理对象形成互联互通的网络，将各种信息传感设备与互联网结合起来而形成的一个巨大网络，实现在任何时间、任何地点，人、机、物的互联互通。物联网的应用领域涉及方方面面，在工业、农业、环境、交通、物流、安保等基础设施领域的应用，有效推动了这些方面的智能化发展，使得有限的资源更加合理地分配使用，从而提高了行业效率、效益。在家居、医疗健康、教育、金融与服务业、旅游业等与生活息息相关的领域的应用，从服务范围、服务方式到服务的质量等方面都有了极大的改进，大大提高了人们的生活质量。

任务分析

为了解物联网概念及其应用领域，通过图 3-2-1 所示的"物联网概念及其应用领域"知识结构，学习物联网定义、特征、基本架构、主要应用、未来发展等相关知识。

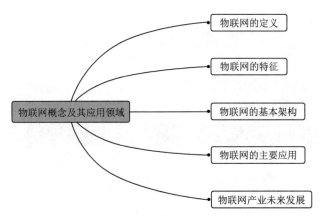

图 3-2-1 "物联网概念及其应用领域"知识结构

1. 物联网定义

物联网起源于传媒领域,是信息科技产业的第三次革命。物联网是指通过信息传感设备,按约定的协议,将任何物体与网络相连接,物体通过信息传播媒介进行信息交换和通信,以实现智能化识别、定位、跟踪、监管等功能。

物联网是新一代信息技术的重要组成部分,也是信息化时代的重要发展阶段。顾名思义,物联网就是物物相连的互联网。这有两层意思:其一,物联网的核心和基础仍然是互联网,是在互联网基础上延伸和扩展的网络,它包括互联网及互联网上所有的资源,兼容互联网所有的应用,但物联网中所有的元素(所有的设备、资源及通信等)都是个性化和私有化的。其二,其用户端延伸和扩展到了任何物品与物品之间,进行信息交换和通信,也就是物物相息。

因此,物联网的定义是通过射频识别、红外感应器、全球定位系统、激光扫描器等信息传感设备,按约定的协议,把任何物品与互联网相连接,进行信息交换和通信,以实现对物品的智能化识别、定位、跟踪、监控和管理的一种网络。

2. 物联网特征

物联网的基本特征分为三个,分别是全面感知、可靠传输以及智能处理。

(1)全面感知

利用无线射频识别(RFID)、传感器、定位器和二维码等手段随时随地对物体进行信息采集和获取。感知包括传感器的信息采集、协同处理、智能组网,甚至信息服务,以达到控制、指挥的目的。

(2)可靠传递

通过各种电信网络和因特网融合,对接收到的感知信息进行实时远程传送,实现信息的交互和共享,并进行各种有效的处理。

(3)智能处理

利用云计算、模糊识别等各种智能计算技术,对随时接收到的跨地域、跨行业、跨部门的海量数据和信息进行分析处理,提升对物理世界、经济社会各种活动和变化的洞察力,实现智能化的决策和控制。

3. 物联网基本架构

从如图 3-2-2 所示的物联网技术体系架构图上可以看出,物联网基本架构包括三个逻辑层,即感知层、网络层、应用层。

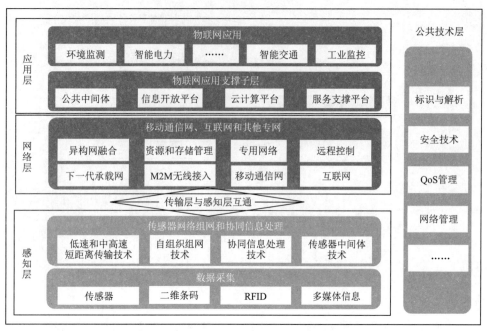

图 3-2-2　物联网技术体系架构图

（1）感知层

感知层处在物联网的最底层，传感器系统、标识系统、卫星定位系统以及相应的信息化支撑设备（如计算机硬件、服务器、网络设备、终端设备等）组成了感知层的最基础部件，其功能主要用于采集包括各类物理量、标识、音频和视频数据等在内的物理世界中发生的事件和数据。

（2）网络层

网络层由各种私有网络、互联网、有线和无线通信网、网络管理系统等组成，在物联网中起到信息传输的作用，该层主要用于对感知层和应用层之间的数据进行传递，它是连接感知层和应用层的桥梁。

（3）应用层

应用层主要包括云计算、云服务和模块决策，其功能有两方面：一是完成数据的管理和数据的处理；二是将这些数据与各行业信息化需求相结合，实现广泛智能化应用的解决方案。

此外，围绕物联网的三个逻辑层，还存在一个公共技术层。公共技术层包括标识与解析、安全技术、网络管理和服务质量（QoS）管理等具有普遍意义的技术，它们被同时应用在物联网技术架构的三个层次。

4．物联网的主要应用

（1）智慧城市

智慧城市管理就是利用物联网、移动网络等技术感知和使用各种信息，整合各种专业数据，建设一个包含行政管理、城市规划、应急指挥、决策支持、社交等综合信息的城市服务、运营管理系统。

智慧城市管理运营系统涉及公安、娱乐、餐饮、消费、土地、环保、城建、交通、水、环卫、规划、城管、林业和园林绿化、质监、食药、安监、水电电信等领域，还包含消防、天气等相关业务。以城市管理要素和事项为核心，以事项为相关行动主体，加强资源整合、信息共享和业务协同，实现政府组织架构和工作流程优化重组，推动管理体制转变，发挥服务优势。

（2）智慧医疗

智慧医疗利用物联网和传感仪器技术，将患者与医务人员、医疗机构、医疗设备有效地连接起来，使整个医疗过程信息化、智能化。

智慧医疗使从业者能够搜索、分析和引用大量科学证据来支持自己的诊断，并通过网络技术实现远程诊断、远程会诊、临床智能决策等功能。同时，它还可以惠及医生，以及整个医疗生态系统的每个群体（如医学研究人员、药品供应商和保险公司）。建立不同医疗机构之间的医疗信息集成平台，整合医院之间的业务流程，共享和交换医疗信息和资源，还可以实现跨医疗机构的网上预约和双向转诊，这使得"小病"社区、大病住院、社区居民的康复就医模式成为现实，极大地提高了医疗资源的合理配置，真正做到了以患者为中心。

（3）智慧交通

智慧交通系统是先进的信息技术、数据通信传输技术、电子传感技术、控制技术和计算机技术在整个地面交通管理系统中的综合有效应用。

智慧交通可以有效利用现有交通设施，减轻交通负荷和环境污染，保障交通安全，提高运输效率。智慧交通的发展有赖于物联网技术的发展。随着物联网技术的不断发展，智慧交通系统可以越来越完善。

21世纪是道路交通信息化的世纪。人们将采用的智慧交通系统是先进的综合交通管理系统。在这个系统中，车辆依靠自己的智能在道路上自由行驶，而高速公路则依靠自己的智能将车流调节到最佳状态。在智慧交通管理系统的帮助下，管理者可以使道路、车辆和人更科学、更严谨地进行智慧管理和智慧决策。

（4）智慧物流

2009年，IBM提出建立面向未来的供应链，具有先进、互联和智能的特征，可以通过传感器、RFID标签、执行器、GPS等设备和系统生成实时信息，然后扩展了"智能物流"的概念。与智能物流强调构建基于虚拟物流动态信息的互联网管理系统不同，智慧物流更注重物联网、传感器网络和网络的融合，这个一体化环境以各种应用服务系统为载体。

（5）智慧校园

智慧校园将教学、科研、管理与校园生活充分融合，将学校教学、科研、管理与校园资源、应用系统融为一体，提高应用交互的清晰度、灵活性和响应性，以实施智能服务和管理的园区模式。智慧校园的三大核心特征：一是为师生提供全面的智能感知环境和综合信息服务平台，按角色提供个性化的服务；二是将基于计算机网络的信息服务整合到学校的应用和服务领域，实现互联协作；三是通过智慧感知环境和综合信息服务平台，为学校与外界提供相互沟通、相互感知的接口。

（6）智能家居

智能家居以家居为基础，运用物联网技术、网络通信技术、安防防范、自动控制技术、语音视频技术，高度集成了与家庭生活相关的设施，建成了高效的居住设施和计划生育事务。

智能家居包括家庭自动化、家庭网络、网络家电和信息家电。在功能方面，包括智能灯光控制、智能家电控制、安防监控系统、智能语音系统、智能视频技术、视觉通信系统、家庭影院等，智能家居可以大大提高家庭日常生活的便利性，让家庭环境更加舒适宜人。

（7）智能电网

智能电网是以实体电网为基础的。它结合了现代先进的传感器测量技术、通信技术、信息技术、计算机技术和控制技术，与物理电网高度融合，形成新的电网。

在融合物联网技术、高速双向通信网络的基础上，通过应用先进的传感测量技术、先进的设备技术、先进的控制方法和先进的决策支持系统技术，实现可靠性和安全性。

（8）智慧工业

在供应链管理、自动化生产、产品和设备监控与管理、环境监测和能源管理、安全生产管理等诸多方面，物联网都起到了至关重要的作用。近几年，工业生产的信息化和自动化取得巨大的进步，但是各个系统间的协同工作并没有得到很大的提升，它们之还是相对独立地工作。但是现在，利用先进的物联网技术，与其他先进技术相结合，各个子系统之间可以有效地连接起来，使工业生产更加快捷高效，实现真正的智能化生产和智慧工业。

（9）智慧农业

智慧农业就是通过移动平台或计算机平台，用传感器和软件控制农业生产，让农业生产有智能决策、智能处理、智能控制功能。

5. 物联网产业未来发展

信息产业经过多年的高速发展，经历了计算机、互联网与移动通信网两次浪潮，物联网被称为世界信息产业第三次浪潮，代表了下一代信息发展技术，物联网是现代信息技术发展到一定阶段后出现的一种聚合性应用与技术提升，将各种感知技术、现代网络技术和人工智能与自动化技术聚合与集成应用，使人与物智慧对话，创造一个智慧的世界。

未来物联网的发展有四大趋势：

（1）趋势一

目前，物联网产业在中国还是处于前期的概念导入期和产业链逐步形成阶段，没有成熟的技术标准和完善的技术体系，整体产业处于酝酿阶段。物联网概念提出以后面向具有迫切需求的公共管理和服务领域，以政府应用示范项目带动物联网市场的启动将是必要之举。进而随着公共管理和服务市场应用解决方案的不断成熟、企业集聚、技术的不断整合和提升逐步形成比较完整的物联网产业链，从而可以带动各行业大型企业的应用市场。

（2）趋势二

物联网标准体系是一个渐进发展成熟的过程，将从成熟应用方案提炼形成行业标准，以行业标准带动关键技术标准，逐步演进形成标准体系的趋势。物联网概念涵盖众多技术、众多行业、众多领域，试图制定一套普适性的统一标准几乎是不可能的，标准的开放性和所面对的市场的大小是其持续下去的关键和核心问题。随着物联网应用的逐步扩展和市场的成熟，哪一个应用占有的市场份额更大，该应用所衍生出来的相关标准将更有可能成为被广泛接受的事实标准。

（3）趋势三

随着行业应用的逐渐成熟，新的通用性强的物联网技术平台将出现。物联网的创新是应用集成性的创新，一个单独的企业是无法完全独立完成一个完整的解决方案的，一个技术成熟、服务完善、产品类型众多、应用界面友好的应用，将是由设备提供商、技术方案商、运营商、服务商协同合作的结果。随着产业的成熟，支持不同设备接口、不同互联协议、可集成多种服务的共性技术平台将是物联网产业发展成熟的结果。物联网时代，移动设备、嵌入式设备、互联网服务平台将成为主流。无论终端生产商、网络运营商、软件制造商、系统集成商、应用服务商，都需要在新的一轮竞争中寻找各自的定位。

（4）趋势四

物联网领域的商业模式创新将是把技术与人的行为模式充分结合的结果。中国具有领先世界的制造能力和产业基础，具有五千年的悠久文化，中国人具有逻辑理性和艺术灵活性兼具的个性行为特质，物联网领域在中国一定可以产生领先于世界的新的商业模式。

任务2　云计算概念及其应用领域

任务描述

"云"，实质上就是一个网络，狭义上讲，云计算就是一种提供资源的网络，使用者可以随时获取"云"上的资源，按需求量使用，并且可以看成是无限扩展的，只要按使用量付费就可以。

云计算是推动信息技术能力实现按需供给、促进信息技术和数据资源充分利用的全新业态，是信息化发展的重大变革和必然趋势。发展云计算，有利于分享信息知识和新资源，降低全社会创业成本，培育形成新产业和新消费热点，对稳增长、调结构、惠民生和建设创新型国家具有重要意义。

任务分析

为了解云计算概念及其应用领域，通过图 3-2-3 所示的"云计算概念及其应用领域"知识结构，学习云计算的定义、分类、核心技术、特点、主要应用、未来发展等相关知识。

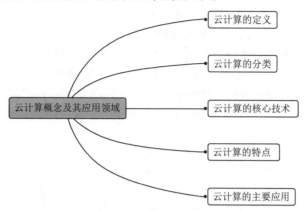

图 3-2-3 "云计算概念及其应用领域"知识结构

1. 云计算的定义

云计算是分布式处理、并行处理和网格计算的发展，或者说是这些计算机科学概念的商业实现。云计算是一种资源交付和使用模式，指通过网络获得应用所需的资源（硬件、软件、平台）。云计算将计算从客户终端集中到"云端"，作为应用通过互联网提供给用户，计算通过分布式计算等技术由多台计算机共同完成。用户只关心应用的功能，而不关心应用的实现方式，应用的实现和维护由其提供商完成，用户根据自己的需要选择相应的应用。云计算不是一个工具、平台或者架构，而是一种计算的方式。

2. 云计算的分类

① 按照云计算4种部署模式方式分类，可分为公有云、私有云、混合云和社区云四种，如图 3-2-4 所示。

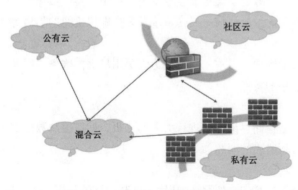

图 3-2-4 云计算4种部署模式分类

- 公有云：公有云是为大众建的，所有入驻用户都称为租户，公有云不仅同时有很多租户，而且一个租户离开，其资源可以马上释放给下一个租户。
- 私有云：基础设施被单个组织所独享的一种云。私有云可由组织自行管理，也可以委托给第三方管理。
- 混合云：混合云是以上几种的任意混合，这种混合可以是计算的、存储的，也可以两者兼而有之。在公有云尚不完全成熟，而私有云存在运维难、部署时间长、动态扩展难的现阶段，混合云是一种较为理想的平滑过渡方式。
- 社区云：社区云是大的公有云范畴内的一个组成部分，是指在一定的地域范围内，由云计算服务提供商统一提供计算资源、网络资源、软件和服务能力所形成的云计算形式。

② 按照云计算3种服务方式分类，可以分为IaaS，PaaS和SaaS，如图3-2-5所示。
- IaaS（基础设施即服务）：基础设施即服务是主要的服务类别之一，它向云计算提供商的个人或组织提供虚拟化计算资源，如虚拟机、存储、网络和操作系统。
- PaaS（平台即服务）：平台即服务是一种服务类别，为开发人员提供通过全球互联网构建应用程序和服务的平台。Paas为开发、测试和管理软件应用程序提供按需开发环境。
- SaaS（软件即服务）：软件即服务也是其服务的一类，通过互联网提供按需软件付费应用程序，云计算提供商托管和管理软件应用程序，并允许其用户连接到应用程序并通过全球互联网访问应用程序。

图3-2-5　云计算3种服务方式分类

3．云计算的核心技术

（1）虚拟机技术

虚拟机，即服务器虚拟化是云计算底层架构的重要基石。在服务器虚拟化中，虚拟化软件需要实现对硬件的抽象，资源的分配、调度和管理，虚拟机与宿主操作系统及多个虚拟机间的隔离等功能。

（2）数据存储技术

云计算系统需要同时满足大量用户的需求，并行地为大量用户提供服务。因此，云计算的数据存储技术必须具有分布式、高吞吐率和高传输率的特点。

（3）数据管理技术

云计算的特点是对海量的数据存储、读取后进行大量的分析，如何提高数据的更新速率以及进一步提高随机读速率是未来的数据管理技术必须解决的问题。

（4）分布式编程与计算

为了使用户能更轻松地享受云计算带来的服务，让用户能利用该编程模型编写简单的程序来实现特定的目的，云计算上的编程模型必须十分简单，必须保证后台复杂的并行执行和任务调度向用户和编程人员透明。当前各IT厂商提出的"云"计划的编程工具均基于Map-Reduce的编程模型。

（5）虚拟资源的管理与调度

云计算区别于单机虚拟化技术的重要特征是通过整合物理资源形成资源池，并通过资源管理层（管理中间件）实现对资源池中虚拟资源的调度。云计算的资源管理需要负责资源管理、任务管理、用户管理和安全管理等工作，实现节点故障的屏蔽、资源状况监视、用户任务调度、用户身份管理等多重功能。

（6）云计算的业务接口

为了方便用户业务由传统IT系统向云计算环境的迁移，云计算应对用户提供统一的业务接口。业务接口的统一不仅方便用户业务向云端的迁移，也会使用户业务在云与云之间的迁移更加容易。在云计算时代，SOA架构和以 Web Service 为特征的业务模式仍是业务发展的主要路线。

（7）云计算相关的安全技术

云计算模式带来一系列的安全问题，包括用户隐私的保护、用户数据的备份、云计算基础设施的防护等，这些问题都需要更强的技术手段，乃至法律手段。

4．云计算的特点

（1）超大规模

一般云计算都具有超大规模，企业私有云一般也拥有数百上千台服务器，并且云计算中心能通过整合和管理这些数目庞大的计算机集群来赋予用户前所未有的计算和存储能力。

（2）抽象化

云计算具有很好的终端支持，用户在任意位置使用各种终端均可获取云计算提供的应用服务，仅需通过网络即可实现我们所需操作，甚至包括超级计算任务。

（3）高可靠性

云计算对于可靠性要求很高，在软硬件层面采用了诸如数据多副本容错、心跳检测和计算节点同构可互换等措施来保障服务的高可靠性，还在设施层面能源、制冷和网络连接等方面采用了冗余设计来进一步确保服务的可靠性。

（4）通用性

云计算不针对特定的应用，在"云"的支撑下可以构造出千变万化的应用，同一个"云"可以同时支撑不同的应用运行。

（5）高可扩展性

云计算具有高扩展性，其规模可以根据其应用的需要进行调整和动态伸缩，可以满足用户应用和大规模增长的需要。

（6）按需服务

云计算采用按需服务模式，用户可以根据需求自行购买，降低用户投入费用，并获得更好的服务支持。

（7）廉价

云计算的自动化集中式管理使大量企业无须负担日益高昂的数据中心管理成本，即可享受超额的云计算资源与服务。

（8）自动化

云计算不论是应用、服务和资源的部署，还是软硬件的管理，都主要通过自动化的方式来执行和管理，从而极大地降低整个云计算中心庞大的人力成本。

（9）节能环保

云计算技术能将许许多多分散在低利用率服务器上的工作负载整合到云中，来提升资源的使用效率，而且云由专业管理团队运维，所以其 PUE（Power Usage Effectiveness，电源使用效率值）值和普通企业的数据中心相比出色很多。

（10）完善的运维机制

在"云"的另一端，有全世界最专业的团队来帮用户管理信息，有全世界最先进的数据中心来帮用户保存数据。同时，严格的权限管理策略可以保证这些数据的安全。这样，用户无须花费重金就可以享受到最专业的服务。

5．云计算的主要应用

（1）金融云

金融云是利用云计算的模型组成原理，将金融产品、信息和服务分散到由大型分支机构组成的云网络中，提高金融机构快速发现和解决问题的能力，提高整体工作效率，改善流程，降低运营成本。

（2）制造云

制造云是云计算延伸发展到制造业信息领域后的落地和实现。用户可以通过网络和终端随时获得制造资源和能力服务，进而智能完成其制造全生命周期的各种活动。

（3）教育云

教育云是云计算技术在教育领域的迁移应用，包括教育信息化所需的所有硬件计算资源。虚拟化后，为教育机构、员工、学习者提供良好的云服务平台。

（4）医疗云

医疗云是指在医疗卫生领域采用云计算、物联网、大数据、移动技术、多媒体等新技术的基础上，结合医疗技术，运用云计算的理念构建医疗卫生服务云平台。

（5）云游戏

云游戏是基于云计算的游戏。在云游戏的运行模式下，所有游戏都在服务器上运行，渲染后的游戏画面被压缩，通过网络传输给用户。

（6）云会议

云会议是基于云计算技术的高效、便捷、低成本会议形式。用户只需通过互联网界面进行简单易用的操作，就可以快速高效地与世界各地的团队和客户共享语音、数据文件和视频。

（7）云社交

云社交是一种物联网、云计算和移动互联网交互应用的虚拟社交应用模式，旨在建立著名的资源共享关系图，进而进行网络社交。

6．云计算产业未来发展

随着当前越来越多的企业实现业务云端化，云计算也逐渐从互联网行业走进了传统产业领域，这对于云计算未来的发展会起到更加积极的影响。

从当前的云计算发展趋势来看，未来在产业互联网时代，云计算的设计和发展将有以下几个方面的特点：

（1）云计算全栈化

随着云计算逐渐进入产业领域，云计算全栈化的需求将越发明显，全栈化云平台不仅能够降低企业云计算应用的门槛，同时也能提升云计算平台自身的服务能力，这对于提升云计算的应用价值有非常现实的意义。全栈云将为用户提供丰富的选择，同时提升云计算本身的可用性和扩展性。对于云计算平台来说，全栈云将不仅仅采用"廉价"来吸引用户，而是通过服务来吸引用户。

（2）云计算智能化

随着大数据和人工智能技术的发展，云计算智能化也将是一个重要的发展趋势，云计算与人工智能平台的结合将全面拓展人工智能技术的应用边界，这对于人工智能技术的落地应用有非常积极的意义。云计算未来与物联网一道，将成为人工智能技术非常重要的应用场景。

（3）云计算行业化

早期的云计算会简单地划分为公有云和私有云，而未来云计算将出现一个新的模式，那就是行业云，行业云不仅可以构建在公有云平台上，也可以架设在私有云平台上，通过行业云可以整合大量的行业资源，从而为企业的发展赋能。从这个角度来看，行业云在产业互联网时代将迎来更多的机会。

任务3　大数据概念及其应用领域

任务描述

从文明之初的"结绳记事"，到文字发明后的"文以载道"，再到近现代科学的"数据建模"，数据一直伴随着人类社会的发展变迁，承载了人类基于数据和信息认识世界的努力和取得的巨大进步。然而，直到以电子计算机为代表的现代信息技术出现后,为数据处理提供了自动的方法和手段,人类掌握数据、处理数据的能力才实现了质的跃升。信息技术及其在经济社会发展方方面面的应用(即信息化),推动数据(信息)成为继物质、能源之后的又一种重要战略资源。

任务分析

为了解大数据概念及其应用领域,通过图 3-2-6 所示的"大数据概念及其应用领域"知识结构,学习大数据的定义、特点、主要应用、未来发展等相关知识。

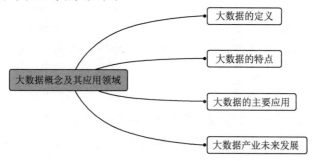

图 3-2-6 "大数据概念及其应用领域"知识结构

相关知识

1. 大数据的定义

"大数据"的概念起源于 2008 年 9 月《自然》(Nature)杂志刊登的名为"Big Data"的专题,由于成因复杂,至今对大数据没有公认的定义。目前,大数据定义有以下几种:

定义一:在 What is "Big Data"? 一文中把大数据定义为:所涉及的数据量规模巨大,无法通过人工在合理时间内截取、管理、处理并整理成为人类所能解读的信息。这种定义更强调处理能力。

定义二:在《大数据时代》一书中,把大数据看成是一种方法,即不能用随机分析法(抽样调查)这样的捷径,而采用所有数据的方法进行分析处理。这种定义更强调应用方法。

定义三:大数据是需要新处理模式才能具有更强的决策力、洞察发现力和流程优化能力的海量、高增长率和多样化的信息资产。这种定义更侧重应用价值。

2. 大数据的特点

大数据有 4 个特点,分别为:Volume(大量)、Variety(多样)、Velocity(高速)、Value(价值),一般我们称之为4V。

(1)大量

大数据的特征首先体现"大量",随着时间的推移,存储单位从过去的 GB 到 TB,乃至现在的 PB、EB 级别。只有数据体量达到了 PB 级别以上,才能被称为大数据。随着信息技术的高速发展,数据开始爆发性增长。社交网络、移动网络、各种智能工具等,都成为数据的来源,需要智能的算法、强大的数据处理平台和新的数据处理技术,来统计、分析、预测和实时处理如此大规模的数据。

(2)多样

广泛的数据来源,决定了大数据形式的多样性。任何形式的数据都可以产生作用,目前应用最广泛的就是推荐系统,如淘宝、网易云音乐、今日头条等,这些平台都会通过对用户的日志数据进行分析,从而进一步推荐用户喜欢的东西。日志数据是结构化明显的数据,还有一些数据结构化不明显,如图片、音频、视频等,这些数据因果关系弱,就需要人工对其进行标注。

（3）高速

大数据的产生非常迅速，主要通过互联网传输。生活中每个人都离不开互联网，也就是说每天每个人都在向大数据提供大量的资料，并且这些数据是需要及时处理的，因为花费大量资本去存储作用较小的历史数据是非常不划算的。基于这种情况，大数据对处理速度有非常严格的要求，服务器中大量的资源都用于处理和计算数据，需要做到实时分析。

（4）价值

这也是大数据的核心特征。现实世界所产生的数据中，有价值的数据所占比例很小。相比于传统的小数据，大数据最大的价值在于通过从大量不相关的各种类型的数据中，挖掘出对未来趋势与模式预测分析有价值的数据，并通过机器学习方法、人工智能方法或数据挖掘方法深度分析，发现新规律和新知识，并运用于农业、金融、医疗等各个领域，从而最终达到改善社会治理、提高生产效率、推进科学研究的效果。

3．大数据的主要应用

（1）电商行业

电商行业最早利用大数据进行精准营销，它根据客户的消费习惯提前生产资料、物流管理等，有利于精细社会大生产。由于电商的数据较为集中，数据量足够大，数据种类较多，因此未来电商数据应用将会有更多的想象空间，包括预测流行趋势、消费趋势、地域消费特点、客户消费习惯、各种消费行为的相关度、消费热点、影响消费的重要因素等。

（2）金融行业

大数据在金融行业应用范围是比较广的，它更多应用于交易，现在很多股权的交易都是利用大数据算法进行，这些算法现在越来越多地考虑了社交媒体和网站新闻，并以此来决定在未来几秒内是买入还是卖出。

（3）医疗行业

医疗行业应用大数据主要体现在智慧医疗，比如通过某种典型病例的大数据，可以得出该病例的最优疗法等。除此之外，医疗行业大数据应用还体现在疾病预防、病源追踪等方面。

（4）农牧渔领域

未来大数据应用到农牧渔领域，这样可以帮助农业降低"菜贱伤农"的概率，也可以精准预测天气变化，帮助农民做好自然灾害的预防工作，也能够提高单位种植面积的产出；牧民也可以根据大数据分析安排放牧范围，有效利用农场，减少动物流失；渔民也可以利用大数据安排休渔期、定位捕鱼等，同时，也能减少人员损伤。

（5）生物基因技术

基因技术是人类未来挑战疾病的重要武器，科学家可以借助大数据技术的应用，从而加快自身基因和其他动物基因的研究过程，这将是人类未来战胜疾病的重要武器之一，未来生物基因技术不但能够改良农作物，还能利用基因技术培养人类器官和消灭害虫等。

（6）改善城市

大数据还被应用于改善我们日常生活的城市。例如，基于城市实时交通信息，利用社交网络和天气数据来优化最新的交通情况。目前很多城市都在进行大数据的分析和试点。

4．大数据产业未来发展

（1）大数据新技术继续快速发展

未来大数据技术将会沿着工具平台云化部署、多业务场景统一处理、专有高性能硬件适配几个方面进行突破。目前大数据技术工具的主要应用模式为应用企业在自建机房内独立部署，其存在资源浪费、弹性能力不足、管理复杂等缺点，这些缺陷可以通过基于云计算技术的云化部署方案解决，助力大数据技术工具的快速落地和应用；同时大数据技术工具主要瞄准的是分析型业务场景，但随着电子商务以及智能终端的爆发性发展，转账、计费等事务型业务场景也需要大数据处理，所以未来的多业务场景统一处理技术将会得到充分发展；最后由于 GPU/TPU 等专用硬件的发展，此类专用硬件能够助力某些大数据技术进行突破性升级，所以对新型硬件的适配成为很多大数据企业未来研发计划的重点。

(2)数据流通和共享将迎来关键突破

这些年,推动数据开放共享的政策举措一直在加强,然而效果与预期还有差距。可以说,技术手段将是数据流通共享瓶颈突破的关键。未来,随着同态加密、差分隐私、零知识证明、量子账本等关键技术的性能提升和门槛降低,并且同区块链等工具与数据流通场景进一步紧密结合,数据共享和流通将有望再前进一大步。

(3)数据服务合规性将成为行业关注重点

随着欧盟《通用数据保护条例》(GDPR)的颁布和正式实施,个人信息保护的重视程度被提到了前所未有的高度。GDPR对数据主体的权利规定细致入微,其"数据可携权""被遗忘权"等方面的规定可能会对我国数据立法带来一定的参考。对我国企业来说,数据服务合规性的重要程度进一步提升,将对企业业务开展带来重大影响。

(4)数据资产管理重要性将进一步提升

随着大数据应用进入深水区,企业将越来越重视数据资产管理方法论体系建设,即从架构、标准、研发、质量、安全、分析到应用的统一,从而实现技术到业务价值的转化和变现。未来,数据资产管理将仍是企业数据部门面临的难点与挑战。即使是领先的科技型企业,在数据资产管理这一课题上仍在不断探索新的方法,如数据基线度量与质量规范的工具化、可视化等。

任务4 人工智能概念及其应用领域

任务描述

人工智能是社会发展和技术创新的产物,是促进人类进步的重要技术形态。人工智能发展至今,已经成为新一轮科技革命和产业变革的核心驱动力,正在对世界经济、社会进步和人民生活产生极其深刻的影响。于世界经济而言,人工智能是引领未来的战略性技术,全球主要国家和地区都把发展人工智能作为提升国家竞争力、推动国家经济增长的重大战略;于社会进步而言,人工智能技术为社会治理提供了全新的技术和思路,将人工智能运用于社会治理中,是降低治理成本、提升治理效率、减少治理干扰最直接、最有效的方式;于日常生活而言,深度学习、图像识别、语音识别等人工智能技术已经广泛应用于智能终端、智能家居、移动支付等领域,未来人工智能技术还将在教育、医疗、出行等与人民生活息息相关的领域里发挥更为显著的作用,为普通民众提供覆盖更广、体验感更优、便利性更佳的生活服务。

任务分析

为了解人工智能概念及其应用领域,通过图3-2-7所示的"人工智能概念及其应用领域"知识结构,学习人工智能的定义、产生和发展、核心技术、三要素、典型应用、未来发展等相关知识。

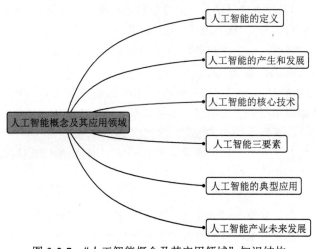

图3-2-7 "人工智能概念及其应用领域"知识结构

1. 人工智能的定义

作为现在最前沿的交叉学科，大家对于人工智能的定义有着不同的理解。《人工智能——一种现代方法》一书中将已有的人工智能分为了四类：像人一样思考的系统、像人一样行动的系统、理性思考的系统、理性行动的系统。

我国《人工智能标准化白皮书（2018年）》中也给出了人工智能的定义：人工智能是利用数字计算机或者由数字计算机控制的机器，模拟、延伸和扩展人类的智能，感知环境、获取知识并使用知识获得最佳结果的理论、方法、技术和应用系统。

围绕人工智能的各种定义可知，人工智能的核心思想在于构造智能的人工系统。人工智能是一项知识工程，利用机器模仿人类完成一系列的动作。

2. 人工智能的产生和发展

人工智能并不是一项新技术，它诞生于1956年，已有半个多世纪的发展历程。人工智能的发展主要经历了五个阶段：萌芽阶段、第一发展期、瓶颈期、第二发展期、平稳发展期。

① 萌芽阶段，20世纪50年代，以申农为首的科学家共同研究了机器模拟的相关问题，人工智能正式诞生。

② 第一发展期，20世纪60年代是人工智能的第一个发展黄金阶段，该阶段的人工智能主要以语言翻译、证明等研究为主。

③ 瓶颈期，20世纪70年代，经过科学家深入的研究，发现机器模仿人类思维是一个十分庞大的系统工程，难以用现有的理论成果构建模型。

④ 第二发展期，已有人工智能研究成果逐步应用于各个领域，人工智能技术在商业领域取得了巨大的成果。

⑤ 平稳发展期，20世纪90年代以来，随着互联网技术的逐渐普及，人工智能已经逐步发展成为分布式主体，为人工智能的发展提供了新的方向。

3. 人工智能的核心技术

（1）机器学习

机器学习（Machine Learning）是一门涉及统计学、系统辨识、逼近理论、神经网络、优化理论、计算机科学、脑科学等诸多领域的交叉学科，研究计算机怎样模拟或实现人类的学习行为，以获取新的知识或技能，重新组织已有的知识结构使之不断改善自身的性能，是人工智能技术的核心。基于数据的机器学习是现代智能技术中的重要方法之一，研究从观测数据（样本）出发寻找规律，利用这些规律对未来数据或无法观测的数据进行预测。根据学习模式、学习方法以及算法的不同，机器学习存在不同的分类方法。

① 根据学习模式将机器学习分类为监督学习、无监督学习和强化学习等。

② 根据学习方法可以将机器学习分为传统机器学习和深度学习。

③ 此外，机器学习的常见算法还包括迁移学习、主动学习和演化学习等。

（2）知识图谱

知识图谱本质上是结构化的语义知识库，是一种由节点和边组成的图数据结构，以符号形式描述物理世界中的概念及其相互关系，其基本组成单位是"实体—关系—实体"三元组，以及实体及其相关"属性—值"对。不同实体之间通过关系相互联结，构成网状的知识结构。在知识图谱中，每个节点表示现实世界的"实体"，每条边为实体与实体之间的"关系"。通俗地讲，知识图谱就是把所有不同种类的信息连接在一起而得到的一个关系网络，提供了从"关系"的角度去分析问题的能力。

（3）自然语言处理

自然语言处理是一门融语言学、计算机科学、数学于一体的科学。因此，这一领域的研究将涉及自然语言，即人们日常使用的语言，所以它与语言学的研究有着密切的联系，但又有重要的区别。自然语言处理并不是一般地研究自然语言，而在于研制能有效地实现自然语言通信的计算机系统，特别是其中的软件系统。因而它是计算机科学的一部分。

(4) 计算机视觉

计算机视觉是指计算机从图像中识别出物体、场景和活动的能力。计算机视觉技术运用由图像处理操作及其他技术所组成的序列，来将图像分析任务分解为便于管理的小块任务。比如，一些技术能够从图像中检测到物体的边缘及纹理，分类技术可被用作确定识别到的特征是否能够代表系统已知的一类物体。

4．人工智能三要素

数据、算力、算法已经构成了目前人工智能的三要素，并且缺一不可，如图 3-2-8 所示。

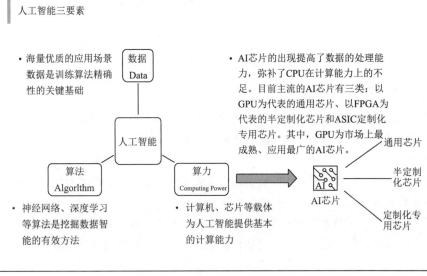

图 3-2-8　人工智能三要素

(1) 数据

人工智能的智能都蕴含在大数据中。如今这个时代，无时无刻不在产生大数据。移动设备、照相机、无处不在的传感器等都可积累数据。这些数据形式多样化，大部分都是非结构化数据。如果需要为人工智能算法所用，就需要进行大量的预处理过程。

(2) 算力

算力为人工智能提供了基本的计算能力的支撑。人工智能的发展对算力提出了更高的要求。图 3-2-9 是各种芯片的计算能力对比。其中 GPU 计算能力领先其他芯片，在人工智能领域中用得最广泛。GPU 和 CPU 都擅长浮点计算，一般来说，GPU 做浮点计算的能力是 CPU 的 10 倍左右。另外提升了 GPU 的计算性能，有利于加速神经网络的计算。

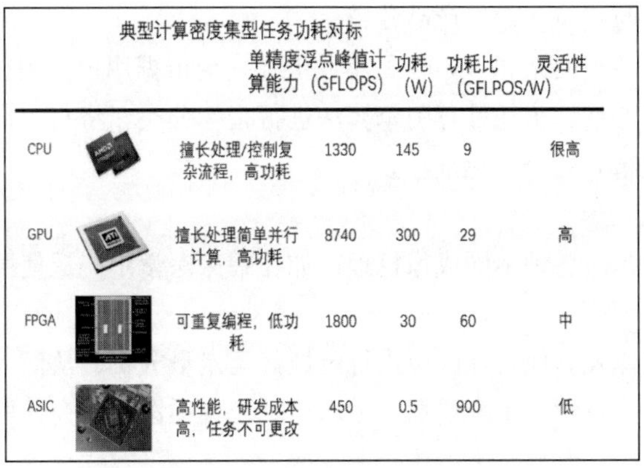

		单精度浮点峰值计算能力 (GFLOPS)	功耗 (W)	功耗比 (GFLPOS/W)	灵活性
CPU	擅长处理/控制复杂流程，高功耗	1330	145	9	很高
GPU	擅长处理简单并行计算，高功耗	8740	300	29	高
FPGA	可重复编程，低功耗	1800	30	60	中
ASIC	高性能，研发成本高，任务不可更改	450	0.5	900	低

典型计算密度集型任务功耗对标

图 3-2-9　芯片的计算能力对比

（3）算法

算法是实现人工智能的根本途径，是挖掘数据智能的有效方法。主流的算法主要分为传统的机器学习算法和神经网络算法。神经网络算法快速发展，近年来因为深度学习的发展到了高潮，如图 3-2-10 所示。

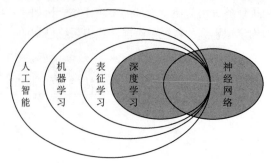

图 3-2-10　人工智能的主流算法

5. 人工智能的典型应用

人工智能已经逐渐走进我们的生活，并应用于各个领域，它不仅给许多行业带来了巨大的经济效益，也为我们的生活带来了许多改变和便利。目前，典型应用主要有以下几个方面：

（1）智能客服机器人

智能客服机器人是一种利用机器模拟人类行为的人工智能实体形态，它能够实现语音识别和自然语义理解，具有业务推理、话术应答等能力。

智能客服机器人广泛应用于商业服务与营销场景，为客户解决问题、提供决策依据。同时，智能客服机器人在应答过程中，可以结合丰富的对话语料进行自适应训练，因此，其在应答话术上将变得越来越精确。随着智能客服机器人的垂直发展，它已经可以深入解决很多企业细分场景下的问题。

（2）人脸识别

人脸识别也称人像识别、面部识别，是基于人的脸部特征信息进行身份识别的一种生物识别技术。人脸识别涉及的技术主要包括计算机视觉、图像处理等。

人脸识别系统的研究始于 20 世纪 60 年代，之后，随着计算机技术和光学成像技术的发展，人脸识别技术水平在 20 世纪 80 年代得到不断提高。在 20 世纪 90 年代后期，人脸识别技术进入初级应用阶段。目前，人脸识别技术已广泛应用于多个领域，如金融、司法、公安、边检、航天、电力、教育、医疗等。

（3）个性化推荐

个性化推荐是一种基于聚类与协同过滤技术的人工智能应用，它建立在海量数据挖掘的基础上，通过分析用户的历史行为建立推荐模型，主动给用户提供匹配他们的需求与兴趣的信息，如商品推荐、新闻推荐等。

个性化推荐既可以为用户快速定位需求产品，弱化用户被动消费意识，提升用户兴致和留存黏性，又可以帮助商家快速引流，找准用户群体与定位，做好产品营销。

个性化推荐系统广泛存在于各类网站和 App 中，本质上，它会根据用户的浏览信息、用户基本信息和对物品或内容的偏好程度等多因素进行考量，依托推荐引擎算法进行指标分类，将与用户目标因素一致的信息内容进行聚类，经过协同过滤算法，实现精确的个性化推荐。

（4）医学图像处理

医学图像处理，处理的对象是由各种不同成像机理，如在临床医学中广泛使用的核磁共振成像、超声成像等生成的医学影像。

该应用可以辅助医生对病变体及其他目标区域进行定性甚至定量分析，从而大大提高医疗诊断的准确性和可靠性。另外，医学图像处理在医疗教学、手术规划、手术仿真、各类医学研究、医学二维影像重建中也起到重要的辅助作用。

(5) 图像搜索

图像搜索是近几年用户需求日益旺盛的信息检索类应用，分为基于文本的和基于内容的两类搜索方式。传统的图像搜索只识别图像本身的颜色、纹理等要素，基于深度学习的图像搜索还会计入人脸、姿态、地理位置和字符等语义特征，针对海量数据进行多维度的分析与匹配。

6. 人工智能产业未来发展

(1) 人工智能加速数字经济，赋能产业构建竞争壁垒

AI与5G、IDC等成为数字经济的重要基础设施，并且企业的数字化转型会催生出对人工智能更多的需求，同时也为人工智能的应用提供了基础条件。随着人工智能技术各细分领域不断创新和发展，同时也将带来巨大的生产变革和经济增长，企业将扩大人工智能资源的引进规模，加大自主研发投入，将人工智能与其主营业务结合，提高产业地位和核心竞争力。

(2) 人工智能芯片进入高速增长阶段，国产芯片发展水平成为全产业的基础

当前，中国正加速推进5G基站、人工智能、工业互联网等新型基础设施建设，AI芯片也是支撑人工智能技术和产业发展的关键基础设施。未来将催生大量高端芯片、专用芯片的需求，人工智能芯片行业将迎来新一轮的高速增长阶段。

(3) 人工智能应用趋向广泛化、垂直化，全方位覆盖大众工作生活成必然

目前，中国人工智能技术层中语音识别、自然语言处理等应用已渐入佳境，已广泛应用于金融、教育、交通等领域。未来人工智能的应用场景范围将持续扩大，深度渗透到各个领域，在细分垂直场景也将有更具创新的AI研究成果与应用，引领产业向价值链高端迈进，有效支撑产业实现智能化生产、营销、决策等环节，同时也为改善民生起到重要作用。

(4) 促进人工智能与其他高端技术融合、碰撞，催生万亿市场机会

大数据可以为人工智能提供更庞大复杂的数据，是奠定机器学习思维能力的基础；云计算赋能AI算力，同时也为大数据提供数据的存储和计算服务；区块链将为人工智能、大数据、云计算带来的信息篡改和泄露提供安全保障。未来人工智能与大数据、云计算以及区块链技术相互融合、相互促进，将会激发出更多潜力，孕育广阔商机。

任务5　虚拟现实概念及其应用领域

任务描述

20世纪80年代以来，随着计算机技术、网络技术等新技术的高速发展及应用，虚拟现实技术发展迅速，并呈现多样化的发展态势，其内涵已经大大扩展。现在，虚拟现实技术不仅指那些高档工作站、头盔式显示器等一系列昂贵设备采用的技术，而且包括一切与其有关的具有自然交互、逼真体验的技术与方法。

它是一项发展中的、具有深远的潜在应用方向的新技术，正成为继理论研究和实验研究之后第三种认识、改造客观世界的重要手段，通过虚拟环境所保证的真实性，用户可以根据在虚拟环境中的体验，对所关注的客观世界中发生的事件做出判断和决策，虚拟现实开辟了人类科研实践、生产实践和社会生活的崭新图式。

任务分析

为了解虚拟现实概念及其应用领域，通过图3-2-11所示的"虚拟现实概念及其应用领域"知识结构，学习虚拟现实的定义、特点、关键技术、主要应用、未来发展等相关知识。

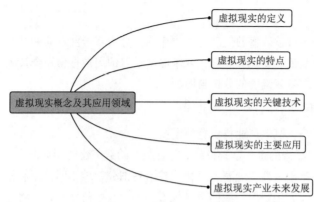

图 3-2-11 "虚拟现实概念及其应用领域"知识结构

1. 虚拟现实的定义

所谓虚拟现实（Virtual Reality, VR），顾名思义，就是虚拟和现实相互结合。从理论上来讲，虚拟现实技术是一种可以创建和体验虚拟世界的计算机仿真系统，它利用计算机生成一种模拟环境，使用户沉浸于该环境中。虚拟现实技术就是利用现实生活中的数据，通过计算机技术产生的电子信号，将其与各种输出设备结合使其转化为能够让人们感受到的现象，这些现象可以是现实中真真切切的物体，也可以是我们肉眼所看不到的物质，通过三维模型表现出来。因为这些现象不是我们直接所能看到的，而是通过计算机技术模拟出来的现实中的世界，故称为虚拟现实。

2. 虚拟现实的特点

虚拟现实被认为是多媒体最高级别的应用。它是计算机技术、计算机图形、计算机视觉、视觉生理学、视觉心理学、仿真技术、微电子技术、立体显示技术、传感与测量技术、语音识别与合成技术、人机接口技术、网络技术及人工智能技术等多种高新技术集成之结晶。其逼真性和实时交互性为系统仿真技术提供有力的支撑。虚拟现实技术有以下几个特点。

① 沉浸性（Immersion），又称临场感，指用户对虚拟世界中的真实感。理想的模拟环境应该使用户难以分辨真假，使用户全身心地投入到计算机创建的三维虚拟环境中，该环境中的一切看上去是真的，听上去是真的，动起来是真的，甚至闻起来、尝起来等一切感觉都是真的，如同在现实世界中的感觉一样。

② 交互性（Interaction），指用户对虚拟世界中的物体的可操作性。例如，用户可以用手去直接抓取模拟环境中虚拟的物体，这时手有握着东西的感觉，并可以感觉物体的重量，视野中被抓的物体也能立刻随着手的移动而移动。

③ 构想性（Imagination），又称自主性，指用户在虚拟世界的多维信息空间中，依靠自身的感知和认知能力可全方位地获取知识，发挥主观能动性，寻求对问题的完美解决。

由于沉浸性、交互性和构想性三个特性的英文单词的第一个字母均为 I，这三个特性又通常被统称为 3I 特性。

3. 虚拟现实的关键技术

虚拟现实的关键技术主要包括：

（1）动态环境建模技术

虚拟环境的建立是 VR 系统的核心内容，目的就是获取实际环境的三维数据，并根据应用的需要建立相应的虚拟环境模型。

（2）实时三维图形生成技术

三维图形的生成技术已经较为成熟，那么关键就是"实时"生成。为保证实时，至少保证图形的刷新频率不低于 15 帧/秒，最好高于 30 帧/秒。

（3）立体显示和传感器技术

虚拟现实的交互能力依赖于立体显示和传感器技术的发展，现有的设备不能满足需要，力学和触觉传感装置的研究也有待进一步深入，虚拟现实设备的跟踪精度和跟踪范围也有待提高。

（4）应用系统开发工具

虚拟现实应用的关键是寻找合适的场合和对象，选择适当的应用对象可以大幅度提高生产效率，减轻劳动强度，提高产品质量。想要达到这一目的，则需要研究虚拟现实的开发工具。

（5）系统集成技术

由于 VR 系统中包括大量的感知信息和模型，因此系统集成技术起着至关重要的作用，集成技术包括信息的同步技术、模型的标定技术、数据转换技术、数据管理模型、识别与合成技术等。

4．虚拟现实的主要应用

虚拟现实技术的使用有着非常重要的现实意义，而且现已用在诸多领域。

（1）医学领域

虚拟现实技术可以弥补传统医学的不足，主要应用在解剖学、病理学教学、外科手术训练等方面。在教学中，虚拟环境可以建立虚拟的人体模型，借助于跟踪球、感觉手套，学生可以很容易了解人体各器官结构，这比现有的采用教科书的方式更加有效。在医学院校，学生可在虚拟实验室中，进行解剖和各种手术练习。同样，外科医生在真正动手术之前，可以通过虚拟现实技术的帮助，在显示器上重复地模拟手术，完成对复杂外科手术的设计，寻找最佳手术方案，这样的练习和预演，能够将手术对病人造成的损伤降至最低。

（2）教育领域

针对教育，虚拟现实技术应用是教育技术发展的一个飞跃。虚拟学习环境、虚拟现实技术能够为学生提供生动、逼真的学习环境。亲身去经历的"自主学习"环境比传统的说教学习方式更具说服力。虚拟实验利用虚拟现实技术，可以建立各种虚拟实验室，如物理、化学、生物实验室等，利用 VR 能够极有效地降低实验室成本投入，并让学生获得与真实实验一样的体会，得到同样的教学效果。

（3）文物古迹

利用虚拟现实技术，可以对文物古迹的展示和保护带来更大的发展。将文物古迹通过影像建模，更加全面、生动地展示文物，提供给用户更直观的浏览体验，使文物实时实现资源共享，而不需要受地域限制，并能有效保护文物古迹不被游客的过度游览所影响。同时使用三维模型能提高文物修复的精度、缩短修复工期。

（4）艺术领域

虚拟现实技术作为传输显示信息的媒体，在艺术领域有着巨大的应用潜力。例如，VR 技术能够将静态的艺术（如绘画、雕塑等）转化为动态的，可以提高用户与艺术的交互，并提供全新的体验和学习方式。

（5）生产领域

利用虚拟现实技术建成的汽车虚拟开发工程，可以在汽车开发的整个过程中，全面采用计算机辅助技术来缩短设计周期。例如，福特官方公布过一项汽车研发技术——3D CAVE 虚拟技术。设计师戴上 3D 眼镜坐在"车里"，就能模拟"操控汽车"的状态，并在模拟的车流、行人、街道中感受操控行为，从而在车辆未被生产出来之前，及时、高效地分析车型设计，了解实际情况中的驾驶员视野、中控台设计、按键位置、后视镜调节等，并进行改进，这套系统能够有效地控制成本进行汽车开发。

（6）影视娱乐

近年来，由于虚拟现实技术在影视业的广泛应用，以虚拟现实技术为主而建立的第一现场 9DVR 体验馆得以实现。第一现场 9DVR 体验馆自建成以来，在影视娱乐市场中的影响力非常大，此体验馆可以让观影者体会到置身于真实场景之中的感觉，让体验者沉浸在影片所创造的虚拟环境中。同时，随着虚拟现实技术的不断创新，此技术在游戏领域也得到了快速发展。

5. 虚拟现实产业未来发展

近年来，我国虚拟现实产业快速发展，相关关键技术进一步成熟，在画面质量、图像处理、眼球捕捉、3D声场、机器视觉等技术领域不断取得突破。未来，虚拟现实产业将呈现以下发展趋势：

（1）云虚拟现实加速

在虚拟现实终端无绳化的情况下，实现业务内容上云、渲染上云，成为贯通采集、传输、播放全流程的云控平台解决方案。其中，渲染上云是指将计算复杂度高的渲染设置在云端处理。

（2）内容制作热度提升，衍生模式日渐活跃

硬件设备的迭代步伐逐步放缓和 VR 商业模式的进一步成熟，内容制作作为虚拟现实价值实现的核心环节，投资呈现出增长态势，衍生出体验场馆、主题公园等线上线下结合模式，受到市场关注。

（3）虚拟现实+释放传统行业创新活力

虚拟现实业务形态丰富，产业潜力大、社会效益强，以虚拟现实为代表的新一轮科技和产业革命蓄势待发，虚拟经济与实体经济的结合，将给人们生产方式和生活方式带来革命性变化。

（4）硬件领域将成为主战场

目前国内的虚拟现实产业还处于起步阶段，尚未形成明确的领跑者，参与到虚拟现实领域的企业大幅增加，主要集中于硬件研发及应用配套领域。

任务 6　区块链概念及其应用领域

任务描述

自 2008 年问世以来，区块链技术已发展了十多年之久。在这十多年当中，区块链由最初同数字虚拟货币绑定在一起，到逐步发展出具有独特应用和价值属性的产业链；从最初仅限于被技术社群探讨，到引发世界主要国家的关注，其发展道路逐渐明朗。我们要把区块链作为核心技术自主创新的重要突破口，明确主攻方向，加大投入力度，着力攻克一批关键核心技术，加快推动区块链技术和产业创新发展。站在新的历史节点，我们有必要重新回顾、检视和探讨区块链技术，更好地把握其应用发展，服务国家战略。

任务分析

为了解区块链概念及其应用领域，通过图 3-2-12 所示的"区块链概念及其应用领域"知识结构，学习区块链的定义、特点、分类、主要应用、未来发展等相关知识。

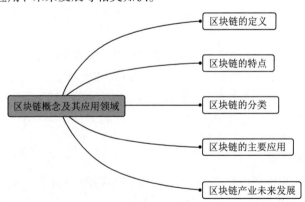

图 3-2-12　"区块链概念及其应用领域"知识结构

相关知识

1. 区块链的定义

区块链技术是利用块链式数据结构来验证与存储数据、利用分布式节点共识算法来生成和更新数据、利用密码学的方式保证数据传输和访问的安全、利用由自动化脚本代码组成的智能合约来编程和操作数据的一种全新的分布式基础架构与计算范式。简单来讲，在区块链系统中，每过一段时间，各参与主体产生的交易数据会被打包成一个数据区块，数据区块按照时间顺序依次排列，形成数据区块的链条，各参与主体拥有同样的数据链条，且无法单方面篡改，任何信息的修改只有经过约定比例的主体同意方可进行，并且只能添加新的信息，无法删除或修改旧的信息，从而实现多主体间的信息共享和一致决策，确保各主体身份和主体间交易信息的不可篡改、公开透明。

区块链发展到今天，已经涌现出许多形形色色的区块链项目，这些区块链项目在技术上的共性：区块、账户、智能合约、共识，这4个主要部分构成了目前的区块链系统的通用模型。

通过链式结构记录状态的变更历史，每一次变更的状态"快照"都以"区块"的形式记录。

通过非对称密钥对表示参与者身份，以某种形式的状态数据库记录当前的信息，这部分被称为"账户"。

通过链上编码定义参与者之间的承诺，这部分被称为"智能合约"。

通过某种算法在多节点之间达成状态一致，这个过程被称为"共识"。

2. 区块链的特点

从技术构成的角度来观察区块链有助于我们揭开它的神秘面纱，实事求是地分析区块链，并揭示它的本质特点，理解其价值发挥的内在逻辑。如前所述，区块链并不是一个全新的技术，而是结合了多种现有技术进行的组合式创新，是一种新形式的分布式加密存储系统。

区块链本质上是一种健壮和安全的分布式状态机，典型的技术构成包括共识算法、P2P通信、密码学、数据库技术和虚拟机。这也构成了区块链必不可少的5项核心能力。

① 存储数据：源自数据库技术和硬件存储计算能力的发展，随着时间的累积，区块链的大小也在持续上升，成熟的硬件存储计算能力，使得多主体间同时大量存储相同数据成为可能。

② 共有数据：源自共识算法，参与区块链的各个主体通过约定的决策机制自动达成共识，共享同一份可信的数据账本。

③ 分布式：源自P2P通信技术，实现各主体间点对点的信息传输。

④ 防篡改与保护隐私：源自密码学运用，通过公钥私钥、哈希算法等密码学工具，确保各主体身份和共有信息的安全。

⑤ 数字化合约：源自虚拟机技术，将生成的跨主体的数字化智能合约写入区块链系统，通过预设的触发条件，驱动数字合约的执行。

3. 区块链的分类

随着技术与应用的不断发展，区块链由最初狭义的"去中心化分布式验证网络"，衍生出了三种特性不同的类型，按照实现方式不同，可以分为公有链、联盟链和私有链。

① 公有链即公共区块链，是所有人都可平等参与的区块链，接近于区块链原始设计样本。链上的所有人都可以自由地访问、发送、接收和认证交易，是"去中心化"的区块链。公有链的记账人是所有参与者，需要设计类似"挖矿"的激励机制，奖励个人参与维持区块链运行所需的必要数字资源（如计算资源、存储资源、网络带宽等），其消耗的数字资源最高，效率最低。

② 联盟链即由数量有限的公司或组织机构组成的联盟内部可以访问的区块链，每个联盟成员内部仍旧采用中心化的形式，而联盟成员之间则以区块链的形式实现数据共享，是"部分去中心化"的区块链。联盟链的记账人由联盟成员协商确定，通常是各机构的代表，可以设计一定的激励机制以鼓励参与机构维护、运行，其消耗的

数字资源部分取决于联盟成员的投入,但在同等条件下低于公有链,效率则高于公有链,一般能够实现每秒 10 万笔左右的交易频率,适合于发起频率较高、根据需要灵活扩展的应用场景。

③ 私有链即私有区块链,完全为一个商业实体所有的区块链,其链上所有成员都需要将数据提交给一个中心机构或中央服务器来处理,自身只有交易的发起权而没有验证权,是"中心化"的区块链。其记账人是唯一的,也就是链的所有者,且不需要任何的激励机制,因为链的所有者必然承担区块链的维护任务。其消耗数字资源最低,效率最高,承载能力完全取决于链的所有者投入的数字资源,但存在中心化网络导致的单点脆弱性,需要投入大量资源用于网络安全维护,方能保障链上资金的安全。

4. 区块链的主要应用

在应用方面,区块链技术一方面助力实体产业,另一方面融合传统金融。在实体产业方面,区块链优化传统产业升级过程中遇到的信任和自动化等问题,极大地增强共享和重构等方式助力传统产业升级,重塑信任关系,提高产业效率。在金融产业方面,区块链有助于弥补金融和实体产业间的信息不对称,建立高效价值传递机制,实现传统产业价值在数字世界的流转。目前区块链技术的应用场景不断铺开,在重塑金融基础设施、金融服务、产品溯源、政务民生、电子存证、数字身份、供应链协同等多个领域都有应用的开展和探索。

(1)重塑金融基础设施

区块链技术具有重塑中心化金融基础设施的潜力。区块链分布式特征使不同金融市场出现"去中介化"趋势,不再依托于集中化的银行管理,这将可能改变现有金融体系中的支付、交易、清结算流程,降低金融机构之间的摩擦成本,提升执行效率;区块链作为金融科技之一,改变传统金融市场格局,通过高透明、可穿透的数字化资产管理,形成信任的链式传递,加速数字资产的高效在线转移。

(2)金融服务

金融市场中交易双方的信息不对称导致无法建立有效的信用机制,产业链条中存在大量中心化的信用中介和信息中介,减缓了系统运转效率,增加了资金往来成本。区块链技术源于加密货币,凭借其开放式、扁平化、平等性的系统结构,操作简化、实时跟进、自动执行的特点,与金融行业具有天然的契合性。

(3)产品溯源

溯源是指对农产品、工业品等商品的生产、加工、运输、流通、零售等环节的追踪记录,通过产业链上下游的各方广泛参与来实现。在全球范围内,溯源服务应用最广泛的领域是食品和药品溯源,这在保障食品安全、疾病防护等方面具有重要意义。

(4)政务民生

区块链技术可以大力推动政府数据开放度、透明度,促进跨部门的数据交换和共享,推进大数据在政府治理、公共服务、社会治理、宏观调控、市场监管和城市管理等领域的应用,实现公共服务多元化、政府治理透明化、城市管理精细化。

(5)电子存证

区块链技术具有防止篡改、事中留痕、事后审计、安全防护等特点,有利于提升电子证据的可信度和真实性。区块链与电子数据存证的结合,可以降低电子数据存证成本,提高存证效率,为司法存证、知识产权、电子合同管理等业务赋能。

(6)数字身份

当前各国纷纷加紧对于个人数据管制,但数字身份仍存在信息碎片化、数据易泄露、用户难自控等问题,区块链技术凭借其去中心、加密、难篡改等特征,为数字身份的可信验证、自主授权提供一种值得探索的解决方向。

(7)供应链协同

国内企业的供应链管理和物流成本还有很高的改善空间,而这正是供应链协同发挥作用的地方。基于区块链的供应链协同应用将供应链上各参与方、各环节的数据信息上链,做到实时上链,数据自产生就记录到区块链中。

5. 区块链产业未来发展

未来一段时期内，区块链将加速向更多领域延伸拓展，可能带来的产业变革值得密切跟踪，同时可能带来的风险和挑战也需要持续关注。

（1）区块链相关概念不断发展演进，技术发展逐渐走向体系化和多元化

2017年以来，区块链领域的学术论文大幅增多，反映出对区块链的基础技术的理论研究进一步加快。总体上看，区块链在安全、数据隐私保护、治理、跨链互操作等方面的技术还不成熟，未来一段时期内，技术的优化和发展仍是重要的课题。

（2）区块链应用积极性不断提高，未来有望成为数字经济基础设施之一

区块链的应用有助于提升多个行业的数字化水平，促进新模式新业态培育，甚至实现行业革新。从全球来看，未来区块链产业竞争的关键将是尽快实现规模化应用或实现国民经济关键性领域的成功应用。

（3）国内国际标准化组织大力推动区块链标准化，产业服务水平不断提升

随着区块链技术和应用的持续发展，在基础术语和架构、安全与隐私保护、互操作以及治理等方面的规范化、标准化发展的需求日益突出。

任务7　量子信息技术概念及其应用领域

任务描述

当前，以量子信息科学为代表的量子科技正在不断形成新的科学前沿，激发革命性的科技创新，孕育对人类社会产生巨大影响的颠覆性技术。量子科技浪潮的演进，有望改变和提升人类获取、传输和处理信息的方式和能力，为未来信息社会的演进和发展提供强劲动力。我国高度重视量子信息科技的发展，在量子信息科技领域突破了一系列重要科学问题和关键核心技术，产出了一批具有重要国际影响力的成果。

任务分析

为了解量子信息技术概念及其应用领域，通过图3-2-13所示的"量子信息技术概念及其应用领域"知识结构，学习量子信息技术的定义、中国量子发展大事记、典型应用、未来发展等相关知识。

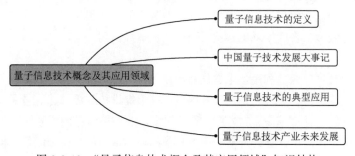

图3-2-13　"量子信息技术概念及其应用领域"知识结构

相关知识

1. 量子信息技术的定义

在量子力学中，量子信息（Quantum Information）是关于量子系统"状态"所带有的物理信息。通过量子系统的各种相干特性（如量子并行、量子纠缠和量子不可克隆等），进行计算、编码和信息传输的全新信息方式。

量子是一个态，所谓态在物理上不是一个具体的物理量，也不是一个单位，也不是一个实体，而是一个可以

观测记录的一组记录，但是这组记录可以运算。

量子信息最常见的单位是为量子比特，也就是一个只有两个状态的量子系统。然而不同于经典数位状态（其为离散），一个二状态量子系统实际上可以在任何时间为两个状态的叠加态，这两状态也可以是本征态。

根据摩尔（Moore）定律，每十八个月计算机微处理器的速度就增长一倍，其中单位面积（或体积）上集成的元件数目会相应地增加。可以预见，在不久的将来，芯片元件就会达到它能以经典方式工作的极限尺度。因此，突破这种尺度极限是当代信息科学所面临的一个重大科学问题。量子信息的研究就是充分利用量子物理基本原理的研究成果，发挥量子相干特性的强大作用，探索以全新的方式进行计算、编码和信息传输的可能性，为突破芯片极限提供新概念、新思路和新途径。量子力学与信息科学结合，不仅充分显示了学科交叉的重要性，而且量子信息的最终物理实现，会导致信息科学观念和模式的重大变革。

2. 中国量子技术发展大事记

（1）量子通信

2016年8月，中国成功发射世界首颗量子科学实验卫星"墨子号"，率先在国际上实现高速星地量子通信。
2020年6月，中科院宣布，"墨子号"量子科学实验卫星在国际上首次实现千公里级基于纠缠的量子密钥分发。

（2）量子计算

2019年底，中国科学家与德国、荷兰科学家合作，在国际上首次实现20光子输入60×60模式干涉线路的玻色取样量子计算，四大关键指标上均大幅刷新世界纪录。

2020年12月4日，由中国科学技术大学潘建伟、陆朝阳等学者研发的76个光子的量子计算原型机"九章"建成，求解数学算法高斯玻色取样只需200秒。

（3）量子精密测量

2021年1月4日，中国科学技术大学郭光灿院士团队李传锋、项国勇研究组与香港中文大学教授袁海东合作，在量子精密测量实验中同时实现3个参数达到海森堡极限精度测量，测量精度比经典法提高13.27分贝。

3. 量子信息技术的典型应用

随着人类对于量子力学原理的认识、理解和研究不断深入，以及对于微观物理体系的观测和调控能力不断提升，以微观粒子系统（如电子、光子和冷原子等）为操控对象，借助其中的量子叠加态和量子纠缠效应等独特物理现象进行信息获取、处理和传输的量子信息技术应运而生并蓬勃发展。量子信息技术主要包括量子计算、量子通信和量子测量三大领域，可以在提升运算处理速度、信息安全保障能力、测量精度和灵敏度等方面突破经典技术的瓶颈。量子信息技术已经成为信息通信技术演进和产业升级的关注焦点之一，在未来国家科技发展、新兴产业培育、国防和经济建设等领域，将产生基础共性乃至颠覆性重大影响。

（1）量子计算

量子计算以量子比特为基本单元，利用量子叠加和干涉等原理进行量子并行计算，具有经典计算无法比拟的巨大信息携带和超强并行处理能力，能够在特定计算困难问题上提供指数级加速。量子计算带来的算力飞跃，有可能在未来引发改变游戏规则的计算革命，成为推动科学技术加速发展演进的"触发器"和"催化剂"。未来可能在实现特定计算问题求解的专用量子计算处理器，用于分子结构和量子体系模拟的量子模拟机，以及用于机器学习和大数据集优化等应用的量子计算新算法等方面率先取得突破。

（2）量子通信

量子通信利用量子叠加态或量子纠缠效应等进行信息或密钥传输，基于量子力学原理保证传输安全性，主要分量子隐形传态和量子密钥分发两类。量子密钥分发基于量子力学原理保证密钥分发的安全性，是首个从实验室走向实际应用的量子通信技术分支。通过在经典通信中加入量子密钥分发和信息加密传输，可以提升网络信息安全保障能力。量子隐形传态在经典通信辅助之下，可以实现任意未知量子态信息的传输。量子隐形传态与量子计算融合形成量子信息网络，是未来量子信息技术的重要发展方向之一。

（3）量子测量

量子测量基于微观粒子系统及其量子态的精密测量，完成被测系统物理量的执行变换和信息输出，在测量精度、灵敏度和稳定性等方面比传统测量技术有明显优势，主要包括时间基准、惯性测量、重力测量、磁场测量和目标识别等方向，广泛应用于基础科研、空间探测、生物医疗、惯性制导、地质勘测、灾害预防等领域。量子物理常数和量子测量技术已经成为定义基本物理量单位和计量基准的重要参考，未来量子测量有望在生物研究、医学检测以及面向航天、国防和商业等应用的新一代定位、导航和授时系统等方面率先获得应用。

我国量子通信在全球处于领先水平。量子通信目前已具初步商用条件，在我国政府/金融等部门的推动下，我国已经建成全球规模最大量子通信网络：建成京沪干线、武合干线、北京城域网、上海城域网等地面量子通信网络，中国科学技术大学牵头研制的"墨子号"量子通信卫星可支持天地量子通信。未来，我们认为在投资驱动下我国量子通信网络有望进一步完善，同时科学家也会朝着量子隐形传态技术进行攻坚。

4．量子信息技术产业未来发展

"十四五"期间，我国量子信息领域的科技攻关任务围绕量子通信技术研发、量子测量技术突破和量子计算的产品研制。

① 量子通信方面，构建完整的天地一体广域量子通信网络技术体系，率先推动量子通信技术在金融、政务和能源等领域的广泛应用。

② 量子精密测量方面，将突破与导航、医学检验、科学研究等领域密切相关的量子精密测量关键技术，研制一批重要量子精密测量设备。

③ 量子计算方面，需要在光子、离子、超导、超冷原子金刚石色心、量子点、拓扑等物理体系中，突破量子叠加和量子纠缠的长时间保持、多粒子纠缠、超越容错阈值的高精度量子比特操纵等技术。

单 元 小 结

"新一代信息技术"是以人工智能、云计算、大数据、量子信息、虚拟现实、物联网、区块链等为代表的新兴技术，是当今世界创新最活跃、渗透性最强、影响力最广的领域，正在全球范围内引发新一轮的科技革命。

人工智能能创造出像人类一样思考的机器。

云计算不是一种全新的网络技术，而是一种全新的网络应用概念，核心概念就是以互联网为中心，在网站上提供快速且安全的云计算服务与数据存储，让每一个使用互联网的人都可以使用网络上的庞大计算资源与数据中心。

大数据是一种规模大到在获取、存储、管理、分析方面大大超出了传统数据库软件工具能力范围的数据集合，具有海量的数据规模、快速的数据流转、多样的数据类型和价值密度低四大特征。

量子信息是关于量子系统"状态"所带有的物理信息，是通过量子系统的各种相关特性进行计算、编码和信息传输的全新信息方式。

虚拟现实，顾名思义，就是虚拟和现实相互结合。从理论上来讲，虚拟现实技术是利用现实生活中的数据，通过计算机技术产生的电子信号，将其与各种输出设备结合使其转化为能够让人们感受到的现象，即创建和体验虚拟世界的模拟环境，使用户沉浸到该环境中。

物联网是在互联网基础上延伸和扩展的网络，将各种信息传感设备与网络结合起来而形成的一个巨大网络，实现在任何时间、任何地点，人、机、物的互联互通。

区块链是一种由多方共同维护，使用密码学保证传输和访问安全，能够实现数据一致存储、难以篡改、防止抵赖的记账技术，也称为分布式账本技术，其特点是保密性强、不可篡改和去中心化。

近几十年来信息技术发展迅速，与多学科深度交叉融合，成为推动社会生产新变革、创造人类生活新空间的重要力量。从现实情况看，信息化发展状况事关国家竞争力和民族未来。实现"两个一百年"奋斗目标、全面建成社会主义现代化强国，必须占据信息化发展制高点，建设网络强国、数字中国、智慧社会，以信息化驱动现代化。

单元练习

一、单选题

1. 物联网的英文名称是（　　）。
   A. Internet of Matters
   B. Internet of Things
   C. Internet of Theories
   D. Internet of Clouds
2. 三层结构类型的物联网不包括（　　）。
   A. 感知层　　　B. 网络层　　　C. 应用层　　　D. 会话层
3. 下列哪一项不属于物联网十大应用范畴？（　　）
   A. 智能电网　　B. 医疗健康　　C. 智能通信　　D. 金融与服务业
4. 第三次信息技术革命指的是（　　）。
   A. 互联网　　　B. 物联网　　　C. 智慧地球　　D. 感知中国
5. 云计算当前还缺少形式上相对严谨的定义，但从本质上看，云计算是（　　）。
   A. 一种技术　　B. 一种服务　　C. 一种商业模式　　D. 一种定价理论
6. 将平台作为服务的云计算服务类型是（　　）。
   A. IaaS　　　　B. PaaS　　　　C. SaaS　　　　D. 三个选项都是
7. IaaS 是（　　）的简称。
   A. 软件即服务　　B. 基础设施即服务　　C. 平台即服务　　D. 硬件即服务
8. SaaS 是（　　）的简称。
   A. 软件即服务　　B. 平台即服务　　C. 基础设施即服务　　D. 硬件即服务
9. 从研究现状上看，下面不属于云计算特点的是（　　）。
   A. 超大规模　　B. 虚拟化　　　C. 私有化　　　D. 高可靠性
10. 以下哪个不是大数据的特征（　　）。
    A. 价值密度低　　B. 数据类型繁多　　C. 访问时间短　　D. 处理速度快
11. 大数据时代，数据使用最关键的是（　　）。
    A. 数据收集　　B. 数据存储　　C. 数据分析　　D. 数据再利用
12. 大数据的显著特征是（　　）。
    A. 数据规模大　　B. 数据类型多样　　C. 数据处理速度快　　D. 数据价值密度高
13. 大数据的起源是（　　）。
    A. 金融　　　　B. 电信　　　　C. 互联网　　　D. 公共管理
14. "虚拟现实"技术英文缩写是（　　）。
    A. CAT　　　　B. VR　　　　　C. OA　　　　　D. AI
15. 下列不属于新技术基础设施的是（　　）。
    A. 人工智能　　B. 区块链　　　C. 云计算　　　D. 5G
16. 关于区块链在数据共享方面的优势，下列表述不正确的是（　　）。
    A. 去中心化　　B. 可自由篡改　　C. 访问控制权　　D. 不可篡改性
17. 下列不属于新技术基础设施的是（　　）。
    A. 人工智能　　B. 区块链　　　C. 云计算　　　D. 5G
18. 以下哪项不是区块链目前的分类？（　　）。
    A. 公有链　　　B. 私有链　　　C. 唯链　　　　D. 联盟链
19. 以下哪个不是区块链特性（　　）？

A. 不可篡改　　　B. 去中心化　　　C. 高升值　　　D. 可追溯
20. 大数据的本质是（　　）。
A. 联系　　　B. 挖掘　　　C. 洞察　　　D. 搜集

二、多选题

1. 物联网的主要特征是（　　）。
   A. 全面感知　　　B. 功能强大　　　C. 智能处理　　　D. 可靠传送
2. 大数据的"4V"特征包括：（　　）。
   A. Volume（海量化）　　　B. Variety（多样化）
   C. Velocity（快速化）　　　D. Value（价值化）
3. 虚拟现实的主要特征包括（　　）。
   A. 多感知性　　　B. 沉浸感　　　C. 交互性　　　D. 构想性
4. 根据美国国家标准与技术研究院（NIST）定义，计算部署模式主要包括：（　　）。
   A. 公有云（Public Cloud）　　　B. 私有云（Private Cloud）
   C. 混合云（Hybrid Cloud）　　　D. 社区云（Community Cloud）
5. 在新型基础设施中，信息基础设施不包括（　　）。
   A. 通信网络基础设施　　　B. 新型经济型基础设施
   C. 新技术基础设施　　　D. 算力基础设施
6. 公有链、联盟链的基本特征主要有（　　）。
   A. 去中心化　　　B. 不可篡改　　　C. 公开　　　D. 透明
   E. 中心化
7. 量子通信产业的标准化目标包括（　　）。
   A. 通过应用层协议和服务接口的标准化，简化应用开发，缩短上线周期，使得量子保密通信可与现有ICT应用灵活集成，促进其在各行业广泛应用
   B. 通过网络设备、技术协议、器件特性的标准化，使不同厂商的量子保密通信设备可兼容互通
   C. 通过网络设备、技术协议、器件特性的标准化，实现量子密钥分发与传统光网络的融合部署
   D. 通过严格的安全性证明、标准化的安全性要求及评估方法，保证量子保密通信系统产品及核心器件的安全性。
8. 量子保密通信标准体系的类别包括（　　）。
   A. 量子安全类　　　B. 业务和系统类
   C. 网络技术类　　　D. 量子通用器件类
9. 量子计算技术可应用的领域包括（　　）。
   A. 密码破解　　　B. 气象预测　　　C. 金融分析　　　D. 药物设计
10. 信息技术主要包括（　　）。
    A. 通信技术　　　B. 计算机技术　　　C. 传感技术　　　D. 微电子技术

三、简答题

1. 请简述区块链的几个特征。
2. 请简述云计算的核心技术。
3. 请简述人工智能的三要素。
4. 请简述物联网的主要应用。
5. 请简述虚拟现实的关键技术。

单元 3
信息素养与社会责任

【单元导读】

信息技术的迅猛发展在极大促进人类的文明与进步，深刻地改变着人们的生产和生活方式，表现出数字化、网络化、智能化、集成化、移动化、个性化的特点。为经济社会发展带来蓬勃生机和美好愿景的同时，也带来了很多的安全危机。

本单元主要对信息安全概念、计算机信息安全防护、计算机安全和维护常识、职业道德与法律法规几方面的知识进行介绍。

【知识要点】

- 信息安全的概念
- 计算机信息安全防护
- 计算机安全和维护常识
- 职业道德与法律法规

任务1 信息安全的概念

任务描述

江苏省徐州市睢宁县淘宝卖家王某到公安机关报案，称其支付宝账号内余额被盗 3 996 元。江苏徐州公安机关侦查发现，犯罪嫌疑人以定做家具名义向受害人 QQ 发送伪造图片样式的木马程序，利用该木马程序将受害人支付宝账号内余额盗走。该木马程序具有远程控制、键盘记录、结束进程等功能，并且可以避免被主流杀毒软件发现。用户的计算机一旦被植入木马程序，用户计算机就会被嫌疑人监控，当受害人登录网银、支付宝等网站时就可以获取受害人的账户、密码等信息。

如今，在信息化高速发展的社会大背景下，网络安全不仅关系着国家安全也关乎着百姓的福祉。个人要追求幸福，公民要承担社会责任，企业要发展壮大，城市和国家要提高国际竞争能力，都需要不断培养和提高信息素养。

任务分析

信息安全的问题围绕着我们每个人的工作和生活，我们将从以下几方面的内容来了解它的定义、影响因素、应对策略及存在的风险，如图 3-3-1 所示。

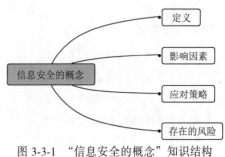

图 3-3-1 "信息安全的概念"知识结构

 相关知识

1. 信息安全的定义

信息安全是指保护信息和信息系统在未经授权时不被访问、使用、泄露、中断、修改与破坏。信息安全可以为信息和系统提供保密性、完整性、可用性、可控性和不可否认性，信息安全包含的范围很广，如防范商业机密的泄露、防范个人信息泄露、防范青少年对不良信息的浏览等都属于信息安全的范畴。

2. 信息安全的影响因素

信息技术的飞速发展，让人们的生活变得越来越便捷，日常只要一部手机就可以处理生活和工作中的许多问题，但同时也导致了许多负面的影响，小到个人信息的泄露、网络诈骗不断等，大到军事安全、政治安全等。总之，影响信息安全的因素很多，主要分为以下几种：

① 硬件及物理因素：该因素是指系统硬件及环境的安全性，如机房设施、计算机主体、存储系统、辅助设备、数据通信设施以及信息存储介质的安全性等。

② 软件因素：该因素是指系统软件及环境的安全性，软件的非法删改、复制与窃取都可能造成系统损失、泄密等情况，例如计算机网络病毒即是以软件为手段侵入系统造成破坏。

③ 人为因素：该因素是指人为操作、管理的安全性，包括工作人员的素质、责任心，严密的行政管理制度、法律法规等。防范人为因素方面的安全，即是防范人为主动因素直接对系统安全所造成的威胁。

④ 数据因素：该因素是指数据信息在存储和传递过程中的安全性，数据因素是计算机犯罪的核心途径，也是信息安全的重点。

⑤ 其他因素：信息和数据传输通道在传输过程中产生的电磁波辐射，可能被检测或接收，造成信息泄漏，同时空间电磁波也可能对系统产生电磁干扰，影响系统的正常运行。此外，一些不可抗力的自然因素，也可能对系统的安全造成威胁。

3. 信息安全的策略

信息安全策略是指为保证提供一定级别的安全保护所必须遵守的规则，要想实现信息安全，需要依靠先进的技术、严格的安全管理、法律约束和安全教育。

① 先进的技术：网络安全的根本保证。要形成一个全方位的安全系统；用户先要对自身面临的威胁进行风险评估，选择所需要的安全服务种类，确定相应的安全机制，并集成先进的安全技术。

② 严格的管理：严格的信息安全管理是提高信息安全的必备手段。各计算机网络使用机构应建立相应的网络安全管理办法，加强内部管理，建立合适的网络安全管理系统，加强用户管理和授权管理，建立安全审计和跟踪体系，提高整体网络安全意识。

③ 法律约束：计算机网络是一种新生事物，许多违规行为无法可依、无章可循，导致网络犯罪处于无序状态，网络上犯罪现象日趋严重，必须建立与网络安全相关的法律、法规，使非法分子慑于法律，不敢轻举妄动。

④ 安全教育：企业内部的员工和管理层对学习网络信息安全教育的培训十分必要，如何保护自己的机密信息、核心技术不被盗取，保护企业核心竞争力，提高员工对信息安全产生足够的重视，并在技术层面进行教育培训，提高防范意识，发现潜在问题，及时解决安全隐患。

4. 信息安全的风险

（1）计算机病毒的威胁

随着 Internet 技术的发展、企业网络环境的日趋成熟和企业网络应用的增多。病毒感染、传播的能力和途径也由原来的单一、简单变得复杂、隐蔽，尤其是 Internet 环境和企业网络环境为病毒传播、生存提供了环境。

（2）黑客攻击

黑客攻击已经成为近年来经常出现的问题。黑客利用计算机系统、网络协议及数据库等方面的漏洞和缺陷，

采用后门程序、信息炸弹、拒绝服务、网络监听、密码破解等手段侵入计算机系统，盗窃系统保密信息，进行信息破坏或占用系统资源。

（3）信息传递的安全风险

企业和外部单位，以及国外有关公司有着广泛的工作联系，许多日常信息、数据都需要通过互联网来传输。网络中传输的这些信息面临着各种安全风险，例如：被非法用户截取从而泄露企业机密；被非法篡改，造成数据混乱、信息错误从而造成工作失误；非法用户假冒合法身份，发送虚假信息，给正常的生产经营秩序带来混乱，造成破坏和损失。因此，信息传递的安全性日益成为企业信息安全中重要的一环。

（4）身份认证和访问控制存在的问题

企业中的信息系统一般供特定范围的用户使用，信息系统中包含的信息和数据也只对一定范围的用户开放，没有得到授权的用户不能访问。为此各个信息系统中都设计了用户管理功能，在系统中建立用户、设置权限、管理和控制用户对信息系统的访问。这些措施在一定程度上能够加强系统的安全性，但在实际应用中仍然存在一些问题。如部分应用系统的用户权限管理功能过于简单，不能灵活实现更详细的权限控制；各应用系统没有一个统一的用户管理，使用起来非常不方便，不能确保账号的有效管理和使用安全。

任务 2　计算机信息安全防范

任务描述

随着计算机技术的突飞猛进，计算机已广泛应用于工作、生活的各个领域，如政府机关、学校、医院、企业、家庭等，同时计算机信息安全问题也日益严峻，计算机病毒侵犯、黑客的猖狂，都防不胜防。计算机用户应当掌握相关知识来进行防范。

任务分析

计算机信息安全的防范是每个计算机用户实现信息安全、系统安全的必备措施，用户应当全面了解计算机威胁的特点、类型、表现方式等，并加强对计算机网络病毒和黑客的防范，保护重要数据。本任务将从以下几个方面来分析，计算机病毒防范、病毒的特性、病毒的类型、感染病毒的表现、病毒的防范措施，本任务知识结构如图 3-3-2 所示。

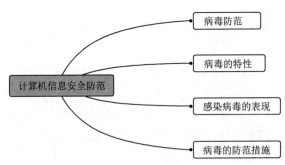

图 3-3-2　"计算机信息安全防范"知识结构图

相关知识

1. 计算机病毒防范

计算机病毒是一段可执行代码或一个程序，是计算机编程人员编写的具有破坏性的指令或代码。它寄生在系统的启动区、系统可执行文件、任何应用程序上。因为这类代码程序就像生物病毒一样，具有传染和自我繁殖、破坏等能力，这类代码或程序称之为计算机病毒。

2010年6月，"震网"病毒首次被发现，震网（Stuxnet），是一种蠕虫病毒，如图3-3-3所示。它能自我复制，并将副本通过网络传输，任何一台个人计算机只要和染毒计算机相连，就会被感染。这次袭击中，震网病毒感染了全球超过45 000个网络，伊朗遭到的攻击最为严重，60%的个人计算机感染了这种病毒。

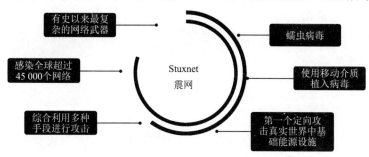

图3-3-3 震网病毒分析图

（1）计算机病毒的特性

计算机病毒是一种程序，但和其他普通程序的特性不同（见图3-3-4），主要体现在以下几种：

① 传染性：计算机病毒具有很强的传染性，病毒一旦入侵，它会通过修改磁盘扇区信息或文件内容并把自身嵌入到其中，并具有快速自我复制的能力，可以通过U盘、电子邮件、光盘、网络等中介进行传播。从一台计算机传染到其他计算机，被传染的计算机，其本身既是受害者也是传播者。

② 危害性：计算机一旦感染病毒，都会对系统、应用程序、文件等造成不同程度的影响。轻者会占用系统资源，降低计算机的性能，影响运行速度；重者会导致系统崩溃无法正常开机、更改文件、删除文件等。

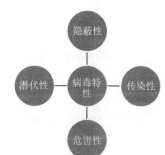

图3-3-4 计算机病毒的特性展示图

③ 隐蔽性：计算机病毒一般不容易被察觉，它会附加在一些正常程序中或隐藏在磁盘的隐蔽处，有的病毒会将自身改成系统文件名，在用户不被察觉的情况下进行传播。

④ 潜伏性：计算机被感染病毒后，一般不立刻发作，它可以长期隐藏，几周或几个月，等到被激活满足条件后再爆发，有的病毒有固定的时间发作。

（2）计算机病毒的类型

计算机病毒类型很多，按照寄生的方式一般分为以下几种：

① 引导型病毒：引导型病毒是一种在系统引导时出现的病毒，在系统文件启动以前计算机病毒已驻留在内存中，当系统启动时首先被执行的就是病毒程序，使系统带病毒工作，并伺机发作。

② 文件型病毒：又称寄生病毒，病毒将自身赋予可执行的文件当中，主要扩展名为.com、.exe、等可执行文件，当执行这些被感染文件时，病毒被激活，并将自己复制到其他的文件中进行感染。

③ 复合型病毒：具有引导区病毒和文件型病毒的双重特点，可以传染可执行文件，也可以传染磁盘开机系统区，所以它的破坏性更大，传染力更强，杀毒更难。

④ 宏病毒：宏病毒攻击的是数据文件，专门针对特定的应用软件，可感染依附于某些应用软件内的宏指令，它可以很容易通过电子邮件附件、文件下载和群组软件等多种方式进行传播。

（3）计算机感染病毒的表现

计算机感染病毒后，会出现不同程度的异常现象，当出现以下症状时，可以考虑计算机是否感染了病毒，需要进行杀毒处理。

① 操作系统无法正常启动，关闭计算机后自动重启。

② 计算机无缘无故地死机，出现蓝屏、黑屏现象。

③ 计算机运行速度明显变慢，磁盘空间迅速变小。
④ 计算机系统文件的日期、时间、大小发生变化。
⑤ 能正常运行的软件，运行时死机或提示内存不足、非法操作等。
⑥ 打印机的通信发生异常，无法进行打印操作，或打印出来的是乱码。
⑦ 系统桌面图标自动发生变化。
⑧ 计算机开启后弹窗不止、速度变慢、假死、蓝屏等。

（4）计算机病毒防范措施

计算机病毒的危害性很大，用户可以采用技术手段和管理措施相结合的方法来预防病毒的感染。主要方法有以下几种：

① 安装主流的杀毒软件。如360、诺顿、卡巴斯基、McAfee 等，并及时更新病毒库。
② 定期对操作系统升级，更新、安装系统补丁，减少系统漏洞，避免病毒或黑客入侵。
③ 数据的备份。重要的数据尽量不要存在系统盘，可以存在非系统盘的磁盘中，也可以备份在 U 盘、光盘或网络云盘中。
④ 设置健壮密码。用户在设置账号密码（如系统密码、电子邮件、上网账号、QQ 账号、微信账号等）时，应尽量使用不少于 8 位字符长度的密码，不要使用一些特殊意义的字符（如出生年月或姓名拼音），或过于简单的数字（如 12345678）作为密码，尽量使用选择大小写字母或数字的复合组合作为密码。
⑤ 安装防火墙：防火墙本身具有较强的抗攻击能力，它是提供给信息安全服务、实现网络和信息安全的基础设施，可以防止外部网络用户未经授权的访问，防止重要信息被窃取。用户可选择360、瑞星、诺顿等防火墙。
⑥ 不要随意在陌生的网站上下载文件，互联网是病毒传播的第一大途径，大量的病毒潜伏在网络可下载程序中。
⑦ 不要轻易打开电子邮件的附件。许多的病毒是通过电子邮件来进行传播的，有的病毒会自动检查受害人计算机上的通信录并向其中的地址自动发送带毒文件。要使用文件时应该先将附件保存下来，先查杀病毒，没有危险后再打开。
⑧ 不要轻易访问带有非法性质的网站或不健康内容的网站。这类网站常带有恶意代码，轻则出现浏览器首页被修改无法恢复、注册表被锁等障碍，重则可能会造成文件丢失、硬盘格式化等重大损失。
⑨ 尽量避免在无杀毒软件和无防火墙的机器上使用 U 盘、移动硬盘等移动存储介质。使用别人的移动存储设备时应先杀毒。
⑩ 提高计算机使用安全意识。

2．网络黑客防范

（1）网络黑客的攻击手段

① 获取口令。获取口令有三种方式：一是通过网络监听非法得到用户口令，这类方法有一定的局限性，但危害性极大，监听者往往能够获得其所在网段的所有用户账号和口令，对局域网安全威胁巨大；二是在知道用户的账号后（如电子邮件@前面的部分）利用一些专门软件强行破解用户口令，这种方法不受网段限制；三是在获得一个服务器上的用户口令文件（此文件成为 Shadow 文件）后，用暴力破解程序破解用户口令，该方法的使用前提是黑客获得口令的 Shadow 文件。此方法在所有方法中危害最大，因为它不需要像第二种方法那样一遍又一遍地尝试登录服务器，而是在本地将加密后的口令与 Shadow 文件中的口令相比较就能非常容易地破获用户密码，尤其对设置简易的密码，破获的速度非常快。
② 放置特洛伊木马程序。特洛伊木马程序可以直接侵入用户的计算机并进行破坏，它常被伪装成工具程序或者游戏等诱惑用户打开或直接下载，一旦用户执行操作，它们就会隐藏在 Windows 启动时悄悄执行的程序中，当连接到因特网时，这个程序就会通知黑客，报告用户的 IP 地址以及预先设定的端口，黑客利用这个潜伏在其中的程序，就可以任意修改用户计算机的参数设定、复制文件、窥视整个硬盘中的内容等，从而达到控制用户计算机的目的。

③ WWW 的欺骗技术。用户通过 IE 等浏览器进行各种各样的 Web 站点的访问，如阅读新闻组、咨询产品价格、订阅报纸、电子商务等，而一般的用户恐怕不会想到正在访问的网页已经被黑客篡改，网页上的信息是虚假的。假设黑客将用户要浏览的网页的 URL 改写为指向黑客自己的服务器，当用户浏览目标网页的时候，实际上是向黑客服务器发出请求，那么黑客就可以达到欺骗的目的了。

④ 电子邮件攻击。电子邮件攻击主要表现为电子邮件轰炸和电子邮件"滚雪球"两种方式。通常所说的邮件炸弹，指的是攻击者用伪造的 IP 地址和电子邮件地址向同一信箱发送数以千计、万计甚至更多次的内容相同的垃圾邮件，致使受害人邮箱被"炸"，导致电子邮件服务器操作系统带来危险，甚至瘫痪；二是电子邮件欺骗，攻击者佯称自己为系统管理员且邮件地址和系统管理员完全相同，给用户发送邮件要求用户修改口令或在看似正常的附件中加载病毒或其他木马程序等。

⑤ 寻找系统漏洞。计算机系统都存在安全漏洞（Bug），这些漏洞在补丁未被开发出来之前一般很难防御黑客的破坏，除非拔掉网线；还有一些漏洞是由于系统管理员配置错误引起的，这都会给黑客带来可乘之机，应及时加以修正。

⑥ 网络监听。网络监听是主机的一种工作模式，在网络监听模式下，主机可以接收到本网段在同物理通道上传输的所有信息，如果两台主机进行通信的信息没有加密，此时只要使用某些网络监听工具，就可以轻而易举地截取包括口令和账号在内的信息资料。

⑦ 利用账号进行攻击。有的黑客会利用操作系统提供的默认账户和密码进行攻击，例如，许多 UNIX 主机都有 FTP 和 Guest 等默认账户，有的甚至没有口令。黑客利用 UNIX 操作系统提供的命令，如 Finger 和 Ruser 等收集信息，提高攻击能力。因此需要系统管理员提高警惕，将系统提供的默认账户关闭或提醒无口令用户增加口令。

⑧ 偷取特权。利用各种特洛伊木马程序、后门程序和黑客自己编写的导致缓冲区溢出的程序进行攻击，前者可使黑客非法获得对用户机器的完全控制权，后者可使黑客获得超级用户的权限，从而拥有对整个网络的绝对控制权。这种攻击手段，一旦奏效，危害性极大。

（2）网络黑客的防范措施

网络黑客用特别的手段对网络进行攻击，进入用户的计算机并对其控制，计算机用户需要采取正确措施防范黑客对计算机的攻击。主要有以下措施：

① 数据加密：数据加密是为了保护系统的数据、文件、口令和控制信息等，提高网上传输数据的可靠性。如果黑客截获了网上传输的信息包，一般也无法获得正确信息。

② 身份认证：身份认证是指通过密码或特征信息等确认用户身份的真实性，并给予通过确认的用户相应的访问权限。

③ 建立完善的访问控制策略：设置入网访问权限、网络共享资源的访问权限、目录安全等级控制、网络端口和节点安全控制、防火墙安全控制等，通过各种安全控制机制的相互配合，最大限度地保护系统。

④ 安装补丁程序：为了更好地完善系统，防止黑客利用漏洞进行攻击，可定时对系漏洞进行检测，安装好相应的补丁程序。

⑤ 关闭无用端口：计算机要进行网络连接必须通过端口，黑客控制用户计算机也必须通过端口，如果是暂时无用的端口，可将其关闭，减少黑客的攻击途径。

⑥ 管理账号：删除或限制 Guest 账号、测试账号、共享账号，也可以在一定程度上减少黑客攻击计算机的路径。

⑦ 及时备份重要数据：黑客攻击计算机时，可能会对数据造成损坏和丢失，因此对于重要数据需及时进行备份，避免损失。

⑧ 良好的上网习惯：不随便从 Internet 上下载软件，不运行来历不明的软件，不随便打开陌生邮件中的附件，使用反黑客软件检测、拦截和查找黑客攻击，经常检查系统注册表和系统启动文件的运行情况等，可以提高防止黑客攻击的能力。

3. 计算机数据物理安全防护

现代社会中，计算机已广泛应用于人们生活、工作的各个领域，它促进了社会的进步和发展，但同时也带来了一系列的安全隐患，最为突出的就是计算机中有大量的重要文件、技术机密、账户密码、个人隐私等数据，除了有效防止病毒和黑客的攻击，还应考虑到计算机数据安全的物理防护问题。

（1）数据安全物理影响因素

① 硬盘驱动器损坏：一个硬盘驱动器的物理损坏意味着数据丢失。设备的运行损耗、存储介质失效、运行环境及人为的破坏等，都会对其造成影响。

② 人为影响：由于人员故意所为或误操作，可能会误删除系统的重要文件，或者修改影响系统运行的参数，以及没有按照规定要求或操作不当导致的系统宕机，导致数据的丢失。

③ 自然灾害：各种自然灾害都有可能对计算机产生破坏造成数据丢失。

④ 电源故障：一个瞬间过载电功率会损坏在硬盘或存储设备上的数据。

⑤ 磁干扰：重要的数据接触到有磁性的物质，会造成计算机数据被破坏。

（2）数据安全的物理防护措施

数据安全的物理防护措施主要为3个方面：场地安全、数据备份、人员防范。

① 场地安全：数据中心的场地要远离噪声源、振动源。因为振动和冲击可能造成元件变形、焊点脱落、固件松动等现象，从而导致计算机故障，导致数据丢失。数据中心要加强防火、防地震、防水等措施，同时要防止电磁辐射和防雷电，接地线要牢固可靠。另外还要加强数据中心的安全保卫工作，以防数据被窃取。

② 数据备份：重要数据要及时备份、分散存储，为了防止战争、自然灾害等突发事件对数据造成毁灭性的损害，对重要数据要多做几个备份，并且存放在不同的建筑物内，甚至不同的城市。对于个人用户而言，重要的数据要注意备份到光盘或U盘上，以防止硬盘失效带来的数据丢失或损坏。

③ 人员防范：对接触重要数据的人员，要严格筛选把关，挑选思想作风好、诚实、肯干、对事业忠诚的人。在现实中，由于用人不当造成数据受损的例子举不胜举。其次，要加强计算机操作人员的技术培训，很多丢失的数据是由于操作不当造成的。最后，要建立严格、完善的数据管理规章制度，对不同性质（重要、普通）的数据授予不同的权限，以便最重要的数据只能由少数人来操作，从而降低数据损坏的概率。

任务3　计算机安全和维护常识

任务描述

一个完整的计算机系统由硬件和软件组成，软件分为系统软件和应用软件。用户使用计算机是在操作系统的基础上来实现的，操作系统是控制和管理计算机各个硬件和软件的资源。计算机能够安全、稳定工作的前提是计算机硬件和软件都能良好地运行，只有定期完成计算机的维护工作，才能稳定、安全地使用计算机。

任务分析

学习计算机安全与维护的相关知识，通过图 3-3-5 所示的"计算机安全和维护常识"知识结构，学习和了解计算机的硬件维护、计算机系统软件维护、应用软件维护的相关知识。

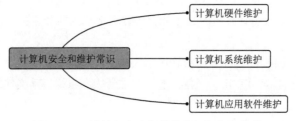

图 3-3-5　"计算机安全和维护常识"知识结构

 相关知识

1. 计算机系统硬件维护

计算机硬件的日常维护不到位，会降低计算机的性能，同时也会影响计算机软件的正常运行，硬件维护包含计算机工作环境和主机内部各种器件的维护。

（1）计算机工作环境

计算机故障中，有一部分故障由于内部器件因为温度、湿度、电源、灰尘等原因引起的。

① 温度：计算机的工作环境一般在 20℃～25℃，温度过高会导致计算机工作时产生的热量不能及时散发，会缩短计算机寿命或烧坏计算机的器件。

② 湿度：要保持计算机良好的通风环境，湿度太大会导致计算机内部线路腐蚀，内部板卡老化。

③ 电源：稳定的电压是计算机稳定工作的前提，突然断电会造成数据丢失，也容易烧坏器件，建议电压不稳定的工作环境配一个稳压器。

④ 灰尘：计算机中各器件都非常精密，如果灰尘太多会造成计算机接口堵塞，使计算机不能正常工作，建议定期清理机箱内部的灰尘。

（2）计算机各类器件

计算机组成的基本器件有 CPU、主板、内存条、硬盘、电源、光驱、显卡和声卡（这些硬件都是装在机箱内部的），显示器、键盘、鼠标、机箱。以上这些硬件在日常环境中应做到防尘、防潮。

① CPU 的维护：CPU 是计算机中最核心的部件，它主要处理和控制计算机中的信息和程序的运行，在工作过程中会散发出巨大的热量，因此最重要的是要保持 CPU 的良好散热系统。选择一款好的散热风扇，并定期观察散热风扇的运行情况。如运行不正常时，需加润滑液或更换风扇；定期清理散热风扇的灰尘；严禁经常拔插 CPU，特别是带电拔插。

② 主板的维护：主板是计算机中最大的电路板，是计算机的神经中枢，主板在日常维护中应做到防尘、防潮、防变形，严禁带电插拔主板上的各个部件。主板中的元件和布线都非常精密，灰尘会使主板的电容、电阻短路，导致主机工作不稳定。防尘可以用软毛刷、吹风机等设备轻柔地清理；潮湿会使主板电路腐蚀，也容易导致主板变形，导致其他硬件安装接触不良。

③ 内存条的维护：计算机中的随机存取存储器，日常保养中要注意防尘；严禁带电拔插内存；严禁用手触摸内存的金手指，如金手指发生氧化，要用橡皮擦掉氧化物；如使用两个或多于两个内存条时，尽量使用相同牌子、相同类型、相同容量的内存条。

④ 硬盘的维护：硬盘是计算机中最主要的存储设备，是数据的仓库。硬盘的日常维护中应注意：硬盘工作时不要突然断电；不要经常低级格式化；在拆装的过程中多加小心、尽量减少震动和碰撞；尽量远离如音响、电视、手机等磁场；定期清理磁盘、整理碎片、扫描磁盘并修复错误。

⑤ 电源的维护：稳定的电源是计算机工作的前提，电压经常波动会烧坏计算机器件，电压不稳的地方配一个稳压器；经常对电源风扇进行除尘并注意观察风扇是否正常工作。

⑥ 光驱的维护：严禁用劣质光盘，不要用手推拉光驱托盘，应该定期清理激光头，不用时应将光盘取出光驱。

⑦ 显卡和声卡的维护：显卡和声卡都是安装在主板上的，在维护时不要带电插拔，安装时不要插反。声卡在插拔麦克风和音箱时一定要在关闭电源的情况下操作。显卡是控制计算机图形输出的设备，独立的显卡一般会配备散热风扇，在维护中要定期观察风扇的运行情况，注意清理风扇的灰尘。

⑧ 显示器的维护：要注意防尘、防磁场、防高温环境；严禁强光照射；最好设置屏幕保护；开机时，先开显示器；关机时，后关显示器；关显示器后，最好切断电源。

⑨ 鼠标和键盘的维护：鼠标在日常使用时避免用力拉扯和碰撞。键盘要注意防尘和杂质落入键盘的缝内，清理键盘时要用柔软的布来擦拭，清洁时要在关机的状态下操作，严禁用蛮力击打键盘。不要在带电的情况下插

拔鼠标和键盘。

⑩ 机箱的维护：机箱放置的环境应在通风位置和灰尘少、弱磁场的地方，还要注意防潮湿和防剧烈碰撞，严禁在机箱上放置杂物和机箱开侧盖工作。

2．计算机系统软件维护

计算机系统软件是由操作系统、程序语言等构成，它负责管理及分配整个计算机的硬件和软件资源，合理地组织计算机工作流程，并能为用户提供一个良好的操作环境和接口的大型软件。用户如何更加安全、高效、稳定地使用计算机，日常的管理和维护起着至关重要的作用。下面将从操作系统的升级与防护、病毒查杀、磁盘维护、系统备份几方面来介绍系统维护的相关知识。

（1）Windows 操作系统的防护与升级

Windows 操作系统是目前使用最广泛的操作系统。由于系统漏洞而导致的安全隐患时有发生，Windows 系统所提供的安全保障只是最基本的，用户需要掌握更多的系统维护知识来保障计算机的使用安全。

① 安装官方来源的操作系统。在互联网的很多网站中有很多网友制作的"Windows 安装光碟"、"万能 Ghost 文件"等系统安装文件，这些文件并非官方发布的系统和镜像，这些文件没有经过严格的病毒扫描和审核，一旦被用户下载安装在计算机上，可能会造成严重的安全隐患。为了安全，推荐用户使用一些官方发布的系统镜像。正版的 Windows 操作系统可以通过微软官方网站、大型电子商城购买或通过微软 MSDN 网站下载，如图 3-3-6 所示。

图 3-3-6　Windows 正版软件展示图

② 及时给系统打补丁。Windows 操作系统是一个庞大且复杂的软件系统，难免有未考虑到的问题及编写漏洞，为了防止黑客利用漏洞攻击用户的计算机，微软公司会不断持续编写并发放程序对这些漏洞进行修补，这些修补升级的程序就是"系统补丁"，用户应及时安装最新的系统补丁，保障自己的计算机安全。

③ 开启 Windows 防火墙。防火墙是协助保护硬件或软件的安全，使用防火墙可以过滤掉不安全的网络访问服务，提高网络安全性。Windows 10 操作系统提供了 Windows Defender 防火墙功能，用户应开启该服务。

（2）定期杀毒并及时升级病毒库

关于第三方软件是否有用的争论由来已久。系统高手们认为，如果技术已经足够高超，并且只是将计算机作为工作专用，那么拒装（或者尽量少装）第三方软件是正确的，前提是你有足够的技术实力，可以利用系统组件保证系统安全和运行效率。不过对于普通用户来说，还是建议安装第三方软件，因为第三方软件和系统组件相比，使用起来更为简单而且高效，可以更好地保护系统的安全。一般来说，使用两类软件可以满足日常需求：一是安全管理软件，如腾讯电脑管家、360 安全卫士等；二是杀毒软件，如 360 杀毒、金山毒霸、卡巴斯基等，这些杀毒软件的使用方法类似。

（3）Windows 操作系统磁盘维护

在使用计算机时会因各种操作产生磁盘碎片，为了提高计算机的运行速度，需要定期清理磁盘垃圾，释放磁盘空间。

（4）系统备份

计算机在使用的过程中时常会产生各种故障影响计算机的正常工作，因此多数用户会在操作系统和应用软件安装和调试好之后，对系统进行备份，当故障发生时可以通过备份的数据还原系统。常用的备份系统的方法有系统自带的备份还原功能和使用 GHOST 软件备份。

3．计算机应用软件的维护

计算机的应用软件是专门为适应计算机用户工作或生活的需要而设计的应用程序。应用软件的类型很多，如文字处理软件、信息管理软件、游戏娱乐软件、图像处理软件等，如图 3-3-7 所示，总之每个行业都有与之相对应的软件，用户需要时可在互联网中下载或购买即可。应用软件是安装在计算机系统软件之上的，如何更好地发挥应用软件的性能，产生更高的效率和好的体验，需要一个良好稳定的计算机系统环境和应用软件的维护知识。日常使用应用软件时应注意以下几点：

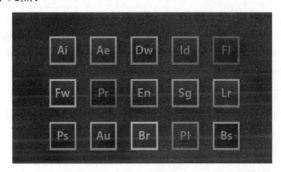

图 3-3-7　计算机应用软件展示图

① 应用软件的版本要兼容操作系统，在软件的说明上要看清楚安装的要求，否则会出现冲突，导致软件无法使用，甚至会影响计算机系统。

② 应用软件安装时，不要将所有的应用软件都安装在系统盘上，这样会占用系统磁盘空间，导致操作系统运行变慢。

③ 不要打开过多的应用程序，计算机如果打开的程序过多，内存就会运转不过来，就会导致卡顿现象，或者计算机死机。

④ 不要重复安装应用软件，软件安装后，会在注册表中写入信息，并占用一定的系统空间，用它自带的卸载程序卸载后，看似干净，但在注册表中仍会残留垃圾，注册表中无效的键值过多，会造成系统运行缓慢，特别是同类软件容易产生冲突出现闪退等现象。

⑤ 尽量不要使用破解软件，破解软件就是通过对程序反编译的技术手段修改了正版软件的源代码，通过删除软件授权验证权限的手段，使程序在运行的时绕开原程序付费认证的环节，使得需要付费的软件可以免费使用。使用破解软件无法升级到该软件的最新版本，此外，破解软件都是经过篡改的，由于破解水平参差不齐，有时会发生关键数据的丢失、系统闪退以及功能错误等情况；甚至一些别有用心的软件破解者会在破解软件时人为添加一些恶意的程序代码、病毒代码或者木马插件来监测破解软件的使用者，以此盗取用户的个人信息。

任务实现

步骤 1：对系统进行升级打补丁

打开"Windows 设置"窗口，单击"更新和安全"图标，如图 3-3-8 所示，打开"Windows 更新"窗口，如图 3-3-9 所示，选择左侧的"Windows 更新"选项。

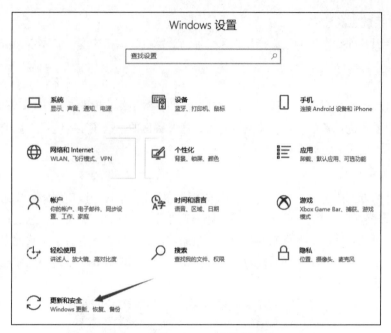

图 3-3-8　Windows 10 系统设置窗口

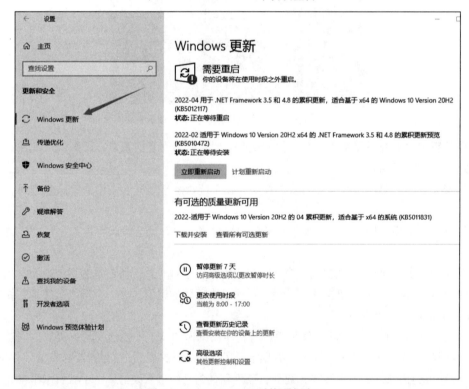

图 3-3-9　Windows 10 系统更新窗口

步骤 2：开启 Windows 10 系统防火墙的方法

① 首先右击"开始"按钮，在右键菜单中选择"运行"命令，弹出"运行"对话框，在文本框中输入"control"，如图 3-3-10 所示，单击"确定"按钮。

② 在图 3-3-11 中单击"系统和安全"图标，弹出图 3-3-12"系统和安全"窗口，单击该图中"Windows Defender 防火墙"链接，弹出图 3-3-13 所示的"Windows Defender 防火墙"窗口，单击图中"启用或关闭 Windows Defender 防火墙"链接，弹出图 3-3-14 所示的"自定义设置"窗口，选择图 3-3-14 中"启用 Windows Defender 防火墙"单

选按钮，再单击"确定"钮即可。

图 3-3-10　"运行"对话框

图 3-3-11　控制面板

图 3-3-12　系统和安全

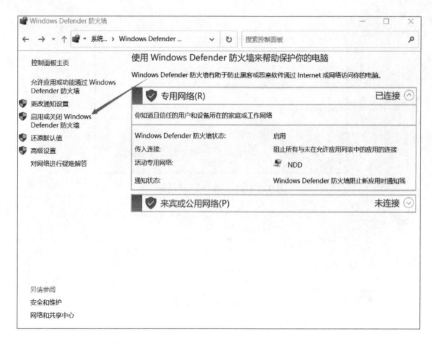

图 3-3-13 "Windows Defender 防火墙"窗口

图 3-3-14 "自定义设置"窗口

步骤 3：下载安装并使用 360 杀毒软件扫描计算机，升级病毒库

① 在 360 官网下载 360 杀毒软件，在下载的路径中可以单击"浏览"按钮更改文件保存路径（默认为 C 盘），进入安装程序界面进行安装（安装的路径可以自己选择，默认为 C 盘），选择在状态栏的通知栏中显示该图标，如图 3-3-15 ~ 图 3-3-16 所示。

图 3-3-15　下载 360 杀毒软件的界面

图 3-3-16　下载保存

图 3-3-17　安装杀毒软件

② 打开 360 杀毒工作界面，单击"快速扫描"按钮，如图 3-3-18 所示。
③ 在"快速扫描"下拉按钮中可按需求选择"全盘扫描"和"自定义扫描"对计算机进行病毒查杀。
④ 若要对病毒库进行检查升级，单击"检查更新"按钮。
⑤ 扫描完成后，选择可疑文件进行处理，如图 3-3-19 所示，处理完成后，打开对话框显示处理的结果，并重启计算机。

图 3-3-18　杀毒软件工作界面

图 3-3-19　扫描病毒界面

步骤 4：Windows 操作系统磁盘维护

（1）清理 Windows 10 系统的临时文件

进入 Windows 10 操作系统，点开右下角"通知"图标，展开"所有设置"面板，如图 3-3-20 所示。

在图 3-3-20 中单击"所有设置"图标，弹出"Windows 设置"窗口，单击"系统"→"存储"选项，单击右侧的"临时文件"选项，临时文件中一般是一些安装包、临时缓存文件等，单击"临时文件"选项左侧的"删除"按钮，如图 3-3-21 和图 3-3-22 所示。

图 3-3-20　Windows 10 系统所有设置界面

图 3-3-21　Windows 10 系统的设置窗口

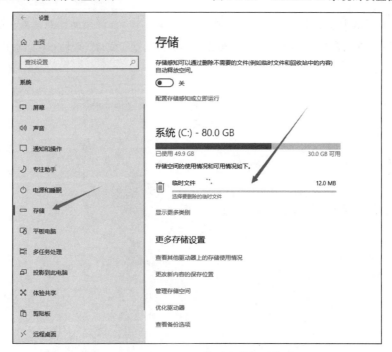

图 3-3-22　Windows 10 临时文件打开的窗口

（2）磁盘清理

打开桌面的"此电脑"图标，在要清理的磁盘上右击，在右键菜单中选择"属性"命令，弹出"属性"对话框，单击"磁盘清理"按钮，如图 3-2-23 所示，等待计算机查找计算磁盘碎片垃圾。

（3）清理系统垃圾文件

选择系统所在的磁盘并右击，在右键菜单中选择"属性"命令，弹出"属性"对话框，单击"磁盘清理"按钮，进入磁盘清理对话框，单击"清理系统文件"按钮，并等待计算机查找计算，勾选"要删除的文件"列表中的所有文件，如图 3-3-24 所示，单击"确定"按钮删除这些垃圾文件，计算机磁盘垃圾清理完毕。清理系统的垃圾文件，能让系统运行更流畅，不会影响系统。

图 3-3-23 Windows 10 磁盘清理的窗口

图 3-3-24 Windows 10 清理系统垃圾文件的窗口

（4）磁盘检查、优化

单击"此电脑"图标，选择要优化的磁盘并右击选择"属性"命令，弹出属性对话框，单击"工具"选项卡，单击"检查"按钮，进行文件错误检查扫描，等待检查完成后，再单击"优化"按钮，对磁盘进行优化，如图 3-3-25 所示。磁盘的清理和优化建议每周至少一次。

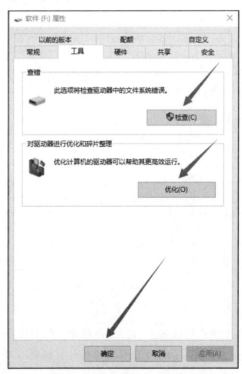
图 3-3-25 Windows 10 检查并优化磁盘的窗口

步骤 5：如何使用 Windows 10 系统自带的备份功能

① 进入"Windows 10 设置"窗口，单击"更新和安全"图标，进入界面，如图 3-3-26 所示，单击"备份"→"转到备份和还原（Windows 7）"链接。

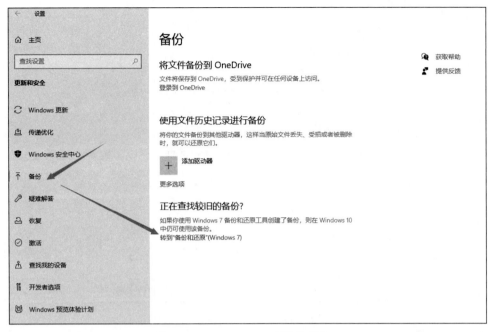

图 3-3-26　Windows 10 系统备份窗口

② 进入"备份和还原（Windows 7）"窗口，单击"设置备份"链接，打开"设置备份"窗口，选择备份文件的磁盘路径，如图 3-3-27 所示。

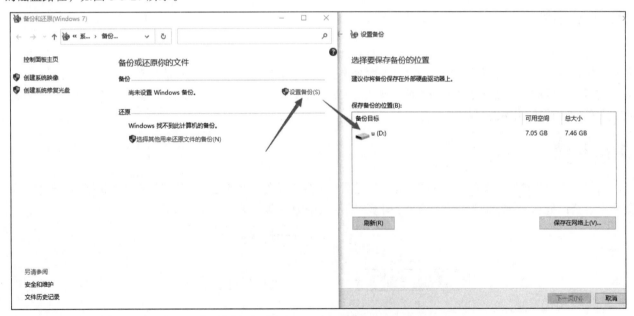

图 3-3-27　Windows 10 备份设置操作窗口

③ 在图 3-3-27 中单击"下一页"按钮，选择"让 Windows 选择（推荐）"单选按钮，单击"下一页"按钮，如图 3-3-28 所示，查看备份设置，自由定义备份时间，可以单击"更改计划"链接，最后单击"保存设置并运行备份"按钮，耐心等待系统备份完成。

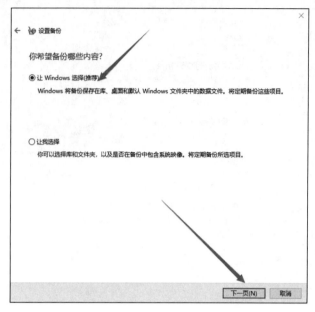

图 3-3-28　Windows 10 系统备份设置窗口

任务 4　职业道德与法律法规

任务描述

信息技术的飞速发展使网络安全的问题也愈发突出，如盗窃信息、刺探隐私、造谣传谣、盗版、诈骗、制造传播有害内容、恶意程序等不道德的行为。要解决这些问题，需要执行严格的法律法规来制约，但法律具有滞后处理的特性，因此，网络社会环境的绿色发展在更大程度上离不开"网络行为"的正确认识，需要不断学习和遵循相关的职业道德和法律法规。

任务分析

为了解职业道德与法律法规的相关知识，通过图 3-3-29 所示的"职业道德与法律法规"知识结构，学习和了解职业道德的概念、计算机职业道德规范、计算机信息法律法规等相关知识。

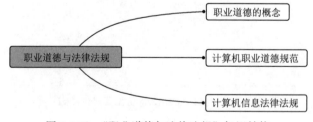

图 3-3-29　"职业道德与法律法规"知识结构

相关知识

1. 职业道德的概念

职业道德是指人在职业劳动和工作过程中应遵守的，与职业活动相适应的行为规范。它既是本行业人员在职业活动中的行为规范，又是行业对社会所负的道德责任和义务。每个从业人员，不论是何种行业和职业，在职业活动中都要遵守道德，如教师要遵守教书育人、为人师表的职业道德，医生要遵守救死扶伤的职业道德等。

2. 计算机职业道德规范

计算机从业人员除了具备工作所需要的基础能力、专业知识、技术能力以及行业所需要的经验能力素质之外，还应遵守《计算机职业道德规范》。

（1）有关知识产权

1990年9月我国颁布了《中华人民共和国著作权法》，把计算机软件列为享有著作权保护的作品；1991年6月，颁布了《计算机软件保护条例》，规定计算机软件是个人或者团体的智力产品，同专利、著作一样受法律的保护，任何未经授权的使用、复制都是非法的，按规定要受到法律的制裁。建议人们养成良好的道德规范，主要有：

① 使用正版软件，坚决抵制盗版，尊重软件作者的知识权。
② 不对软件进行非法复制。
③ 不为了保护自己的软件资源而制造病毒保护程序。
④ 不擅自篡改他人计算机内的系统信息资源。

（2）有关计算机安全

计算机安全是指计算机信息系统的安全。计算机信息系统是由计算机及其相关的和配套的设备、设施（包括网络）构成的，为维护计算机系统的安全，防止病毒的入侵，我们应该注意：

① 不要蓄意破坏和损伤他人的计算机系统设备及资源。
② 不要制造病毒程序，不要使用带病毒的软件，更不要有意传播病毒给其他计算机系统（传播带有病毒的软件）。
③ 要采取预防措施，在计算机内安装防病毒软件；要定期检查计算机系统内文件是否有病毒，如发现病毒，应及时用杀毒软件清除。
④ 维护计算机的正常运行，保护计算机系统数据的安全。
⑤ 被授权者对自己享用的资源负有保护责任，口令密码不得泄露给他人。

（3）有关网络行为规范

计算机网络正在改变着人们的行为方式、思维方式乃至社会结构，它对于信息资源的共享起到了无与伦比的巨大作用，并且蕴藏着无尽的潜能。但是网络的作用不是单一的，在它广泛的积极作用背后，也有使人堕落的陷阱，这些陷阱产生着巨大的反作用。其主要表现在：网络文化的误导，网络诱发着不道德和犯罪行为；网络的神秘性"培养"了计算机"黑客"。各个国家都制定了相应的法律法规，以约束人们使用计算机以及在计算机网络上的行为。

3. 计算机信息法律法规

法是一种特殊的社会规范，是国家指定或认可的，法律对所有的成员都具有普遍约束力，并且是依靠国家强制力来保证实施的。现在此罗列若干法律条文，读者也可以根据需要在我国相关法律文献中查阅详细内容。

（1）《计算机信息网络国际联网安全保护管理办法》

第五条：任何单位和个人不得利用国际联网制作、复制、查阅和传播下列信息：

（一）煽动抗拒、破坏宪法和法律、行政法规实施的；
（二）煽动颠覆国家政权，推翻社会主义制度的；
（三）煽动分裂国家、破坏国家统一的；
（四）煽动民族仇恨、民族歧视，破坏民族团结的；
（五）捏造或者歪曲事实，散布谣言，扰乱社会秩序的；
（六）宣扬封建迷信、淫秽、色情、赌博、暴力、凶杀、恐怖，教唆犯罪的；
（七）公然侮辱他人或者捏造事实诽谤他人的；
（八）损害国家机关信誉的；
（九）其他违反宪法和法律、行政法规的。

第六条：任何单位和个人不得从事下列危害计算机信息网络安全的活动：

（一）未经允许，进入计算机信息网络或者使用计算机信息网络资源的；

（二）未经允许，对计算机信息网络功能进行删除、修改或者增加的；

（三）未经允许，对计算机信息网络中存储、处理或者传输的数据和应用程序进行删除、修改或者增加的；

（四）故意制作、传播计算机病毒等破坏性程序的；

（五）其他危害计算机信息网络安全的。

第二十条：违反法律、行政法规，有本办法第五条、第六条所列行为之一的，由公安机关给予警告，有违法所得的，没收违法所得，对个人可以并处五千元以下的罚款，对单位可以并处一万五千元以下的罚款；情节严重的，并可以给予六个月以内停止联网、停机整顿的处罚，必要时可以建议原发证、审批机构吊销经营许可证或者取消联网资格；构成违反治安管理行为的，依照治安管理处罚条例的规定处罚；构成犯罪的，依法追究刑事责任。

（2）《互联网用户公众账号信息服务管理规定》

第四条：公众账号信息服务平台和公众账号生产运营者应当遵守法律法规，遵循公序良俗，履行社会责任，坚持正确舆论导向、价值取向，弘扬社会主义核心价值观，生产发布向上向善的优质信息内容，发展积极健康的网络文化，维护清朗网络空间。

第十三条：公众账号信息服务平台应当建立健全网络谣言等虚假信息预警、发现、溯源、甄别、辟谣、消除等处置机制，对制作发布虚假信息的公众账号生产运营者降低信用等级或者列入黑名单。

第二十条：公众账号信息服务平台应当在显著位置设置便捷的投诉举报入口和申诉渠道，公布投诉举报和申诉方式，健全受理、甄别、处置、反馈等机制，明确处理流程和反馈时限，及时处理公众投诉举报和生产运营者申诉。

（3）《中华人民共和国网络安全法》

第三条：国家坚持网络安全与信息化发展并重，遵循积极利用、科学发展、依法管理、确保安全的方针，推进网络基础设施建设和互联互通，鼓励网络技术创新和应用，支持培养网络安全人才，建立健全网络安全保障体系，提高网络安全保护能力。

第六条：国家倡导诚实守信、健康文明的网络行为，推动传播社会主义核心价值观，采取措施提高全社会的网络安全意识和水平，形成全社会共同参与促进网络安全的良好环境。

第十二条：国家保护公民、法人和其他组织依法使用网络的权利，促进网络接入普及，提升网络服务水平，为社会提供安全、便利的网络服务，保障网络信息依法有序自由流动。

任何个人和组织使用网络应当遵守宪法法律，遵守公共秩序，尊重社会公德，不得危害网络安全，不得利用网络从事危害国家安全、荣誉和利益，煽动颠覆国家政权、推翻社会主义制度，煽动分裂国家、破坏国家统一，宣扬恐怖主义、极端主义，宣扬民族仇恨、民族歧视，传播暴力、淫秽色情信息，编造、传播虚假信息扰乱经济秩序和社会秩序，以及侵害他人名誉、隐私、知识产权和其他合法权益等活动。

第十三条：国家支持研究开发有利于未成年人健康成长的网络产品和服务，依法惩治利用网络从事危害未成年人身心健康的活动，为未成年人提供安全、健康的网络环境。

第十四条：任何个人和组织有权对危害网络安全的行为向网信、电信、公安等部门举报。收到举报的部门应当及时依法作出处理；不属于本部门职责的，应当及时移送有权处理的部门。

（4）《计算机信息网络国际联网安全保护管理办法》

① 《互联网电子公告服务管理规定》；

② 《互联网信息服务管理办法》；

③ 《教育网站和网校暂行管理办法》；

④ 《计算机软件保护条例》；

⑤ 《中华人民共和国网络安全法》。

（5）知识产权相关的法律法规
① 《中华人民共和国专利法》；
② 《中华人民共和国专利法实施细则》；
③ 《国防专利条例》；
④ 《集成电路布图设计保护条例》；
⑤ 《著作权集体管理条例》；
⑥ 《中华人民共和国商标法》；
⑦ 《中华人民共和国商标法实施条例》；
⑧ 《中华人民共和国著作权法》；
⑨ 《中华人民共和国著作权法实施条例》；
⑩ 《计算机软件保护条例》。
（6）信息安全相关法律法规
① 《计算机信息系统安全保护条例》；
② 《电子签名法》；
③ 《计算机信息安全保护条例》。

单 元 小 结

本单元主要讲述了信息安全的概念、计算机信息安全防护、计算机安全和维护常识、职业道德与法律法规的基础知识。内容以通俗易懂的语言与图文并茂的形式展现，使读者能够更加容易理解，领会所学的知识。下面分四点简单总结本单元的知识点。

① 信息技术的发展为社会发展带来了契机，人们在享受信息时代带来巨大利益时，也面临着信息安全的严峻考验，政治安全、军事安全、经济安全、民生安全等均以信息安全为前提条件。信息安全是指保护信息和信息系统在未经授权时不被访问、使用、泄露、中断、修改与破坏。信息安全的影响因素主要涉及硬件及物理因素、软件因素、人为因素、数据因素、其他因素等。信息安全需要制定一定级别的保护策略，需要不断地对先进的技术、严格的管理、法律约束、安全教育等方面进行完善。产生信息安全的风险来源有很多，主要来源有计算机病毒的威胁、黑客攻击、信息传递的安全风险、身份认证和访问控制存在的问题。信息安全的保障措施需要不断完善和提升。

② 计算机受病毒感染、黑客入侵、数据丢失等造成损失的例子层出不穷，造成了人们使用计算机的困扰，为此我们需要了解计算机病毒的定义及其特性，并对其进行有效防范。计算机病毒是一段可执行代码或一个程序，是计算机编程人员编写的具有破坏性的指令或代码，它具有传染性、危害性、隐蔽性、潜伏性等。当满足特定的条件时，病毒就会对计算机造成不同程度的损坏。计算机病毒的类型很多，并按照不同寄生方式来感染计算机。网络黑客具有超高的计算机编程技术，常常会入侵用户的计算机，窃取账号和密码或窃取重要信息，黑客无孔不入的入侵手段，需要大家了解黑客的攻击方式，多加防范，如获取口令、WWW的欺骗技术、电子邮件攻击、寻找系统漏洞、放置特洛伊木马程序等。重要信息的保护关系国家的安全和企业的发展、个人的隐私等，数据的安全保护常受物理因素的影响，需采用合适的应对措施。

③ 一个完整的计算机系统由计算机硬件系统和计算机软件系统组成。在任务中主要介绍了软件与硬件的关系、系统软件与应用软件的区别，以及软硬件的日常维护。操作系统的维护是用户日常的工作之一，系统的维护工作主要包括：系统的安装来源、系统的更新升级、系统防火墙的开启、定期杀毒并及时升级病毒库、系统的备份与还原。计算机应用软件的维护、软件的下载与安装、软件资源的选择及软件操作过程中需要注意的问题。

④ 网络不仅仅是一个简单的网络，它像一个由多人组成的"社会"，为了保证这个社会秩序，所有的网络参与者都要对自己的行为有一个正确的道德规范来维护网络社会的生态发展。大家需要对职业道德和计算机职业道

德规范有更清晰的认识,除了自我约束和规范以外,还要借助相关的法律法规来保护自己的合法权益,随着互联网技术的不断发展,各项涉及网络安全的法律在不断完善,如《计算机信息网络国际联网安全保护管理办法》《中华人民共和国网络安全法》《互联网用户公众账号信息服务管理规定》等,用户也可查询和参考相关的法律法规条款,了解更多法律法规知识。

单 元 练 习

一、填空题

1. 信息安全的主要策略有_____、_____、_____、_____。
2. 寄生型病毒的文件主要的扩展名为_____、_____、.sys 和 .ovl 等。
3. 计算机病毒具有_____、_____、_____、潜伏性的特点。
4. 设置健壮密码的基本要求是_____。
5. 一个完整计算机系统的组成包含_____和_____。

二、选择题

1. 工作人员失误引起的安全问题属于(　　)。
    A. 物理安全　　　　　B. 人事安全　　　　C. 法律安全　　　　D. 技术安全
2. 下列不属于信息安全技术的是(　　)。
    A. 密码技术　　　　　　　　　　　　B. 访问控制技术
    C. 防火墙技术　　　　　　　　　　　D. 系统安装与备份技术
3. 以下措施不能防止计算机病毒的是(　　)。
    A. 保持计算机清洁
    B. 先用杀毒软件对别人机器上复制来的文件清查病毒
    C. 不用来历不明的 U 盘
    D. 经常关注杀毒软件的升级情况,并及时升级病毒库
4. 硬件设施的脆弱性包括(　　)。
    A. 操作平台软件有漏洞　　　　　　　B. 应用平台软件有漏洞
    C. 静电可以影响计算机工作　　　　　C. 应用业务软件有漏洞

三、思考题

1. 个人计算机如何进行病毒防范?
2. 计算机从业人员职业道德的核心原则是什么?
3. 如何增强我国信息安全的管理,谈谈你的想法。